高等学校"十三五"规划教材

有机化学实验

周峰岩 主编

赵玉亮 周 利 张文志 副主编

化学工业出版社

·北京·

《有机化学实验》分为有机化学实验基本常识、有机化学实验基本操作和实验技术、有机化合物的简便鉴别、基础有机合成实验、天然有机化合物的提取、多步骤有机合成实验、设计实验共七章内容，73 个实验项目。本书的实验项目紧跟在操作技术之后，有利于学生掌握操作要领，深刻领会实验原理和方法。

　　《有机化学实验》可作为高等院校化学类、化工类、药学类、材料类、食品类、环境类等专业本科生的教材，亦可供相关人员参考使用。

图书在版编目（CIP）数据

有机化学实验/周峰岩主编．—北京：化学工业
出版社，2017.3（2024.8 重印）
高等学校"十三五"规划教材
ISBN 978-7-122-29057-1

Ⅰ.①有… Ⅱ.①周… Ⅲ.①有机化学-化学实验-
高等学校-教材 Ⅳ.①O62-33

中国版本图书馆 CIP 数据核字（2017）第 027025 号

责任编辑：宋林青　　　　　　　　　　文字编辑：刘志茹
责任校对：宋　玮　　　　　　　　　　装帧设计：关　飞

出版发行：化学工业出版社（北京市东城区青年湖南街 13 号　邮政编码 100011）
印　　装：北京科印技术咨询服务有限公司数码印刷分部
787mm×1092mm　1/16　印张 14¼　字数 357 千字　　2024 年 8 月北京第 1 版第 6 次印刷

购书咨询：010-64518888　　　　　　　售后服务：010-64518899
网　　址：http://www.cip.com.cn
凡购买本书，如有缺损质量问题，本社销售中心负责调换。

定　　价：28.00 元

前言

本教材是在地方本科院校转型发展的大背景下，为培养具有较强实践能力和创新精神的应用型人才，与相关企业的技术人员合作编写的。目的是训练实验操作技能、验证理论教学知识，通过实际问题的解决，使学生学会合理地选择有机合成方法和分离分析手段，培育科学态度。

本书分为有机化学实验基本常识、有机化学实验基本操作和实验技术、有机化合物的简便鉴别、基础有机合成实验、天然有机化合物的提取、多步骤有机合成实验和设计实验共 7 章。实验内容在兼顾基础知识和基本操作的基础上，结合有机化学实验的实际应用和实验新技术、新方法，体现了基础性、应用性、综合性和创新性。

第 1 章介绍了有机化学实验规则、事故的预防和处理、废弃物的处理、常用玻璃仪器和装置、玻璃仪器的洗涤和干燥、实验预习、记录和报告、网络文献简介等。第 2 章是有机化学实验基本操作和实验技术，包括合成技术、分离提纯技术和产物分析技术三方面的内容，同时安排了相关实验项目 15 个。第 3 章是有机化合物的简便鉴别，安排了 4 个实验项目，利用有机化合物的典型反应进行鉴别确认。第 4 章是基础有机合成实验，按照不同反应类型安排了 32 个实验项目。第 5 章是天然有机化合物的提取实验，选择了 6 个与日常生活联系紧密的实验项目。第 6 章是多步骤有机合成实验，安排了 6 个密切结合实际的实验项目，突出应用特色，通过连续性的多步骤合成实验培养学生的连续性思维，将单一的基本技能融合贯穿于解决实际问题中。第 7 章是设计实验，设计了 10 个实验项目供选择，学生通过查阅文献、设计合成路线、拟定实验步骤等写出实验方案，经教师检查批准后独立完成实验，以培养和锻炼学生独立分析问题和解决问题的能力。附录部分包括化学试剂纯度的分级、化学危险品的分类及保管、常用元素的原子量、常用酸碱溶液密度及百分组成、常见的共沸混合物的组成及共沸点、常用鉴定试剂的配制和应用、常用有机溶剂的相对极性及物理常数、常用有机溶剂的纯化、常见官能团的红外吸收特征频率、常见溶剂的质子在不同氘代溶剂中的化学位移等。

本书编写的主要特点如下：

(1) 更新知识内容　基于有机化学学科的迅速发展，我们不仅介绍了常规的有机化学实验仪器和设备，而且还涉及绿色有机化学实验、微波辐照有机合成和无水无氧操作技术等；

(2) 紧密联系实际　有针对性地选取与日常生活、生产密切相关的有机合成实验项目，且邀请企业人员具体参与编写，以提高学生的实验兴趣，增强实用性，如从红辣椒中分离辣椒色素，从茶叶中分离咖啡因，从黄连中分离黄连素，磺胺药物对氨基苯磺酰胺的制备，局部麻醉药苯佐卡因的制备，昆虫信息素 2-庚酮的制备等；

（3）增加多步骤有机合成实验项目和设计性实验项目　这样可以锻炼学生综合应用所学知识分析、解决问题的能力，激发和培养学生的创新意识。

本书是在枣庄学院和地方企业全体参编人员的共同努力下完成的，可以作为化学、应用化学、药学等专业学生的实验指导教材。参加编写的企业人员有：史永强（山东益康药业股份有限公司）、尹超（威智医药有限公司）、吴文胜（潍坊日朗环境科技有限公司）、李鹏飞（山东泰和水处理股份有限公司）等。本书在编写过程中得到了"山东省普通本科高校应用型人才培养专业发展支持计划"项目的经费支持，在此表示衷心的感谢！

我们虽努力使本书内容实用、新颖，但由于水平有限，不妥之处难免，敬请读者批评指正，以便在今后再版中修订提高。

编者
2016 年 12 月

目录

第3章　有机化合物的简便鉴别 ·· 105

第1章
有机化学实验基本常识

1.1　有机化学实验室规则

　　实验室规则是人们从长期的实验室工作中归纳总结出来的，它是保障有机化学实验正常、有效、安全进行，保证实验课的教学质量，保持正常的实验环境和工作秩序，防止意外事故，做好实验的重要前提。每个人都必须严格遵守。

　　① 牢固树立"安全第一"的思想，时刻注意实验室安全，确保教学工作紧张而有秩序地进行。

　　② 切实做好预习和实验准备工作。充分预习有关实验内容及相关参考资料，了解实验中所用原料和试剂的性质及在实验中可能发生的事故，事先采取防范措施。写好实验预习报告，方可进行实验，未写预习报告或预习报告不符合要求者，不得进行实验。

　　③ 实验时必须穿实验服，不允许穿拖鞋、短裤等裸露皮肤的服装进入实验室，女同学应预先把头发扎好。

　　④ 实验时应检查实验所需的药品、仪器是否齐全，仪器是否完整无损。实验装置力求正确稳妥。严格遵守操作规程及控制实验条件，未经指导教师允许不得擅自改变试剂的用量、加料的次序和反应条件，以免发生意外。做规定以外的实验，应先经教师允许。

　　⑤ 实验时要集中精力，认真操作，仔细观察实验现象和做好实验记录。实验报告要实事求是，按时完成，不得弄虚作假，严禁修改实验数据。涂改伪造实验数据者，该次实验成绩按零分计算。

　　⑥ 不得旷课、迟到，不得无故缺席，因故缺席未做的实验应该补做。

　　⑦ 实验中必须保持肃静，不准大声喧哗，不得随意离开操作位置。禁止在实验室内吸烟、饮水或吃食物；不得在实验进行中看其他书籍，听广播、录音、会客以及进行其他与实验无关的活动。

　　⑧ 保持实验室及实验台整齐清洁。实验台上的仪器应整齐地放在一定的位置上，并保持台面的清洁。废纸、火柴梗等应倒入垃圾箱内，酸性废液应倒入废液缸内，切勿倒入水槽，以防堵塞或锈蚀下水管道。碱性废液倒入水槽并用水冲洗。

　　⑨ 爱护公物。公共仪器、药品和工具，用毕要放回原处，不得私藏自用或带出实验室。损坏仪器要及时登记。药品取完后，及时将盖子盖好，保持药品台清洁。

　　⑩ 使用精密仪器时，必须严格按照操作规程进行操作，细心谨慎。避免因粗心而损坏

仪器。如发现仪器有故障，应立即停止使用，报告教师，及时排除故障。

⑪ 实验后，应将所用仪器洗净并整齐地放回实验柜内。实验台和试剂架必须揩净，最后关好电门、水和煤气龙头。实验柜内仪器应存放有序，清洁整齐。

⑫ 每次实验后由学生轮流值勤，负责打扫和整理实验室，并检查水龙头、煤气开关、门、窗是否关好，电闸是否拉掉，以保持实验室的整洁和安全。

⑬ 如果发生意外事故，应保持镇静，不要惊慌失措；遇有烧伤、烫伤、割伤时应立即报告教师，及时急救和治疗。

1.2 事故的预防和处理

有机化学实验中，经常会用到易燃、易爆、有毒、有腐蚀性的药品，如果使用不当，可能发生着火、烧伤、爆炸和中毒等事故。此外，玻璃仪器、煤气、电器设备的使用或处理不当，也会产生事故。所以，重视安全问题，提高警惕，严格执行操作规程，对实验中可能出现的问题做好预防措施，就能有效地防止事故的发生，保证人身和实验室安全，确保实验的顺利进行。下面介绍实验室事故的预防和处理。

1.2.1 火灾

引起着火的原因很多，如用敞口容器加热低沸点的溶剂、加热方法不当等，均可引起着火。为了防止着火，实验中应注意以下几点。

① 防火的基本原则是使溶剂药品尽可能地远离火源，尽量不用明火直接加热。易燃有机药品不得靠近火源。

② 绝对不允许随意混合各种化学药品，以免发生意外事故。

③ 不能用敞口容器加热和放置易燃、易挥发的化学药品。应根据实验要求和物质的特性，选择正确的加热方法。

④ 金属钾、钠和白磷等暴露在空气中易燃烧。所以金属钾、钠应保存在煤油中，白磷则可保存在水中，取用时要用镊子。有机溶剂（如乙醚、乙醇、丙酮、苯等）极易引燃，使用时必须远离明火、热源，用毕立即盖紧瓶塞。

⑤ 易燃、易挥发的废物，不得倒入废液缸和垃圾桶中。量大时，应专门回收处理；量小时，可倒入水池用水冲走，但能与水发生猛烈化学反应的（如金属钠等）除外。

⑥ 使用易燃易爆物品时，应严格按操作规程操作。

⑦ 在用玻璃仪器组装实验装置之前，要先检查玻璃仪器是否有破损。有破损的，禁止使用。

⑧ 点燃的火柴用后立即熄灭，不得乱扔。

⑨ 使用燃气的实验室，经常检查管道和阀门是否漏气。

一旦发生着火，应沉着镇静，及时采取正确措施，以防事故的扩大。首先，采取切断电源、移走未着火易燃药品、关闭通风系统等措施，防止火势蔓延；然后，根据易燃物的性质和火势采取适当的方法进行扑救。

一般的小火可用湿布、石棉布或砂覆盖燃烧物，即可灭火。有机物着火通常不用水进行扑救，因为一般有机物不溶于水且比水轻，火苗可随水四处流动，引起大面积火灾，或遇水发生更强烈的反应而引起更大的事故。

火势较大时，应用灭火器灭火。常用灭火器有二氧化碳、四氯化碳、干粉及泡沫等灭火器。

目前，实验室中常用的是干粉灭火器。使用时，拔出销钉，将出口对准着火点底部，将上手柄压下，干粉即可喷出。

二氧化碳灭火器也是有机化学实验室常用的灭火器。灭火器内存放着压缩的二氧化碳气体，适用于油脂、电器及较贵重的仪器着火时使用。

虽然四氯化碳灭火器和泡沫灭火器都具有较好的灭火性能，但四氯化碳在高温下能生成有毒的光气，而且与金属钠接触会发生爆炸。泡沫灭火器会喷出大量的泡沫造成严重污染而给后处理带来麻烦。因此，这两种灭火器一般不用。不管采用哪一种灭火器，都是从火四围开始向中心扑灭。地面或桌面着火时，还可用砂子覆盖灭火，但容器内着火不宜使用砂子灭火。身上着火时，切勿惊慌乱跑，赶快脱下衣服，或就近在地上打滚（速度不要太快）将火焰扑灭。千万不要在实验室内乱跑，以免造成更大的火灾。

实验室常用的灭火器及其使用范围见表1-1。

表1-1 实验室常用的灭火器及其使用范围

灭火器类型	药液成分	使用范围
干粉灭火器	主要成分是碳酸氢钠等盐类物质与适量的润滑剂和防潮剂	扑救油类、可燃气体、电器设备、精密仪器、图书文件及遇水易燃物品的初起火灾
二氧化碳灭火器	液态 CO_2	用于扑灭电器设备、小范围油类及忌水的化学物品的失火
四氯化碳灭火器	液态 CCl_4	用于扑灭电器设备、小范围的汽油、丙酮等的失火
泡沫灭火器	$Al_2(SO_4)_3$ 和 $NaHCO_3$	用于扑灭油类的失火

1.2.2 爆炸

在有机化学实验中，仪器装置不当造成堵塞；减压蒸馏使用不耐压的仪器；违章处理或使用易爆物如过氧化物、多硝基化合物、叠氮化合物；反应过于猛烈难以控制等都可能引起爆炸。实验室预防爆炸应注意以下几点。

① 过氧化物、芳香族多硝基化合物等，在受热或受到碰撞时，均会发生爆炸。乙醇和浓硝酸混合在一起，会引起极强烈的爆炸。

② 使用乙醚等醚类时，必须检查有无过氧化物存在，如果发现有过氧化物存在时，应用硫酸亚铁除去过氧化物后方可使用。同时，使用乙醚要在通风较好的地方或者通风橱内。

③ 含氧气的氢气遇火易爆炸，操作时必须严禁接近明火。在点燃前，必须先检查并确保纯度。

④ 银氨溶液不能留存，因久置后会变成易爆炸的氮化银。某些强氧化剂（如氯酸钾、硝酸钾等）或其混合物不能研磨，否则将引起爆炸。

⑤ 无论是常压蒸馏还是减压蒸馏，均不能将液体蒸干，以免局部过热或产生过氧化物而发生爆炸。

⑥ 常压操作时，不能在密闭体系内进行加热或反应，要经常检查反应装置是否与大气相通。

⑦ 减压蒸馏时，不能用平底烧瓶、锥形瓶、薄壁试管等不耐压容器作为接收瓶或反应瓶。

1.2.3 中毒

实验中的许多化学药品都具有一定的毒性。中毒主要是通过呼吸道和皮肤接触有毒物品而对人体造成危害的。因此预防中毒应做到如下几点。

① 有毒药品由专人负责保管发放。操作者应严格按程序操作。实验后的有毒残渣必须作妥善而有效的处理，不准乱丢。

② 称量药品时应该使用工具，不得直接用手接触。有些有毒物质会渗入皮肤，因此在接触固体或液体有毒物质时，必须戴橡皮手套，操作后立即洗手。切勿让药品沾及五官或伤口。

③ 不要俯向容器去嗅放出的气味。面部应远离容器，用手把逸出容器的气流慢慢扇向自己的鼻孔。反应过程中可能生成有毒或有腐蚀性气体的实验应在通风橱内进行。

④ 有毒药品剩余的废液不能随便倒入下水道，应倒入教师指定的容器内。

⑤ 金属汞易挥发，并通过呼吸道而进入人体内，逐渐积累会引起慢性中毒，所以做金属汞的实验应特别小心，不得把金属汞洒落在桌上或地上。一旦洒落，必须尽可能收集起来，并用硫黄粉盖在洒落的地方，使金属汞转变成不挥发的硫化汞。

⑥ 一般药品溅到手上，通常可用水和乙醇洗去。实验者若有中毒特征，应到空气新鲜的地方休息，最好平卧，出现其他较严重的症状，如斑点、头昏、呕吐时应及时送往医院治疗。

实验中，操作者若感觉咽喉灼痛、嘴唇脱色或发绀、胃部痉挛或恶心呕吐、心悸头晕等症状时，则可能系中毒所致。视中毒原因，进行急救，立即送医院治疗，不得延误。

吸入刺激性或有毒气体：吸入氯气、氯化氢气体时，可吸入少量酒精和乙醚的混合蒸气使之解毒；吸入硫化氢或一氧化碳气体而感到不适时，应立即到室外呼吸新鲜空气。但应注意氯气、溴中毒不可进行人工呼吸；一氧化碳中毒不可使用兴奋剂。

毒物进入口内：将 5~10mL 稀硫酸铜溶液加入一杯温水中，内服后，用手指伸入咽喉部，促使呕吐，吐出毒物，然后立即送医院治疗。

1.2.4 灼伤

人体皮肤暴露在外的部分接触了高温、强酸、强碱、溴等药品时，都会造成灼伤，因此，实验时要避免皮肤与上述能引起灼伤的物质接触，应做到以下几点。

① 取用有腐蚀性化学药品时，应戴上橡皮手套和防护眼镜。

② 倾注药剂或加热液体时，容易溅出，不要俯视容器。尤其浓酸、浓碱具有强腐蚀性，切勿使其溅在皮肤或衣服上，眼睛更应注意保护。稀释时（特别是浓硫酸），应将它们慢慢倒入水中，而不能相反进行，以免迸溅。给试管加热时，切记不要使试管口对着自己或别人。

实验中发生灼伤，要根据不同的灼伤情况分别采取不同的处理方法。

① 烫伤：伤处皮肤未破时，可涂擦饱和碳酸氢钠溶液或用碳酸氢钠粉调成糊状敷于伤处，也可抹獾油或烫伤膏；如果伤处皮肤已破，可涂些紫药水或 1% 高锰酸钾溶液。

② 被酸或碱灼伤时，应立即用大量水冲洗。酸用 1% 碳酸钠冲洗，碱则用 1% 硼酸溶液冲洗，最后再用水冲洗。严重者要消毒灼伤面，并涂上灼伤软膏，送医院治疗。

③ 被溴灼伤时，应立即用大量的水冲洗，再用酒精擦洗或用2%的硫代硫酸钠溶液洗至灼伤处呈白色，然后涂上甘油，敷上烫伤油膏。

④ 受磷灼伤：用1%硝酸银、5%硫酸铜或浓高锰酸钾溶液冲洗伤口，然后包扎。

⑤ 除钠等活泼金属外的任何药品溅入眼内，都要用大量水冲洗。冲洗后，如果眼睛仍未恢复正常，应马上就医。

1.2.5 割伤

化学实验中主要使用玻璃仪器，因此，割伤是实验室最常见的事故。造成割伤者，一般有下列几种情况：装配仪器时用力过猛或者装配不当；装配仪器时着力远离连接部位；仪器口径不合而勉强连接；玻璃折断面未烧圆滑有棱角等。

防止割伤应注意以下几点。

① 在使用玻璃仪器时，最基本的原则是不能对玻璃仪器的任何部位施加过度的压力。

② 需要用玻璃管和塞子连接装置时，用力处不要离塞子太远，尤其是插入温度计时，要特别小心。

③ 新割断的玻璃管断口处特别锋利，使用前要将断口处用火烧至熔化，使其成圆滑状。

④ 注意仪器的配套。

发生割伤后，应将伤口处的玻璃碎片取出，再用生理盐水将伤口洗净，涂上红药水，用纱布包好伤口。若割破静（动）脉血管，流血不止时，应先止血。具体方法是：在伤口上方5～10cm处用绷带扎紧或用双手掐住，然后再进行处理或送往医院治疗。

1.2.6 用电安全

进入实验室后，首先应了解水、电、气的开关位置在何处，而且要掌握它们的使用方法。使用电器前，应检查线路连接是否正确，电器内外要保持干燥，不能有水或者其他溶剂。在实验中，应先将电器设备上的插头与插座连接好，再打开电源开关。不能用湿手或湿物去插或拔插头。实验完毕，应先关掉电源，再拔去插头。

一旦触电，首先切断电源，必要时进行人工呼吸。

1.2.7 实验室急救药箱

为了对实验室内意外事故进行紧急处理，应该在每个实验室内都准备一个急救药箱，药箱内可准备下列药品：

红药水	碘酒(3%)	高锰酸钾晶体(需要时再配成溶液)	消炎粉
獾油或烫伤膏	硫酸铜溶液(5%)	碳酸氢钠溶液(饱和)	氨水(5%)
饱和硼酸溶液	醋酸溶液(1%)	氯化铁溶液(止血剂)	甘油

另外，消毒纱布、消毒棉（均放在玻璃瓶内，磨口塞紧）、剪刀、氧化锌橡皮膏、棉签等也是不可缺少的。

1.2.8 危险化学品标识

常用危险化学品标志由《常用危险化学品的分类及标志（GB 13690—92）》规定，该标准对常用危险化学品按其主要危险特性进行了分类，并规定了危险品的包装标志，既适用于常用危险化学品的分类及包装标志，也适用于其他化学品的分类和包装标志。该标准引用了《危险货物包装标志（GB 190—90）》。

根据常用危险化学品的危险特性和类别，设主标志16种（见图1-1），副标志11种（见图1-2）。主标志是由表示危险特性的图案、文字说明、底色和危险品类别号四个部分组成的菱形标志。副标志图形中没有危险品类别号。标志的尺寸、颜色及印刷应按相关标准的规定执行。当一种危险化学品具有一种以上的危险性时，应用主标志表示主要危险性类别，并用副标志来表示其他重要的危险性类别。

爆炸品	易燃气体	不燃气体	有毒气体	易燃液体	易燃固体
自燃物品	遇湿易燃物品	氧化剂	有机过氧化物	有毒品	剧毒品
一级放射性物品	二级放射性物品	三级放射性物品	腐蚀品		

图 1-1　危险化学品的主标志

| 爆炸品 | 易燃气体 | 不燃气体 | 有毒气体 | 易燃液体 | 易燃固体 |
| 自燃物品 | 遇湿易燃物品 | 氧化剂 | 有毒品 | 腐蚀品 | |

图 1-2　危险化学品的副标志

1.3　实验室废弃物的处理

实验中经常会产生某些有毒的气体、液体和固体，都需要及时排弃。特别是某些剧毒物质，如果直接排出就可能污染周围的空气和水源，使环境污染，损害人体健康。因此，对废液和废气、废渣要经过一定的处理后，才能排弃。

产生少量有毒气体的实验应在通风橱内进行。通过排风设备将少量毒气排到室外（使排出气在外面大量空气中稀释），以免污染室内空气。产生毒气量大的实验必须备有吸收或处理装置，如二氧化氮、二氧化硫、氯气、硫化氢、氟化氢等可用导管通入碱液中，使其大部分吸收后排出，一氧化碳可点燃转成二氧化碳。少量有毒的废渣常埋于地下（应有固定地点）。下面主要介绍常见废液处理的一些方法。

① 实验中的废液比较大量的经常是废酸液。废酸缸中的废酸液可先用耐酸塑料网纱或玻璃纤维过滤，滤液加碱中和，调 pH 至 6～8 后就可排出。少量滤渣可埋于地下。

② 实验中含铬废液量大的是废铬酸洗液，它可以用高锰酸钾氧化法再生，继续使用（氧化方法：先在 110～130℃下不断搅拌加热浓缩，除去部分水分后，冷却至室温，缓缓加入高锰酸钾粉末。每 1000mL 废液需要加入 10g 左右高锰酸钾，直至溶液呈深褐色或微紫色，但不要过量。边加边搅拌直至全部加完，然后直接加热至有三氧化硫出现，停止加热。稍冷，通过玻璃砂芯漏斗过滤，除去沉淀；冷却后析出红色三氧化铬沉淀，再加适量硫酸使其溶解即可使用）。少量废洗液可加入废碱液或石灰使其生成氢氧化铬（Ⅲ）沉淀，将此废渣埋于地下。

③ 氰化物是剧毒物质，含氰废液必须处理。少量的含氰废液可先加氢氧化钠调至 pH＞10.0，再加入几克高锰酸钾使 CN^- 氧化分解。量大的含氰废液可用碱性氯化法处理。先用碱调至 pH＝10，再加入漂白粉，使 CN^- 氧化成氰酸盐，并进一步分解为二氧化碳和氨气。

④ 含汞盐废液应先调 pH 至 8～10 后，加适当过量的硫化钠，生成硫化汞沉淀，并加硫酸亚铁生成硫化亚铁沉淀，从而吸附硫化汞共沉淀下来。静置后分离，再离心，过滤；清液含汞量可降到 $0.02 mg \cdot L^{-1}$ 以下再排放。少量残渣可埋于地下，大量残渣可用焙烧法回收汞，但注意一定要在通风橱内进行。

⑤ 含重金属离子的废液，最有效和最经济的处理方法是加碱或加硫化钠，把重金属离子变成难溶性的氢氧化物或硫化物而沉积下来，从而过滤分离，少量残渣可埋于地下。

1.4　有机化学实验常用玻璃仪器和装置

1.4.1　常用玻璃仪器

(1) 普通玻璃仪器

玻璃仪器一般是由软质或硬质玻璃制作而成的。软质玻璃耐温、耐腐蚀性较差，但是价格便宜，因此，一般用它制作的仪器均不耐温，如普通漏斗、量筒、减压过滤瓶、干燥器等。硬质玻璃具有较好的耐温和耐腐蚀性，制成的仪器可在温度变化较大的情况下使用。玻璃仪器一般分为普通和标准磨口两种。实验室常用的普通玻璃仪器有非磨口锥形瓶、烧杯、布氏漏斗、减压过滤瓶、普通漏斗、分液漏斗等。表 1-2 列举了有机化学实验常用的普通玻璃仪器。无机化学实验中用过的试管等从略。普通玻璃仪器使用时要注意以下几点。

① 使用时，应轻拿轻放。

② 减压过滤瓶不能加热用，锥形瓶不能减压用，烧杯不能存放有机溶剂，量筒不能高

温烘烤和长期存放有机溶剂。

③ 除少数玻璃仪器（如试管等）外，都不能直接用火加热，一般要垫石棉网。

④ 温度计不能用作搅拌棒，使用后要缓慢冷却，不可立即用水冷却。

⑤ 带活塞的玻璃仪器洗涤后，应在塞子和磨口接触处夹放纸片或涂抹凡士林，防止粘住。

表1-2　常用普通玻璃仪器及用具

名称	规格表示方法	一般用途及性能	使用注意事项
烧杯	①玻璃品质：硬质或软质 ②容积(mL)	反应容器，可以容纳较大量的反应物	①硬质烧杯可以加热至高温，但软质烧杯要注意勿使温度变化过于剧烈 ②加热时放在石棉网上，不应直接加热
锥形瓶	①玻璃品质：硬质或软质 ②容积(mL)	反应容器，摇荡方便，口径较小，因而能减少反应物的蒸发损失	同烧杯
表面皿	①玻璃品质 ②口径（cm）表示（如直径9cm）	①用作烧杯等容器的盖子 ②用来进行点滴反应 ③观察小晶体及结晶过程	①不能加热 ②用作烧杯盖子时，表面皿的直径应比烧杯直径略大些
漏斗	①玻璃品质 ②以口径(cm)表示 ③分长颈与短颈两种	①过滤用 ②引导液体或粉末状固体进入小口容器中时用	①不能用火直接加热 ②用时放在漏斗架上，漏斗颈尖端必须紧靠盛接液的容器壁
分液漏斗	①玻璃品质 ②容积(mL) ③分长颈与短颈两种 ④形状有球形、梨形、管形等	①连续加料 ②分离两互不相溶的液体 ③萃取实验	①不能盛热溶液 ②磨口活塞必须密合，并要避免打碎、丢失或互相搞混 ③萃取时，振荡初期应放气数次，以免漏斗内压力过大
量筒　量杯	①玻璃品质 ②以所能量度的最大容积(mL)表示	量度液体的体积(不是十分准确的)	①不能用作反应容器 ②不能加热或烘烤 ③读取刻度值时，一定要使视线与量筒内液面（半月形弯曲面）的最低点处于同一水平线上
坩埚钳	铁质或铜合金，表面常镀镍、铬	夹取坩埚或坩埚盖	夹取热坩埚时，应先将夹子尖端预热，免得坩埚骤冷破裂

名称	规格表示方法	一般用途及性能	使用注意事项
布氏漏斗和吸滤瓶	①布氏漏斗:瓷质,以直径(cm)表示 ②吸滤瓶:玻璃品质,以容积(mL)表示	吸滤较大量固体时用	①过滤前,先抽气,再倾注溶液 ②过滤洗涤完后,先由安全瓶放气
铁架夹、铁圈、铁架台	铁质 铁架台以高度(cm)表示 铁圈或铁环以直径(cm)表示 铁夹、自由夹以大小表示	固定反应器用,铁圈也可用作泥三角的承架	①不能用铁台、铁圈、铁夹等敲打其他硬物,以免打断 ②用铁夹固定反应容器时不能夹得太紧,以免夹破仪器
蒸发皿	①瓷质 ②以口径大小(cm)或容积(mL)表示 ③分有柄和无柄	蒸发液体时用	①热的蒸发皿应避免骤冷骤热或溅水 ②可以直接加热
干燥器(保干器)	①厚玻璃制 ②以口径(cm)表示 ③尚有真空干燥器可抽气减压	①定量分析时用 ②盛需保持干燥的仪器物品	①干燥剂不要放得太满 ②干燥器的身与盖间应均匀涂抹一层凡士林 ③灼烧过的物品放入干燥器前温度不能过高 ④打开盖时应将盖儿向旁边推开,搬动时应用手指按住盖,避免滑落而打碎 ⑤干燥器内的干燥剂要按时更换
研钵	①有瓷质厚玻璃和玛瑙 ②以口径(cm)表示	研磨细料	只能研磨,不要敲打
毛刷	①柄为铁质 ②以大小表示	洗刷一般玻璃仪器时用	①洗刷玻璃器皿,应小心勿使刷子顶部的铁丝撞穿器皿底部 ②刷子不应与酸,特别是洗液接触
干燥管	以大小表示,有直形、弯形和U形几种	盛装干燥剂干燥气体	①干燥剂置于球形部分,不宜过多,小管与球形交界处放少许棉花填充 ②大头进气,小头出气

名称	规格表示方法	一般用途及性能	使用注意事项
离心试管	有刻度的按容积（mL）表示，无刻度的用管口直径（mm）×管长（mm）表示	用于沉淀分离	不能加热
熔点测定管（提勒管）		用于测定晶体物质的熔点	加热时,火焰须与熔点测定管的倾斜部分接触
点滴板	上釉瓷板,有黑、白两种,六凹穴、九凹穴、十二凹穴等	进行点滴反应,观察沉淀生成和颜色变化	白色反应产物用黑色板,有色反应产物用白色板

(2) 有机化学实验常用标准口玻璃仪器

① 标准磨口玻璃仪器

有机实验中通常使用标准磨口玻璃仪器，也称磨口仪器。这种玻璃仪器口塞尺寸都是标准化、系统化的，磨砂密合，相同规格的磨口、磨塞可以紧密连接。不同类型、规格的玻璃仪器，则可借助相应的磨口接头连接起来。使用标准接口玻璃仪器内外口之间能相互紧密连接，可省去配塞子和钻孔的时间，避免反应物或产物被塞子污染的危险，且装配容易，拆洗方便，可以用于蒸馏、减压蒸馏、回流等操作，提高工作效率。

标准磨口玻璃仪器的口径通常用数字编号来表示，位置在每个部件的口、塞的上或下显著部位，用烤印的白色标记。常用的有 10、12、14、16、19、24、29、34、40 等。

编号	10	12	14	16	19	24	29	34	40
大端直径/mm	10	12.5	14.5	16	18.8	24	29.2	34.5	40

② 常见标准磨口玻璃仪器

常用的标准磨口仪器有圆底烧瓶、三口烧瓶、蒸馏头、冷凝管、接液管等，具体形状及其用途见表 1-3。

当使用 14/30 这种编号的标准磨口仪器时，表明仪器的口径为 14mm，磨口长度为 30mm。学生使用的常量仪器一般是 19 号的磨口仪器，半微量实验中采用的是 14 号的磨口仪器，微量实验中采用 10 号磨口仪器。

③ 使用标准磨口玻璃仪器的注意事项

ⅰ. 标准磨口仪器磨口处要干净，不得粘有固体物质。清洗时，应避免用去污粉擦洗磨口，否则会使磨口处连接不紧密，甚至会损坏磨口。

ⅱ. 安装仪器时，应做到横平竖直，磨口连接处不应受歪斜的应力，以免仪器破裂。

表 1-3 化学实验常用磨口玻璃仪器及应用范围

序号	仪器名称	应用范围	备注
(1)	圆底烧瓶	用于反应、回流加热及蒸馏	
(2)	锥形瓶	用于贮存液体、混合溶液及小量溶液的加热	不能用于减压操作
(3)	梨形瓶	用于少量反应、回流	
(4)	三口圆底烧瓶	用于反应,三口分别安装机械搅拌器、球形冷凝管及温度计等	
(5)	克氏蒸馏头	用于减压蒸馏	
(6)	Y形管	用于反应、回流、连接烧瓶与冷凝管等	
(7)	蒸馏头	用于常压蒸馏,连接烧瓶与冷凝管,可连接温度计	

序号	仪器名称	应用范围	备注
(8)	蒸馏弯头	用于常压蒸馏,连接烧瓶与冷凝管	
(9)	燕尾管	用于减压蒸馏,多组分接收	
(10)	接液管	用于蒸馏,把馏出物引入接收器	
(11)	直形干燥管　弯形干燥管	装干燥剂,用于无水反应装置	
(12)	大小口接头	用于连接不同型号的接口	
(13)	温度计套管	用于套住温度计	
(14)	导气管	接在球形冷凝管上口,导出体系中的气体	

序号	仪器名称	应用范围	备注
(15)	磨口塞	用作磨口瓶的塞子	
(16)	空气冷凝管　直形冷凝管	空气冷凝管用于高于140℃的蒸馏和回流,直形冷凝管用于低于140℃的蒸馏	
(17)	球形冷凝管　蛇形冷凝管	用于低于140℃的回流	
(18)	刺形分馏柱	用于多组分混合液体的分馏	
(19)	分水器	一般用于共沸蒸馏除去反应体系中的水	

序号	仪器名称	应用范围	备注
(20)	梨形分液漏斗	用于溶液的萃取及分离	筒形分液漏斗，也可用于滴加液体
(21)	恒压滴液漏斗	用于反应体系内有压力时的液体滴加	
(22)	具塞温度计　温度计	用于测定温度	

ⅲ．使用时，磨口处一般无需涂润滑剂，以免沾污反应物或产物。但是反应中使用强碱时，则要涂真空油脂，以免磨口连接处因碱腐蚀而粘结在一起，无法拆开。当减压蒸馏时，应在磨口连接处涂润滑剂，保证装置密封性好。

ⅳ．玻璃仪器使用完后，应及时清洗干净，并在塞子和磨口的接触处夹放纸片或抹凡士林，以防粘结。如果发生磨口部位的久置黏结，可用热水煮粘结处或用热风吹母口处，使其膨胀而脱落，还可用木槌轻轻敲打粘结处，或用超声波清洗器振荡使其松动。玻璃仪器最好自然晾干。

ⅴ．使用温度计时，应注意不要用冷水冲洗热的温度计，以免炸裂，尤其是水银球部位，应冷却至室温后再冲洗。不能用温度计搅拌液体或固体物质，以免打碎温度计。

④ 国产微型玻璃仪器

国产微型玻璃仪器见图 1-3，品种见表 1-4。采用这套微型化学制备仪，可进行主要原料试剂在 1mmol 左右的有机制备实验，还可分离出馏分量在 $50\mu L$ 左右的馏液和升华提纯毫克级的固体。

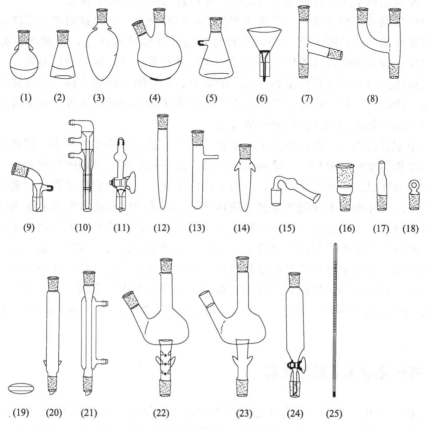

图 1-3 常用国产微型玻璃仪器

表 1-4 常用国产微型玻璃仪器的品种

序 号	品 名	序 号	品 名	序 号	品 名
(1)	圆底烧瓶	(10)	真空冷凝管(冷凝指)	(19)	磁搅拌子
(2)	锥形瓶	(11)	二通活塞	(20)	空气冷凝管
(3)	梨形烧瓶	(12)	离心试管	(21)	直形冷凝管
(4)	二口烧瓶	(13)	具支试管	(22)	微型分馏头
(5)	减压过滤瓶	(14)	锥底试管	(23)	微型蒸馏头
(6)	玻璃钉漏斗	(15)	干燥管	(24)	分液漏斗
(7)	蒸馏头	(16)	大小接头	(25)	温度计
(8)	克来森接头	(17)	温度计套管		
(9)	真空接引管	(18)	玻璃磨口塞		

　　国产微型化学制备仪的核心部件是改进的 Hickman 蒸馏头,称之为多功能微型蒸馏头。根据分馏管是否有类似于 Vigeux 分馏柱的构造,进一步把多功能微型蒸馏头分为微型蒸馏头 [见图 1-3(23)] 和微型分馏头 [见图 1-3(22)] 两种规格。多功能微型蒸馏头的结构可分为四部分:冷凝管、精馏液承接阱、馏液出口及分馏管。蒸馏头上下端均是标准磨砂接口。当其上下接口分别连接干燥管和反应瓶时,就组成了一套简易的微型蒸馏装置,可用于有机溶剂的蒸馏回收。其温度可由水浴、油浴或砂浴来调节。此时,液体的蒸汽在冷凝管内凝结为馏液,流入承接阱,待馏液液面与分馏管上口齐平时降温。用毛细滴管由出口吸出馏液。微型蒸馏头集冷凝管、接引管、馏液接收瓶的功能为一体,显著地减少了器壁的沾附损失。承接阱一次可容纳约 4mL 馏出液。当需要收集某一温度下的馏分时,可把温度计伸入

蒸馏头内，使水银球上缘与分馏管上口齐平，即可进行蒸馏或分馏操作。

与微型化学制备仪配套的另一个重要部件是真空冷凝管。它是在微型指形冷凝器上增加具有支管的磨砂接口［见图 1-3(10)］，从而与其他部件仪器相连接，发挥出多种功能。真空冷凝管与任一种微型磨口容器组合，就是一套能进行常（减）压升华的装置。

磨口的锥底反应瓶是进行微量物质反应的容器。它与圆底烧瓶一样，可与微型蒸馏头或微型分馏头、冷凝管、真空冷凝管等配套组成各种单元操作的微型装置。它又可起离心试管的作用，用于微量物质的固液分离和萃取操作。

微型化学制备仪的其他部件及其组合装置，基本上是常量仪器的缩小，其部件组成、构造与操作规范仍与常规实验相同。值得指出的是，由于微量实验处理的物料量少，以量筒计量液体容积的操作已达不到实验要求，一般采用称取质量或使用定量进样器、吸量管、注射器或预先校准液滴体积的毛细滴管来进行液体计量。液体的转移也常借助毛细滴管或注射器来实现。充分利用毛细滴管这一简易价廉的实验器件，发挥其功能是做好微量实验的一个措施。总之，从这些微量实验的仪器装置中，可以看出微型仪器设计的特点是：①从参加反应的物料量少出发，要尽量减少器壁和连接部件对试剂的沾附损耗，减少使用过程中频繁地转移反应物料；②发挥一种仪器的多种功能，如离心试管即可作反应器，又是升华装置的晶体冷凝柱，还是萃取用的容器；③用注射器、滴管等进行液体加料、转移操作；④采用电磁搅拌。

1.4.2　有机化学实验常用装置

在有机化学实验中，选择反应装置是做好实验的基本保证。反应装置一般根据实验要求组合。如常用的回流反应装置有普通回流装置、带干燥的回流装置、带尾气吸收的回流装置、带分水器的回流装置等。图 1-4 列举了常用的常量反应装置，图 1-5 列举了常用的微量反应装置。

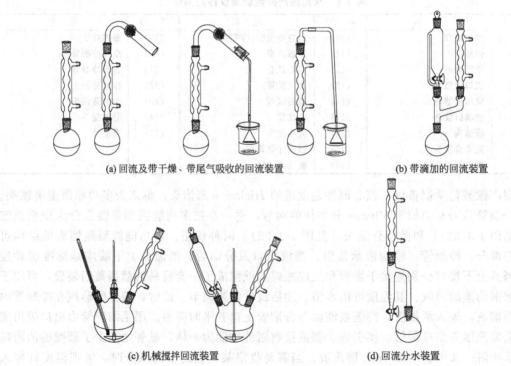

(a) 回流及带干燥、带尾气吸收的回流装置　　　　　(b) 带滴加的回流装置

(c) 机械搅拌回流装置　　　　　(d) 回流分水装置

(e) 分馏装置

(f) 滴加和蒸出的反应装置

图 1-4　常用的常量反应装置

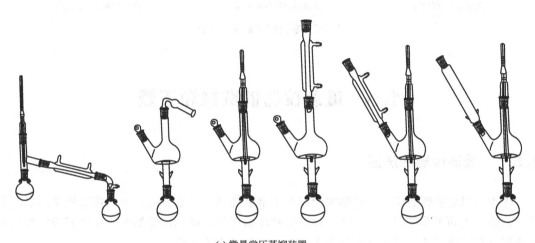

(a) 微量常压蒸馏装置

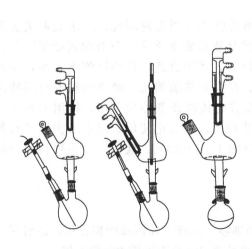

(b) 微量减压蒸馏装置

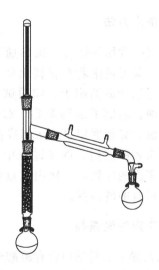

(c) 微量常压分馏装置

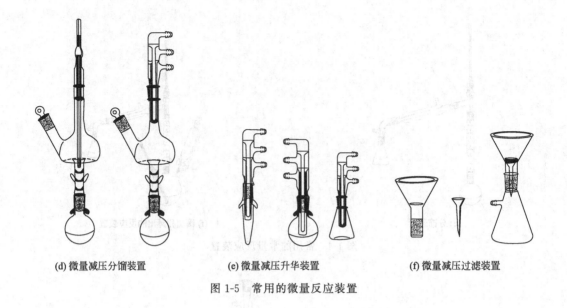

(d) 微量减压分馏装置   (e) 微量减压升华装置   (f) 微量减压过滤装置

图 1-5　常用的微量反应装置

1.5　玻璃仪器的洗涤和干燥

1.5.1　玻璃仪器的洗涤

作为一门实验性的学科，化学实验结果的准确性是极其重要的，必须排除外来因素的干扰。消除干扰的手段很多，其中之一就是要洗净所用的玻璃或陶瓷器皿。化学实验中使用的玻璃器皿应洁净透明，其内外壁能为水均匀地润湿且不挂水珠。

（1）洗涤方法

实验室中常用的烧杯、锥形瓶、量筒和离心管等可用毛刷刷洗，此法既可洗去溶于水的物质，又可使附着在仪器上的尘土和不溶性物质脱落下来，但对油污效果不好。洗刷时，要选用合适的刷子，如用试管刷去洗烧杯，就不合适。因为试管刷太细，不易将烧杯底洗净。若刷子顶端无毛，则不宜使用，易损坏玻璃器皿。经去污粉或合成洗涤剂刷洗的器皿，必须要用自来水将残存的去污粉或合成洗涤剂冲洗干净，再用去离子水涮洗内壁三次才能使用。洗涤过程中，要注意节约用水。无论使用自来水或去离子水都应遵循少量多次的原则，每次用水量约为总容量的 $10\%\sim20\%$。实际工作中要根据污物的性质选择适宜的洗涤剂。

（2）常用的洗涤剂

① 去污粉　去污粉中含有碳酸钠、白土和细沙，具有去油污和摩擦作用，适宜用于一般油污及不溶物沾附较牢的器皿的刷洗。但仪器的磨口部分不可用去污粉摩擦。

② 合成洗涤剂　这类洗涤剂主要是洗衣粉、洗洁精等，适用于洗涤油污和某些有机物。

③ 铬酸洗液　铬酸洗液是含有饱和 $K_2Cr_2O_7$ 的浓 H_2SO_4 溶液。它具有很强的氧化

性，适宜洗涤无机物、油污和部分有机物。其配制方法是：称取 10g 工业级 $K_2Cr_2O_7$ 于烧杯中，加 20mL 热水溶解后，在不断搅拌下，缓慢加入 200mL 工业级浓 H_2SO_4，溶液呈暗红色，冷却后，转入玻璃瓶中备用。铬酸洗液可反复使用，当溶液呈绿色时，表明洗液已经失效，需重新配制。铬酸洗液腐蚀性很强，且六价铬对人体有害，使用时应注意安全。

④ 碱性高锰酸钾洗涤液　用于洗涤油污和某些有机物。其配制方法是：将 4g $KMnO_4$ 溶于少量水中，慢慢加入 100mL 100$g \cdot L^{-1}$ 的 NaOH 溶液即可。

⑤ 酸性草酸和盐酸羟胺洗涤液　适用于洗涤氧化性物质，如沾有 $KMnO_4$、MnO_2、Fe^{3+} 等的容器。其配制方法是：取 10g 草酸或 1g 盐酸羟胺溶于 100mL 体积比为 1∶1 的 HCl 溶液中即可。一般前者较为经济。

⑥ 盐酸-乙醇溶液　将化学纯盐酸和乙醇按 1∶2 的体积比混合即可。适用于洗涤被有色物污染的比色皿、容量瓶和吸量管等。

⑦ 有机溶剂洗涤液　用于洗聚合物、油脂及其他有机物。可直接取丙酮、乙醚、苯使用，或配成 NaOH 的饱和乙醇溶液使用。

⑧ 王水洗液　王水洗液为一体积浓硝酸和三体积浓盐酸的混合液，因王水不稳定，所以使用时应现用现配。

1.5.2　仪器的干燥

有机化学实验室经常需要使用干燥的玻璃仪器，故要养成在每次实验后马上把玻璃仪器洗净和倒置使之晾干的习惯，以便下次实验时使用。干燥玻璃仪器的方法有下列几种。

① 自然晾干　自然晾干是指把已洗净的玻璃仪器在干燥架上自然晾干，这是常用而简单的方法。但必须注意，若玻璃仪器洗得不够干净，水珠不易流下，干燥较为缓慢。

② 烤干　将洗涤干净的烧杯、蒸发皿等放置于石棉网上，用小火烤干；试管可直接烤干，在烤干试管过程中，开始要将试管口向下倾斜，以免水滴倒流导致试管炸裂，火焰也不要集中于一个部位，先从底部开始加热，慢慢移至管口，反复数次直至无水滴，最后将管口向上将水汽赶干净。

③ 烘干　指把已洗净的玻璃仪器由上层到下层放入烘箱中烘干。放入烘箱中干燥的玻璃仪器，一般要求不带水珠，器皿口侧放。带有磨砂口玻璃塞的仪器，必须取出活塞才能烘干，玻璃仪器上附带的橡胶制品在放入烘箱前也应取下，烘箱内的温度保持 105℃左右，保持约 0.5h，然后待烘箱内的温度降至室温时才能取出。切不可把很热的玻璃仪器取出，以免骤冷使之破裂，当烘箱已工作时，不能往上层放入湿的器皿，以免水滴下落，使下层热的器皿骤冷破裂。

④ 吹干　有时仪器洗涤后需要立即使用，可使用吹干，即用气流干燥器或电吹风把仪器吹干。

⑤ 有机溶剂快速干燥　带有刻度的计量仪器不能用加热的方法干燥，急需时采用有机溶剂快速干燥法干燥：将少量易挥发的有机溶剂（如乙醇、丙酮等）加入到已经用水洗干净的玻璃仪器中，倾斜并转动仪器，使水与有机溶剂互溶，然后倒出，同样操作两次后，再用乙醚洗涤仪器后倒出，自然晾干或用电吹风吹干。

1.6 实验预习、实验记录和实验报告

有机化学实验是一门综合性较强的理论联系实际的课程，对培养学生的独立工作能力具有重要的作用。学生在进行每个实验时，必须要做好预习、实验记录和实验报告。

1.6.1 预习

为了使实验能够获得良好的效果，实验前必须进行预习。预习时需要阅读实验教材、教科书和参考资料中的相关内容，明确实验目的，掌握实验的原理、步骤和所用到的基本操作，了解实验注意事项以及实验过程中可能出现的危险因素及预防措施。

此外，学生必须在预习的基础上写好预习报告，方能进行实验。以合成实验为例，预习报告应包括如下内容：

① 实验目的；

② 主反应和副反应的反应方程式；

③ 主要原料、产物和副产物的物理常数，原料用量，计算理论产量；

④ 实验装置图；

⑤ 用图表列出实验步骤。

1.6.2 实验记录

根据实验教材上所规定的方法、步骤和试剂用量进行操作．并应该做到下列几点。

① 认真操作，细心观察现象，并及时、如实地做好详细记录。

② 如果发现实验现象和理论不符合，应首先尊重实验事实，认真分析和检查其原因，可以做对照试验、空白试验或自行设计的实验来核对，必要时应多次重做验证，从中得到有益的科学结论和学习科学的思维方法。

③ 实验过程中应勤于思考，仔细分析，力争自己解决问题。遇到疑难问题而自己难以解决时，可提请教师指点。

④ 在实验过程中应保持肃静，严格遵守实验室工作规则。

⑤ 实验完毕，公用仪器洗净后放回原处，其他仪器清洗干净后收入实验柜，打扫实验台；教师检查实验记录后，方可离开实验室；值日生负责打扫实验室公用部分。

⑥ 实验记录的内容应包括试剂的规格和用量、仪器的名称、规格和型号、实验日期以及实验时间、现象和数据等。

实验记录要完整翔实、清楚明白。

有机化学实验记录示例

日期：　　年　　月　　日

时间	步骤	现象	备注

1.6.3 实验报告

实验报告应包括实验目的、实验原理（反应式等）、实验装置图、主要试剂的规格与用量、实验步骤和现象、产率计算、结果讨论、思考题等。要如实记录和填写实验报告，对实验现象要进行解释并作出结论，或根据实验数据进行处理和计算，独立完成实验报告，交指导教师审阅。

书写实验报告应字迹端正，文字精炼，画图准确。

有机化学实验报告示例

实验题目：_____ 气压_____ 室温_____

_____级 _____组 姓名_____ 实验室_____ 指导教师_____ 日期_____

一、实验目的

二、实验原理

三、主要试剂及产物的物理常数

名称	分子量	mp/℃	bp/℃	密度/g·cm^{-3}	n_D	溶解性

四、主要试剂的用量及规格

五、装置图

六、实验步骤和现象

时间	实验步骤	实验现象

七、产品和产率

八、结果讨论

九、思考题

1.7 有机化学网络文献资料简介

化学文献是前人在化学方面的科学研究以及生产实践的记录和总结，是人类科学和文明的宝贵财富。在进行有机化学实验时，学生必须了解反应物和产物的物理常数、化学性质、所用溶剂的处理方法、合成路线、合成方法的选择及后处理步骤等，以及它们之间的相互关系等，否则就难以进行实验，或者只能照方抓药，达不到实验的目的。因此，化学文献资料的查阅和检索是实验和研究工作的重要组成部分，也是学生获得知识、培养能力和提高素质的重要方面，是每个化学工作者应具备的基本功之一。

有机化学方面的文献资料已相当丰富，许多文献资料，数据来源可靠，查阅方便，并不断进行补充和更新，是有机化学的知识宝库，也是化学工作者学习和研究的有力工具。在有机化学实验中，有机化学的各种文献是设计化合物的合成方案、确定产物提纯方法的重要依据，因此，学习查阅词典、手册、期刊、文摘等各种有机化学文献具有重要意义。

有机化学文献的出版形式主要有印刷版、光盘版、网络版、联机数据库等，一般可以通过著者、刊名、结构式等进行检索，随着计算机和网络技术的发展，网上文献资源将发挥越来越重要的作用。现按照常用工具书、参考书、期刊杂志和网络资源四个方面对有机化学文献简单介绍。

1.7.1 工具书

(1) 化工辞典

《化工辞典》（第五版），姚虎卿主编，化学工业出版社出版。这是一部综合性化学化工工具书，收集有关化学和化工名词 16000 余条，列出了相关物质的分子式、结构式、基本物理性质及化学性质等相关数据，并对其制法和用途做了简要说明。

(2) Handbook of Chemistry and Physics（CRC，物理化学手册）

美国化学橡胶公司出版的一本化学与物理手册，初版于 1913 年，每隔 1～2 年再版一次。前 50 版分为上下册，从 51 版开始变为每版一册。该书内容分为六个方面：数学用表、元素和无机化合物、有机化合物、普通化学、普通物理常数和其他。

(3) 精细化学品制备手册

陈长明主编，2004 年企业管理出版社出版，书中介绍了精细化工领域各类产品的配方组成和制备工艺。不仅介绍了传统的配方工艺，而且还对某些新近开发、应用广泛的产品配方也进行了详尽揭示。此书可供从事精细化工产品开发研究、设计生产、市场调研等有关科研、生产、经营管理人员使用，也可供大专院校相关专业的广大师生参考。

(4) Aldrich

美国 Aldrich 化学试剂公司出版。这是一本化学试剂目录，收集了 2 万种化合物。每一种化合物作为一个条目，内含分子量、分子式、沸点、折射率、熔点等数据。较复杂的化合物还附有结构式，并给出部分化合物红外光谱图和核磁共振谱图的出处。每种化合物都给出不同包装的价格，可据此订购。书后附有分子式索引，便于查找，还列出了化学实验中常用仪器的名称、图形和规格。每年出一本新书，免费赠阅。

(5) The Merck Index（默克索引）

The Merck Index 是美国 Merck 公司出版的一本辞典。它收集了一万多种化合物的性质、制备和用途，4500 多个结构式和 42000 条化学产品和药物的命名。化合物按名称字母顺序排列，冠有流水号，依次列出 1972～1976 年汇集的化学文摘名称以及可供选用的化学名称、药物编码、商品名、化学式、分子量、文献、结构式、物理数据、标题化合物和其衍生物的普通名称与商品名。在"Organic Name Reactions"部分，对国外文献资料中以人名来称呼的反应作以简单的介绍。一般是用方程式来表明反应的原料、产物及主要反应条件，并指出最初发表论文的作者和出处，同时将有关这个反应的综述性文献资料的出处一并列出，便于进一步查阅。卷末有分子式和主题索引。

（6）Dictionary of Organic Compounds（有机化合物辞典）

J．Buckingharm．Dictionary of Organic Compounds，6th Ed．1996。本书收集常见的有机化合物近 3 万条，连同衍生物在内共约 6 万余条，包括有机化合物的组成、分子式、结构式、来源、物理常数、化学性质及其衍生物等，并给出了制备化合物的主要文献资料。各化合物按名称的英文字母顺序排列。该书已有中文译本名为《汉译海氏有机化合物辞典》，中国科学院自然科学名词编订室译，科学出版社，1994 年出版。中文译本仍按化合物英文名称的字母顺序排列，在英文名称后面附有中文名称。因此，在使用中文译本时，仍然需要知道化合物的英文名称。

（7）Beilsteins Handbuch der Organischen Chemie（贝尔斯坦因有机化学大全）

这部有机化学工具书由留学德国的俄国人 F．K．Beilstein 主编，因此也常称这本书为 "Beilstein"。它是由从期刊、会议论文集和专利等方面收集有确定结构的有机化合物的最新资料汇编而成的，介绍有机物的结构、理化性质、衍生物的性质、鉴定分析方法、提取纯化、制备方法以及原始参考文献等，尤其是化合物的制备非常详尽。目前已收录了 100 多万个有机化合物，均按化合物官能团的种类排列。1991 年出版了英文的百年累积索引，对所有化合物提供了物质名称和分子式索引。这本书从正编（HauPtwerk，简称 H，含有 31 卷）到第四补编为德文，第五补编为英文。

（8）Synthetic Methods of Organic Chemistry

由 Theilheimer W 和 Finch A F 主编，Interscience 出版。1948 年出版至今，它将过去一年中所发表的有机合成新方法或新改进都摘录下来，编排汇编成册，每年出一卷。反应可以按照系统排列的符号进行分类。书中还附有累积索引。

（9）Aldrich NMR 谱图集

Aldrich NMR 谱图集，1983 年出版第 2 版，由 Pouchert C L 主编，Aldrich 化学公司出版。共两卷，收集了约 3.7 万张谱图。

Aldrich ^{13}C NMR 和 ^{1}H NMR 谱图集，1993 年出第 3 版，由 Pouchert C L 和 Behnke J 主编，Aldrich 化学公司出版。共 3 卷，收集了约 1.2 万张谱图。

（10）Sadtler NMR 谱图集

Sadtler NMR 谱图集由美国宾夕法尼亚州 Sadtler 研究实验室收集。至 1996 年收录超过 6.4 万种化合物的质子 NMR 谱图，以后每年增加 1000 张。该 NMR 谱图集对不同环境氢质子的共振信号和积分强度给予相应的指认。此外，还有 4.2 万种化合物的 ^{13}C NMR 质子去偶谱图也由该实验室发表。

（11）Sadtler 标准棱镜红外光谱集

Sadtler 标准棱镜红外光谱集，由美国宾夕法尼亚州 Sadtler 研究实验室收集。至 1996 年已经出版 1～123 卷，收集了超过 9.1 万种化合物的红外光谱谱图，同时还收入超过 9.1

万种化合物的相应光栅红外光谱图。

（12） Aldrich 红外光谱集

Aldrich 红外光谱集1981年出版第3版，由 Pouchert C L 主编，Aldrich 化学公司出版。共2卷，收集了1.2万张红外光谱图。该公司还于1983年至1989年出版了3册傅里叶红外光谱谱图集。

1.7.2　参考书

（1）Organic Reactions（有机反应）

由 R. Adams 主编，自1951年开始出版，刊期不固定，约一年半出一卷，1988年已出35卷。主要介绍有机化学有理论价值和实际意义的反应。每个反应都分别由在该方面有一定经验的人来撰写。书中对有机反应的机理、应用范围、反应条件等做了详尽讨论，并用图表指出在这个反应的研究工作中做过哪些工作。卷末有以前各卷的作者索引，章节和题目索引。

（2）Orgnic Syntheses（有机合成）

最初由 R. Adams 和 H. Gilman 主编，后由 A. H. Blatt 担任主编。于1921年开始出版，每年一卷。主要介绍各种有机化合物的制备方法，也介绍了一些有用的无机试剂的制备方法。书中对一些特殊的仪器、装置往往是同时用文字和图形来说明。书中所选实验步骤叙述得非常详细，并有附注介绍作者的经验及注意点。书中每个实验步骤都经过其他人的核对，因此内容成熟可靠，是有机制备的优秀参考书。

另外，该书每十卷有一合订本（collective volume），卷末附有分子式、反应类型、化合物类型、主题、作者等多种索引。1976年还出版了合订本1～5集（即1～49卷）的累积索引，可供阅读时查考。另外，该书合本的第1～3集已分别译成中文。

（3）Reagents for Organic Synthesis（有机合成试剂）

由 L. F. Fieser 和 M. Fieser 编写。这是一本有机合成试剂的全书，书中收集面很广。第一卷于1967年出版，其中将1966年以前的著名有机试剂都做了介绍。每个试剂按英文名称的字母顺序排列。书中对入选的每个试剂都介绍了化学结构、分子量、物理常数、制备和纯化方法、合成方面的应用等，并提出了主要的原始资料以备进一步考查。每卷卷末附有反应类型、化合物类型、合成目标物、作者和试剂等索引。第二卷出版于1969年，收集了1969年以前的资料，并对第一卷部分内容做了补充。其后每卷都收集了相邻两卷间的资料，至1990年已出版到第15卷。

（4）现代有机化学实验技术导论

该书由丁新滕译，科学出版社出版（1985年）。全书分两大部分，第一部分收集成熟的实验56个，主要是有机合成实验；第二部分由17项基本操作技术及其理论基础组成。该书的主要特点在于所选实验与人类的日常生活及现代科学技术领域密切相关，增加了实验的趣味性。

1.7.3 常用期刊杂志

(1) 科学通报

中国科学院主办，1950 年创刊，半月刊。它是自然科学综合性学术刊物，有中、英文两种版本。

(2) 中国科学

中国科学院主办，1950 年创刊，最初为季刊。1974 年改为双月刊，1979 年改为月刊。原为英文版，自 1972 年开始出中文和英文两种文字版本。刊登我国各个自然科学领域中有水平的研究成果。中国科学分为 A、B 两辑，B 辑主要包括化学、生命科学、地学方面的学术论文。从 1997 年起，《中国科学》分成 6 个专辑，化学专辑主要反映我国化学学科各领域重要基础理论方面的创造性研究成果。

(3) 有机化学

中国化学会主办，1981 年创刊，双月刊，编辑部设在中国科学院上海有机化学研究所，主要刊登我国有机化学方面的重要研究成果。

(4) 高等学校化学学报

教育部主办，1980 年创刊，月刊，是化学学科综合性学术期刊。除重点报道我国高校师生创造性的研究成果外，还反映我国化学学科其他各方面研究人员的最新研究成果。

(5) 化学学报

中国化学会主办，1933 年创刊，月刊。原名为 Journal of the Chinese Society，1952 年改为现名，主要刊登化学学科基础和应用方面创造性、高水平的研究论文。

(6) 化学通报

中国化学会主办，1952 年创刊，月刊，以报道知识介绍、专论、教学经验交流等为主，也有研究工作报道。

(7) Journal of the Chemical Society（J. Chem. Soc.，化学会志）

英国皇家化学会主办，1848 年创刊，月刊。1972 年起分六辑出版，其中 Perkin Transactions 的 I 和 II 分别刊登有机化学、生物有机化学和物理有机化学方面的全文。研究简报则发表在另一辑，刊名为"Chemical Communication"，（Chem. Commun.，化学通讯）。

(8) Journal of the American Chemical Society（J. Am. Chem. Soc.，美国化学会志）

美国化学会主办，1879 年创刊，双周期刊，主要刊载所有化学学科领域高水平的研究论文和简报，内容涉及无机化学、有机化学、生物化学、物理化学、高分子化学等领域，并有书刊介绍。它是世界上最具影响的综合性化学期刊之一。

(9) Journal of the Organic Chemistry（J. Org. Chem.，有机化学）

美国化学会主办，创刊于 1936 年，月刊，1971 年改为双周刊。主要刊登涉及整个有机化学学科领域高水平研究论文的全文、短文和简报。全文中有比较详细的合成步骤和实验方法。

(10) Synthesis（合成）

德国斯图加特 Thieme 出版的有机合成方法学研究方面的国际性刊物，1969 年创刊，月刊。主要刊载有机化学合成方面的论文。

(11) Tetrahedron（四面体）

英国牛津 Pergamon 出版，创刊于 1957 年，初期不定期出版，1968 年改为半月刊。它主要是为了迅速发表有机化学方面的最新实验与研究论文。大部分论文是用英文写的，也有用德文或法文写的论文。

(12) Tetrahedron Letters（TL，四面体快报）

英国牛津 Pergamon 出版，创刊于 1959 年，初期不定期出版，1964 年改为周刊，主要是为了迅速发表有机化学方面的初步研究工作，一版每期仅 2～4 篇幅，主要刊登有机化学家感兴趣的通讯报道，包括新技术、新结构、新概念、新试剂和新方法的简要报道。

(13) Chemical Reviews（Chem. Rev.，化学评论）

创刊于 1924 年，为双月刊，主要刊载化学领域中的专题及发展近况的评论。内容涉及无机化学、有机化学、物理化学等方面的研究成果与发展概况。

(14) Chemical Abstracts（C. A.，美国化学文摘）

美国《化学文摘》是化学化工方面最主要的二次文献，创刊于 1907 年。自 1962 年起每年出两卷。自 1967 年上半年即 67 卷开始，每逢单期号刊载生化类和有机化学类内容；逢双期号刊载大分子类、应化、化工、物化与分析化学类内容。有关有机化学方面的内容几乎都在单期号内。

(15) Angewandte Chemie, International Edition（应用化学，国际版）；缩写为 Angew. Chem.

该刊 1888 年创刊（德文），由德国化学会主办。从 1962 年起出版英文国际版。主要刊登覆盖整个化学学科研究领域的高水平研究论文和综述文章，是目前化学学科期刊中高影响因子期刊之一。

(16) Synthetic Communication（合成通讯），**缩写为 Syn. Commun.**

美国 Dekker 出版的国际有机合成快报刊物，1971 年创刊，原名为 Organic Preparations and Procedure，双月刊。1972 年改为现名，每年出版 18 期。主要刊登有机合成化学方面的新方法、试剂的制备与使用方面的研究简报。

1.7.4 网络资源

Internet 上的化学信息与资源面广量大。通过 Internet 检索各类化学信息与资源是化学工作者了解学科发展动态的首要选择。下面介绍几个常用的网络数据库。

(1) 美国化学学会数据库（http://pubs.acs.org）

美国化学学会（American Chemical Society，ACS）成立于 1876 年，现已成为世界上最大的科技协会之一，是享誉全球的科技出版机构。

ACS 的期刊被 Science Citation Index（科学引文索引，简称 SCI）的 Journal Citation Report（JCR）评为化学领域中被引用次数最多的化学期刊。ACS 出版 34 种期刊，内容涵盖普通化学、有机化学、分析化学、物理化学、应用化学、分子生物化学、药物化学、工程化学、无机与原子能化学、聚合物、材料学、环境科学、植物学、食品科学、毒物学、资料系统计算机科学、燃料与能源、药理与制药学、微生物应用生物科技、农业学等领域。

网站除具有索引与全文浏览功能外，还具有强大的搜索功能，可在第一时间内查阅到被作者授权发布、尚未正式出版的最新文章（Articles ASAPsm）；ACS 数据库中的 Article References 可直接链接到 Chemical Abstracts Services（CAS）的资料记录。查阅文献非常方便。

(2) 英国皇家化学学会数据库（http://www.rsc.org）

英国皇家化学学会（Royal Society of Chemistry，RSC）成立于 1841 年，是一个国际权威的学术机构，是化学信息的一个主要传播机构和出版商。数据库 Methods in Organic Synthesis（MOS）提供有机合成方面最重要的通告服务，提供反应图解，涵盖新反应、新方法，包括新反应和试剂、官能团转化、酶和生物转化等内容，只收录在有机合成方法上具新颖性特征的条目。数据库 Natural Product Updates（NPU）是提供有关天然产物化学方面最新发展的文摘，包括分离研究、生物合成、新天然产物以及新来源的已知化合物、结构测定、新特征和生物活性等。

(3) Elsevier（Science Direct）**数据库**（http://www.Sciencedirect.com）

荷兰爱思维尔（Elsevier）出版集团是全球最大的科技与医学文献出版发行商之一，其公司出版的期刊是世界上公认的高品位学术期刊。Science Direct On Site（SDOS）数据库是最全面的全文文献数据库，收录了 1995 年以来 Elsevier、Academic Press 等著名出版社的 1800 种全文期刊 440 多万篇在线文章，该数据库涵盖了数学、物理、化学、天文学、医学、生命科学等众多学科，几乎涉及所有的研究领域。

荷兰 Elsevier Science 公司与清华大学合作，在清华图书馆已设立镜像服务器，访问网址：http://elsevier.lib.tsinghua.edu.cn。

(4) John Wiley 数据库（http://www.interscience.wiley.com）

约翰威立父子出版公司（Wily Interscience-John Wiley&Sons Inc.）成立于 1807 年，是全球历史悠久、知名的学术出版商之一，该网站是 John Wiley & Sons Inc. 的学术出版物的在线平台。目前，John Wiley 出版的电子期刊有 363 种，出版领域包括化学化工、生命科学、医学、高分子及材料学等 14 个学科领域。该出版社期刊的学术质量很高，尤其在化学化工、生命科学、高分子及材料学等领域，是相关学科的核心资料，其中被 SCI 收录的核心期刊近 200 种。

(5) Springer Link 全文期刊数据库（清华国内镜像 http://springer.lib.tsinghua.edu.cn）

德国（Springer-Verlag）是世界上著名的科技出版集团，通过 Springer Link 系统提供学术期刊及电子图书的在线服务，是科研工作者的重要信息来源。目前该数据库包含了 1200 多种全文学术期刊，包括的学科有数学、化学、物理学、环境科学、生命科学、医学、地理学、天文学、计算机科学、工程学、法学、经济学等。

(6) EI Compendex 数据库（国内检索镜像 http://www.engineeringvillage2.org.cn）

EI 公司始建于 1884 年，作为世界领先的应用科学和工程学在线服务提供者，一直致力于为科研人员提供专业化、实用化的在线数据信息服务。EI Compendex 是目前全球最全面的工程领域的二次文献数据库，主要提供应用科学和工程领域的文摘索引信息，涉及核技术、生物工程、交通运输、化学和工业工程、农业工程、食品技术、应用物理、材料工程、汽车工程等领域及这些领域的子学科。可在网上检索 1969 年至今的文献。数据来源于 5100 种工程类期刊、会议论文集和技术报告，含 700 多万条记录，每年新增 25 万条记录，且数据每周更新。

(7) 美国专利商标局网站数据库（http://www.uspto.gov）

该数据库用于检索美国授权专利和专利申请，免费提供 1970 年至今图像格式的美国专利说明书全文，1976 年以来的专利还可以看到 html 格式的说明书全文。专利类型包括发明专利、外观设计专利、再公告专利、植物专利等。该系统检索功能强大，可以免费获得美国专利全文。

(8) ProQuest Digital Dissertations（PQDD）**博硕士论文全文数据库**（http://www.lib.umi.com/dissertations/gateway）

PQDD 是美国 UMI 公司出版的博硕士论文数据库，是 Dissertation Abstracts Ondisc（DAO）的网络版。它收录了欧美 1000 余所大学的 160 多万篇学位论文，是目前世界上最大和最广泛的学位论文数据库，内容涵盖理工、人文和社科等领域。

(9) 中国期刊全文数据库（http://www.cnki.net）

中国期刊全文数据库（CNKI）收录资源来源于国内公开出版的 7408 种期刊与专业特色期刊的全文，包括期刊、博硕士论文、会议论文、报纸等学术与专业资料，涵盖理工、农业、医药卫生、经济政治、法律、教育、社会科学、电子技术、信息科学等学科领域。数据库是海量数据的高度整合，集题录、文摘、全文文献信息于一体，实现一站式文献信息检索（One-stop Access）；参照国内外通行的知识分类体系组织知识内容，数据库具有知识分类导航功能、众多检索入口等功能。

第2章

有机化学实验基本操作和实验技术

2.1 合成技术

2.1.1 搅拌

搅拌是有机制备实验常用的基本操作。搅拌的目的是为了使反应物混合得更加均匀，反应体系的热量更容易散发和传导，反应体系的温度更加均匀，从而有利于反应的进行。特别是在非均相反应中，搅拌可以增大反应的接触面，缩短反应时间；在边加料、边反应的实验中，搅拌可以防止反应物局部过浓、过热而引起的副反应。

常用的搅拌方法有三种：人工搅拌、电动搅拌和磁力搅拌。

（1）手工搅拌或振荡

在反应物量少、反应时间短，且不需要加热或者温度不太高的操作中，用手摇动反应烧瓶就可以达到充分混合的目的。

在反应过程中，回流冷凝装置往往需要作间歇的振荡。此时，可暂时放松固定烧瓶和冷凝管的铁夹，一只手靠在铁夹上并扶住冷凝管，另一只手拿住瓶颈使烧瓶作圆周运动。每次振荡以后，注意要把玻璃仪器重新夹好，一定要注意装置不能滑倒。有时候，也可以采用振荡整个铁架台的方法，使烧瓶内的反应物充分混合。

（2）电动搅拌

对于反应时间比较长或非均相反应，或需要按一定速率长时间持续滴加反应料液时，可以采用电动搅拌。电动搅拌常采用电动搅拌器，其装置主要由电机、搅拌棒、搅拌头三部分组成。带有电动搅拌的各种回流反应装置如图2-10所示。搅拌装置装好以后，应先用手指搓搅拌棒试转，确信搅拌棒在转动时不触及烧瓶底和温度计后，才可旋动调速旋钮，缓慢地由低转速向高转速旋转，直至所需转速。

（3）磁力搅拌

磁力搅拌是以电机带动磁场旋转，控制磁子旋转的。磁子是一根包裹着聚四氟乙烯外壳的软铁棒，可以直接放在反应烧瓶中。一般磁力搅拌器都兼有加热、控温和调速功能。磁力搅拌可用于液体恒温搅拌，使用方便，噪声小，搅拌力也较强，调速平稳。在反应物料较少，温度不是太高的情况下，磁力搅拌较之于电动搅拌，使用起来更为方便安全。

带有磁力搅拌的回流装置如图 2-11 所示。在使用磁力搅拌时应该注意：①加热温度不能超过磁力搅拌器的最高使用温度；②若反应物料过于黏稠，或调速较急，会使磁子跳动而撞破烧瓶；③圆底烧瓶在磁力搅拌器上直接加热时，受热不够均匀。根据不同的温度要求，可以将圆底烧瓶置于水浴或油浴中，这样可以保证在反应过程中，圆底烧瓶受热均匀。有时候，也可用磨口锥形瓶代替圆底烧瓶直接在磁力搅拌器上加热并搅拌。这样，既能保证受热均匀，还能使搅拌均匀。

2.1.2 加热与冷却

2.1.2.1 加热

(1) 明火加热

明火加热操作方便，热效率高。但易挥发有机试剂禁止用明火加热，因此明火加热目前多用于毛细管法测熔点、微量法测沸点以及玻璃器件加工等操作，常用的热源有酒精灯、酒精喷灯和煤气灯（见图 2-1）。酒精灯为玻璃制品，加热温度可达 673～773K，用于加热要求不太高的实验。酒精喷灯多为金属制品，常用的有挂式和座式两种。挂式喷灯的酒精贮存于悬挂在高处的贮罐内，座式喷灯的酒精贮存在酒精壶内。喷灯温度可达 900～1200K。煤气灯温度可高达 1270K。

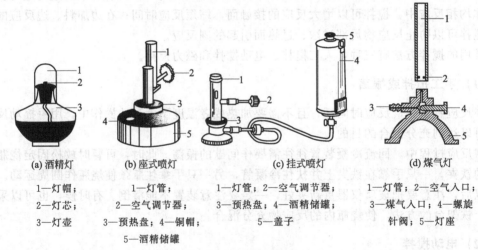

(a) 酒精灯	(b) 座式喷灯	(c) 挂式喷灯	(d) 煤气灯
1—灯帽；	1—灯管；	1—灯管；2—空气调节器；	1—灯管；2—空气入口；
2—灯芯；	2—空气调节器；	3—预热盘；4—酒精储罐；	3—煤气入口；4—螺旋
3—灯壶	3—预热盘；4—铜帽；	5—盖子	针阀；5—灯座
	5—酒精储罐		

图 2-1　明火加热热源

(2) 电加热器

电热套是用玻璃纤维丝与电热丝编织成半圆形内套，外边加上金属外壳，中间填上保温材料。根据内套直径的大小分为 50mL、100mL、150mL、200mL、250mL 等规格，最大可到 3000mL。此设备不用明火加热，使用较安全。但不能直接用于加热乙醚等易燃溶剂。由于它的结构是半圆形的，在加热时，烧瓶处于热气流中，因此，加热效率较高。使用时应注意，不要将药品洒在电热套中，以免加热时药品挥发污染环境，同时避免电热丝被腐蚀而断开。用完后放在干燥处，否则内部吸潮后会降低绝缘性能。

电炉是一种利用电阻丝将电能转化为热能的装置。电炉可以代替煤气灯，用于加热盛于器皿中的液体。使用温度的高低可通过调节外电阻来控制，为保证容器受热均匀，使用时反应容器与电炉间利用石棉网相隔离。

电热板常用于避免明火、需要均匀加热时，其构造原理与电炉相同，只不过在电热丝上覆盖了一层铁板。

马福炉是利用电热丝或硅碳棒加热的密封炉子，炉膛是利用耐高温材料制成，呈长方体。一般电热丝炉最高温度为950℃，硅碳棒炉为1300℃，炉内温度是利用热电偶和毫伏表组成的高温计测量，并使用温度控制器控制加热速度。使用马福炉时，被加热物体必须放置在能够耐高温的容器（如坩埚）中，不要直接放在炉膛中，同时不能超过最高允许温度。

管式炉有一管状炉膛，也是利用电热丝来加热的，温度也是可调的，最高使用温度为950℃。炉膛中可插入一根瓷管，瓷管中再放入盛有反应物的瓷舟。反应物可以在空气氛或其他气氛中受热反应。常用高温电加热器如图2-2所示。

图2-2　常用高温电加热器（依次为电炉、电加热套、管式电炉、马福炉）

（3）微波辐射加热

微波是频率大约在300MHz～300GHz，即波长在1mm～1m范围内的电磁波，位于电磁波谱的红外辐射（光波）和无线电波之间。

微波波段中的波长并不是可以任意使用的，因为微波具有极高的频率和极宽的频带，波长在1～25cm的波段专用于雷达，其余部分用于电讯传输，它特别适合于作大容量的载波，可以传输几千路电话和几十路电视。因此，为了防止家用微波功率对无线电通讯、广播、电视和雷达等的干扰，国际上规定工业、科学研究、医学及家用等民用微波功率的频率为(915 ± 25)MHz、(2450 ± 50)MHz、(5800 ± 75)MHz和(22125 ± 125)MHz。目前我国主要应用915MHz和2450MHz。

传统的加热方式中，能量的转移一般通过热传导或热辐射的方式由表及里地进行。而微波加热是材料在电磁场中由介质损耗而引起的体加热，微波主要是通过试样的偶极旋转和离子传导两种机理来实现其加热过程的。微波直接作用于样品分子，使其升温。偶极旋转指具有永久偶极或在电磁场中产生诱导偶极的分子，经微波辐射，从相对静态瞬间转变为动态，分子偶极以每秒数十亿次的高速旋转产生热效应。而离子传导是指介质中存在自由移动的离子，在电磁场中产生离子迁移电流，随着电流的损失而产生热效应，热效应的大小与离子大小、电荷量、离子的迁移率及溶剂等有关。一般来说，离子化合物中离子传导占主要地位，而共价化合物中，起更大作用的是偶极旋转。如对含水介质，在微波场中是由于高频极化产生介质热损耗而使介质加热的。微波加热意味着将微波电磁能转变成为热能，其能量将通过空间或媒质以电磁波形式来传递，对物质的加热过程与物质内部分子的极化有着密切的关系。由于微波加热的特殊机制，因此与常规加热方式相比，它具有加热速度快、均匀、热效率高、无热惯性等优越性。

对微波有机反应来说，微波辐射后的温升与有机物的介电常数有关，有机物的温升随介电常数的增加而增大。在一般条件下，微波可方便地穿透如玻璃、陶瓷、塑料（如聚四氟乙烯）等材料。因此，这些材料可用作微波化学反应器。另外水、碳、橡胶、木材和湿纸等介质可吸收微波而产生热。因此，微波作为一种能源，被广泛应用于纸张、木材、皮革、烟草、中草药的干燥、杀虫灭菌和食品工业等科研领域。微波在医学和生物医学上还用于诊断和治疗疾病。

微波可以直接与化学体系发生作用，从而促进各类化学反应的进行，开辟了微波化学这一化学新领域。应该说微波化学是利用微波技术来研究化学反应的一门新兴的交叉学科，微波化学涉及无机合成、有机合成、分析化学、物理化学、高分子化学、石油及冶金等其他工业化学。随着化学家们对化学反应研究的深入，对微波反应器也提出了更高的要求，例如温度的控制、功率的控制、频率的可变等，这些将牵涉到电磁场、电磁波理论和加工工艺等。

（4）加热的一般原则

烧杯、烧瓶、曲颈瓶、蒸发器、坩埚和硬质试管等可以加热，有刻度的仪器、试剂瓶、广口瓶、减压过滤瓶、各种容量器和表面玻璃等则不能用于加热。

加热前器皿外部必须干净，不能有水滴或其他污物，刚刚加热的容器不能马上放在桌面或其他较冷的地方。

加热液体过程中，若有沉淀存在，必须不断搅拌；看守加热仪器时，不得离开现场。

加热液体时，其体积不能超过容器主要部分高度的 2/3。

加热液体过程中，不能直接向液体俯视，以免迸溅等意外情况发生。

加热时要远离易燃、易爆物。

不要急剧加热，要采用适当的装置和方法进行加热，并把加热限于必要的限度内。

（5）加热方法

① 直接加热　直接加热适用于在较高温度下不分解的溶液或纯液体。

少量的液体可装在试管中加热，用试管夹夹住试管的中上部（不用手拿，以免烫伤），试管口向上，微微倾斜，管口不能对着自己和其他人，以免溶液沸腾时溅到脸上。管内所装液体的量不能超过试管高度的 1/3。加热时，先加热液体的中上部，再慢慢往下移动，然后不时地上下移动，使溶液受热均匀。不能集中加热某一部分，否则会引起暴沸。

如需要加热的液体较多，则可放在烧杯或其他器皿中。待溶液沸腾后，再把火焰调小，使溶液保持微沸，以免溅出。

如需把溶液浓缩，则把溶液放入蒸发皿（放在泥三角上）内加热，待溶液沸腾后改用小火慢慢地蒸发、浓缩。

只有试管可以直接加热，烧杯、烧瓶、锥形瓶等玻璃容器可在灯焰上隔着石棉网加热。石棉网是一种不良导体，它能使受热物体均匀受热，避免造成局部高温，从而使火焰热量能均匀地传导到器皿各处，防止器皿的内容物因受热不均和由于玻璃器皿局部受热而引起的破损。

少量固体药品可装在试管中加热，加热方法与直接加热液体的方法稍有不同，此时试管口向下倾斜，使冷凝在管口的水珠不倒流到试管的灼烧处，而导致试管炸裂。

较多固体的加热，应在蒸发皿中进行。先用小火预热，再慢慢加大火焰，但火也不能太大，以免溅出，造成损失。要充分搅拌，使固体受热均匀。需高温灼烧时，则把固体放在坩埚中，用小火预热后慢慢加大火焰，直至坩埚红热，维持一段时间后停止加热。稍冷，用预热过的坩埚钳将坩埚夹持到干燥器中冷却。

② 水浴加热　当被加热物质要求受热均匀，而温度又不能超过373K时，采用水浴加热。若把水浴锅中的水煮沸，用水蒸气来加热，即成蒸汽浴。水浴锅上放置一组铜质或铝质的大小不等的同心圈，以承受各种器皿。根据器皿的大小选用铜圈，尽可能使器皿底部的受热面积最大。水浴锅内盛放水量不超过其总容量的2/3，在加热过程中要随时补充水以保持原体积，切忌不能烧干。不能把烧杯直接放在水浴中加热，这样烧杯底会碰到高温的锅底，由于受热不均匀而使烧杯破裂，同时烧杯也容易翻掉。

小试管中的溶液直接加热易使少量溶液溅出，且小试管烘干易使沉淀损失或变质，同时小试管也易破裂，所以只宜在微沸水浴上加热。

在蒸发皿中蒸发、浓缩时，也可以在水浴上进行，这样比较安全。

③ 沙浴和油浴加热　当被加热物质要求受热均匀，而温度又需要高于373K时，可用沙浴或油浴。

沙浴是将细沙均匀地铺在一只铁盘内，被加热的器皿放在沙上，底部部分埋入沙中，用煤气灯加热铁盘。因为沙的热传导能力较差，故沙浴温度不均匀，若要测量温度，可把温度计插入沙中，水银球应紧靠反应器。用油代替水浴中的水即是油浴，加热温度在373～473K，使用时要当心，防止着火。常用加热浴一览见表2-1。

表2-1　常用加热浴一览表

类别	内容物	容器	温度范围/℃	注意事项
水浴	水	铜或铝锅等	约90	若在水中加入各种无机盐使之饱和,则沸点可以提高,如 NaCl(109℃)、KNO$_3$(116℃)、CaCl$_2$(180℃)
水蒸气浴	水		约95	
空气浴	空气		>80	
油浴	各种植物油	铜或铝锅等	100～250	加热到250℃以上时,冒烟及着火。油中切勿溅入水,氧化后慢慢凝固
酸浴	浓硫酸		250～270	加热至300℃左右时分解,冒白烟,若酚硫酸钾,则加热温度可升到350℃左右
沙浴	沙	铁盘(锅)等	>220	传热慢,且不易控制
盐浴	例如硝酸钾和硝酸钠的等量混合物	铁锅等	220～680	浴中切勿溅入水,将盐保存于干燥器中
金属浴	各种低熔点金属、合金等	铁锅等	温度因使用不同金属而异	加热至350℃以上时渐渐氧化
其他	甘油、液体石蜡、硅油等	铁锅、烧杯等	温度因物而异	甘油易吸水

2.1.2.2　冷却

放热反应产生的热量，常使反应温度迅速提高，如控制不当，往往引起反应物的挥发，并可能引发副反应，甚至爆炸。为了将反应温度控制在一定的范围内，就需要适当地冷却，因此，制冷技术对实验的成败有着重要的作用。根据反应的要求，可使用不同的制冷剂，制冷剂的选择是根据冷却温度和所要带走的热量来决定的。

最简便的方法就是将盛有反应物的容器适时地浸入冷水浴中，可采用冷水、冰水、流动冷却液或自然冷却等。采用冰水冷却时，冰块需要破碎，为了更好地移除热量，还要加入少量的水使成糊状。

如需较低温度的冷却，可用冰-盐混合物，可冷至－20℃。它是在碎冰中混入 1/3 质量的食盐制成的。把干冰（固体 CO_2）加到乙醇、丙酮及其他溶剂中（需要小心，会猛烈起泡！），温度可降到－78℃。如果上述冷冻剂的效果都不理想，还可使用液氮，它可以冷却至－196℃。

常用冷却剂及其制冷温度如表 2-2 所示。

表 2-2　常用冷却剂的组成及冷却温度

冷却剂	温度/℃	冷却剂	温度/℃
水	室温	液氨	－33
冰-水（或碎冰）	5~0	干冰	－60
NaCl＋碎冰(1:3)	－5~－18	干冰＋乙醇	－72
$CaCl_2 \cdot 6H_2O$＋碎冰(5:4)	－40~－50	干冰＋丙酮	－78
NH_4Cl＋水(3:10)	约－15	干冰＋乙醚	－100
$NaNO_3$＋水(3:5)	约－13	液氨＋乙醚	－166
$Na_2S_2O_3 \cdot 5H_2O$＋水(11:10)	约－8	液氨	－196

根据反应需要，可以选择不同的冷却浴控制到所需要的反应温度，常用的冷却装置如图 2-3 和图 2-4 所示。

图 2-3　敞口低温控温反应装置

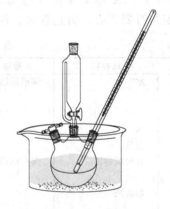

图 2-4　滴加-低温控温反应装置

2.1.3　溶剂处理

在有机化学实验中，经常使用各类溶剂作为反应介质或用来分离提纯粗产物。由于反应特点和物质性质不同，对溶剂规格的要求也不相同。有些反应（如格氏试剂的制备反应）对溶剂的要求较高，即使微量杂质或水分的存在，也会影响实验的正常进行。这种情况下，就需对溶剂进行纯化处理，以满足实验的正常要求。常用有机溶剂的干燥方法见表 2-3。

表 2-3　常用有机溶剂的干燥方法

溶　剂	干　燥　剂	备　注
二氯甲烷[①]（DCM）	CaH_2	
四氢呋喃[①]（THF）	钠（二苯甲酮作指示剂），CaH_2	呈蓝色即可
乙醚[①]（Et_2O）	钠（二苯甲酮作指示剂），CaH_2	$CaCl_2$ 预干燥，呈蓝色
三乙胺（TEA）	CaH_2、4A 分子筛	KOH 预干燥

溶　剂	干　燥　剂	备　注
苯(PhH)	钠(二苯甲酮作指示剂)、4A 分子筛	呈蓝色即可
二甲亚砜(DMSO)	CaH$_2$、4A 分子筛	
N,N-二甲基甲酰胺(DMF)	CaH$_2$、4A 分子筛	
乙腈(ACN)	CaH$_2$、3A 分子筛	K$_2$CO$_3$ 预干燥
吡啶(Py)	CaH$_2$	KOH 预干燥
丙酮(DMK)	CaH$_2$、B$_2$O$_3$	
甲醇	Mg+I$_2$、3A 分子筛、CaH$_2$	
己烷	CaH$_2$	CaCl$_2$ 预干燥

① 乙醚、四氢呋喃用前需用淀粉-KI 试纸检验，以免过氧化物爆炸，发生危险；二氯甲烷等氯代烃切勿用钠丝处理，易发生爆炸。

实验 1　绝对无水乙醇的制备

【实验目的】

1. 学习实验室制备无水乙醇的原理。
2. 掌握绝对无水乙醇的制备方法。
3. 学习掌握蒸馏、回流装置的安装和操作技术。

【实验原理】

为制得乙醇含量为 99.5% 的无水乙醇，实验室中常用的最简便的制备方法是生石灰法，即利用生石灰与工业酒精（95%）中的水反应生成不挥发、且非高温加热不分解的熟石灰即 Ca(OH)$_2$，以得到无水乙醇。为了使反应充分进行，除了将反应物混合放置过夜外，还让其加热回流一段时间。制得的无水乙醇（纯度可达 99.5%）用直接蒸馏法收集。

若要制得绝对无水乙醇（纯度＞99.95%），则将制得的无水乙醇用金属镁或金属钠进一步处理，除去残余的微量水分即可。

$$2C_2H_5OH + Mg \longrightarrow (C_2H_5O)_2Mg + H_2 \uparrow$$

$$(C_2H_5O)_2Mg + H_2O \longrightarrow 2C_2H_5OH + MgO$$

$$C_2H_5OH + Na \longrightarrow C_2H_5ONa + \frac{1}{2}H_2$$

$$C_2H_5ONa + H_2O \longrightarrow C_2H_5OH + NaOH$$

【实验装置】

带干燥的回流装置 ［见图 1-4(a)］

【实验用品】

仪器：圆底烧瓶，球形冷凝管，干燥管，蒸馏头，直形冷凝管，接液管等。

试剂：95% 乙醇，生石灰，镁粉，碘，盐酸，无水氯化钙等。

【实验步骤】

1. 无水乙醇（纯度＞99.5%）的制备

将 120mL 95% 乙醇、36g 生石灰装入 250mL 圆底烧瓶，摇匀后用橡皮塞塞紧并放置过夜。

搭建回流装置，球形冷凝管上端接装有无水 CaCl$_2$ 的干燥管，水浴加热回流 2～3h。

冷却后改为蒸馏装置，补加沸石，用圆底烧瓶作接收器，接液管支管接 $CaCl_2$ 干燥管，水浴加热蒸馏，蒸去前馏分，接收沸点 78℃ 的馏分，得到纯度 99.5% 的无水乙醇。

2. 绝对无水乙醇（纯度＞99.95%）的制备（金属镁法）

在 250mL 圆底烧瓶中，加入 0.6g 干燥纯净的镁粉、10mL 99.5% 乙醇，安装球形冷凝管，并在冷凝管顶端加上一只装有无水氯化钙的干燥管。水浴加热至沸腾，移去热源，立刻加入几粒碘（注意此时不要振荡），可见在碘粒附近随即发生反应，若反应较慢，可稍加热，若不见反应发生，可补加几粒碘，直到金属镁全部作用完毕。

再加入 100mL 纯度 99.5% 乙醇和几粒沸石，水浴加热回流 1h。

冷却后改成蒸馏装置，补加沸石，水浴加热蒸馏，收集 78.5℃ 馏分，贮存在试剂瓶中，用橡胶塞或磨口塞封口。

3. 绝对无水乙醇（纯度＞99.95%）的制备（金属钠法）

在 250mL 圆底烧瓶中加入 2g 金属钠和 100mL 纯度 99.5% 乙醇，加入沸石，加热回流 30min 后，加入 4g 邻苯二甲酸二乙酯，再回流 10min。

冷却后改成蒸馏装置，补加沸石，水浴加热蒸馏，收集 78.5℃ 馏分，贮存在试剂瓶中，用橡胶塞或磨口塞封口。

【注意事项】

1. 前期准备中，制备纯度 99.5% 的无水乙醇时要过量地加入干燥剂，让干燥剂充分吸收多余的水分。

2. 镁粉的预处理：称取适量镁粉，投入稀盐酸中，反应后过滤，置于真空干燥箱中干燥备用。

3. 加碘单质引发时，要移去热源，防止暴沸，因引发过程中会放出大量的热。

4. 加入邻苯二甲酸二乙酯的目的，是利用其与 $NaOH$ 反应消耗 $NaOH$，促使乙醇钠再与水反应。

5. 所用仪器要干燥或用待处理的无水乙醇润洗，防止带入水分。

6. 蒸馏开始时，应缓慢加热，当温度达到乙醇的沸点时，再收集馏分。

【思考题】

1. 用 200mL 工业酒精制备含量 99.5% 的无水乙醇时，理论上需要多少 CaO？

2. 为什么回流和蒸馏时，冷凝管顶端和接液管支管都要接干燥管？

3. 为什么回流装置中要用球形冷凝管？

实验 2　无水乙醚的制备

【实验目的】

1. 学习制备无水乙醚的基本原理和实验方法。

2. 掌握低沸点易燃液体的回流、蒸馏等操作要点。

【实验原理】

市售乙醚中常含有微量水、乙醇和其他杂质，长期存放的乙醚易被氧化和吸收空气中的水分，不能满足实验的要求，因此常需要除去氧化物、水分等杂质。可采用新制备的硫酸亚铁溶液除去过氧化物，采用浓硫酸脱水、钠丝回流干燥的方式除去少量水分。制得的无水乙醚可加入少量 4A 或者 3A 分子筛，充入保护气体储存。

【实验装置】

1. 带干燥的滴加-回流装置（见 2.1.4 节）。

2. 低沸点液体蒸馏装置（见 2.2.4 节）。

【实验用品】

主要仪器：三口烧瓶，滴液漏斗，蒸馏装置，干燥管，温度计等。

主要试剂：乙醚，浓硫酸，2％碘化钾-淀粉溶液，稀盐酸，新配制的硫酸亚铁溶液，金属钠等。

【实验步骤】

1. 过氧化物的检验与去除

取 2mL 乙醚，与等体积的 2％碘化钾-淀粉溶液混合，加几滴稀盐酸，振摇，若能使淀粉溶液呈紫色或蓝色，则证明乙醚中有过氧化物存在。如果经检验有过氧化物存在，则必须除去，否则易发生危险事故。取普通乙醚 120mL 于分液漏斗中，加 24mL（相当于乙醚体积的 1/5）新配制的 30％硫酸亚铁溶液，剧烈振荡后，静置，分去水层。

2. 浓硫酸脱水

在 250mL 二口烧瓶中，放置 100mL 除去过氧化物的乙醚和磁子，装上冷凝管。烧瓶侧端插入盛有 10mL 浓硫酸的恒压滴液漏斗。通入冷凝水，将浓硫酸慢慢滴入乙醚中，由于脱水作用所产生的热，乙醚会自行沸腾。加完后继续搅拌反应物，待乙醚停止沸腾后，拆下冷凝管，改成蒸馏装置。在收集乙醚的接收瓶支管上连一氯化钙干燥管，并用与干燥管连接的橡皮管把乙醚蒸气导入水槽。用事先准备好的水浴加热蒸馏。蒸馏速度不宜太快，以免乙醚蒸气冷凝不下来而逸散室内。当收集到约 70mL 乙醚，且蒸馏速度显著变慢时，即可停止蒸馏。瓶内所剩残液，倒入指定的回收瓶中，切不可将水加入残液中。

3. 钠丝干燥

将蒸馏收集的乙醚倒入干燥的锥形瓶中，加入 1g 钠屑或钠丝，然后用带有氯化钙干燥管的软木塞塞住，或在木塞中插入一末端拉成毛细管的玻璃管，这样可以防止潮气侵入并可使产生的气泡逸出。放置 24h 以上，使乙醚中残留的少量水和乙醇转化为氢氧化钠和乙醇钠。如不再有气泡逸出，同时钠的表面较好，则可储放备用。如放置后金属钠表面已全部发生作用，需重新压入少量钠丝，放置至无气泡发生。这种无水乙醚符合一般无水要求。判断有无水的标准是在盛有钠丝的乙醚中加入少量二苯甲酮，回流，如果溶液变蓝色，说明水已除尽。

【注意事项】

1. 硫酸亚铁溶液的配制：在 110mL 水中加入 6mL 浓硫酸，然后加入 60g 硫酸亚铁。硫酸亚铁溶液久置后容易氧化变质，因此需在使用前临时配制。使用较纯的乙醚制取无水乙醚时，可免去硫酸亚铁溶液洗涤。

2. 乙醚沸点低（34.5℃），极易挥发（20℃时蒸气压为 58.9kPa），且蒸气比空气重（约为空气的 2.5 倍），容易聚集在桌面附近或低凹处。当空气中含有 1.85％～36.5％的乙醚蒸气时，遇火即会发生燃烧爆炸。故在使用和蒸馏过程中，一定要谨慎小心，远离火源。尽量不让乙醚蒸气散发到空气中，以免造成意外。

3. 浓硫酸脱水时应控制滴加速率，蒸馏乙醚时应控制蒸馏速率。

4. 所有仪器必须干燥。

【思考题】

为什么不能将水加入浓硫酸脱水后蒸馏剩余的乙醚残液中？

2.1.4　回流

反应过程中产生的蒸气经过冷凝管时被冷凝流回到反应器中，这种连续不断地蒸发或沸腾汽化与冷凝流回的操作叫做回流。

大多数有机化学反应体系需要在反应溶剂或液体反应物的沸点附近进行，同时反应时间又比较长，为了尽量减少溶剂及物料的蒸发逸散，确保产率并避免易燃、易爆或有毒气体逸漏事故，因此，各种回流装置成为进行有机合成的基本装置。回流时同类型的有机合成反应有相似或相同的反应装置，不同的有机合成反应往往有不同特点的反应装置。下面介绍有机合成中常用的以回流为核心的各种装置。

(1) 普通回流装置

图 2-5 是几种常用的回流装置。普通回流冷凝装置中，将反应物放在圆底烧瓶中，用适当的热源或热浴加热。冷凝管中自下至上通入冷水，水流速度不必很快，只要能保证蒸气充分冷凝即可。回流的速率应控制在蒸气上升高度不超过两个球为宜或蒸气上升不超过冷凝管的 1/3。冷凝管选择的依据是反应混合物沸点的高低，一般高于 140℃时应选空气冷凝管，低于 140℃时应选用水冷凝管，水冷凝管一般选用球形冷凝管。当需要回流时间很长、反应混合物沸点很低、有毒性很大的原料或溶剂时，可选用蛇形冷凝管。反应烧瓶的选择应使反应混合物大约占烧瓶容量的 1/3～1/2 为适宜。

如果反应物怕受潮，可以在冷凝管上端安装干燥管防止空气进入，见图 2-5(b)。干燥剂一般选用无水氯化钙。干燥剂不得装得太紧，以免因其堵塞不通气，使整个装置成为封闭体系而造成事故。如果反应中会放出有害气体，可装配气体吸收装置，见图 2-5(c)，吸收液可以根据放出气体的性质，选用酸或碱。在安装仪器时，应使整个装置与大气相通，以免发生倒吸现象。如果反应体系既有有害气体放出，又怕水汽，可以用图 2-5(d) 的装置。

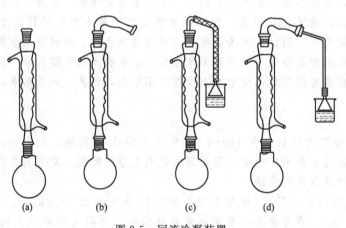

(a)　　　　(b)　　　　(c)　　　　(d)

图 2-5　回流冷凝装置

(2) 滴加-回流装置

某些有机反应比较剧烈，放热量大，一次性加料会使反应难以控制；有些反应为了控制反应的选择性，也需要缓慢均匀加料。此时，可以采用带滴液漏斗的滴加-回流装置，即将一种试剂缓慢滴加至反应烧瓶中。普通滴加-回流装置和控温-滴加-回流装置见图 2-6 所示。

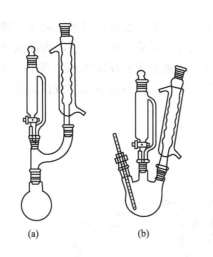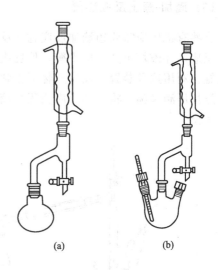

图 2-6　滴加-回流装置和控温-滴加-回流装置　　　图 2-7　回流-分水装置和控温-回流-分水装置

(3) 回流-分水装置

有些反应是可逆平衡反应，为了使正向反应进行彻底，可将产物之一的水不断从反应混合体系中除去。此时，可以用图 2-7 所示的回流-分水装置。在装置中，安装一个分水器，回流下来的蒸气冷凝液进入分水器。通过分水器，有机层自动流回到反应烧瓶，生成的水从分水器中放出去，这样就可以使生成水的可逆反应尽可能地反应彻底。图 2-7 装置适用于反应溶剂密度比水小的反应体系。如果反应溶剂密度比水大，则需采用其他形式的分水器。

(4) 分馏装置

对于沸点相差较小（如 20～30℃ ）的液体混合物，若两者能够互溶，可以选用图 2-8 所示的分馏装置进行分离。在该装置中有一个刺形分馏柱，上升的蒸汽经分馏以后，低沸点组分从上口流出，高沸点组分流回反应烧瓶中继续反应。

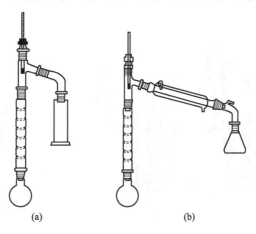

图 2-8　分馏装置

（5）滴加-蒸出反应装置

有些有机反应需要边滴加反应物边反应或将产物之一的水蒸出反应体系，防止产物发生再次反应，并破坏可逆反应平衡，使反应进行彻底。此时，可采用图2-9所示的滴加蒸出反应装置。利用这种装置，反应产物可单独或形成共沸混合物不断从反应体系中蒸馏出去，并可通过恒压滴液漏斗将一种反应物逐渐滴加入反应烧瓶中，以控制反应速率或使这种反应物消耗完全。

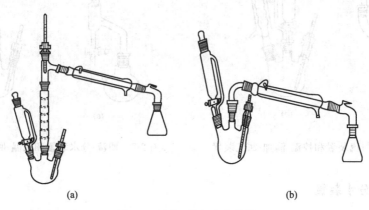

(a)　　　　　　　　　　　　　　　　(b)

图 2-9　滴加-蒸出反应装置

（6）搅拌回流装置

当遇到非均相间的有机反应，或一种反应物需要逐渐滴入另一种反应物时，通常通过搅拌提高反应速率，或较好地控制反应温度。图2-10是一组常用的电动搅拌回流装置。如果只是要求搅拌、回流，可以用图2-10(a)。如果除要求搅拌回流外，还需要滴加试剂，可以用图2-10(b)。如果不仅要满足上述要求，还要经常测试反应温度，可以用图2-10(c)。目前，聚四氟乙烯壳体密封的磨口玻璃仪器密封件的使用已经相当普遍，因此，电动搅拌时搅拌棒与磨口玻璃仪器的连接已十分方便。此外，也可以使用磁力搅拌器对反应物进行搅拌。图2-11是常用磁力搅拌回流装置。在反应瓶中加入一个长度合适的电磁搅拌子，在反应瓶下面放置磁力搅拌器，调节磁铁转动速度，就可以控制反应瓶中搅拌子的转动速度。

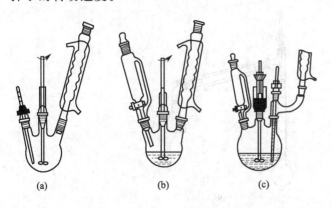 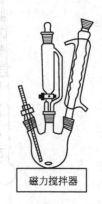

(a)　　　　　(b)　　　　　(c)

磁力搅拌器

图 2-10　常用电动搅拌回流装置　　　　　图 2-11　常用磁力搅拌回流装置

实验3 乙酸正丁酯的制备

【实验目的】

1. 学习和掌握合成乙酸正丁酯的原理和方法。
2. 学习分水器的使用原理，掌握其使用方法。

【实验原理】

以乙酸（也称醋酸）和正丁醇为原料，在浓硫酸的催化作用下经加热反应生成乙酸正丁酯。反应式为：

$$CH_3COOH + CH_3CH_2CH_2CH_2OH \underset{\triangle}{\overset{H_2SO_4}{\rightleftharpoons}} CH_3COOCH_2CH_2CH_2CH_3 + H_2O$$

酯化反应是可逆反应，在室温下反应速率很慢。加热或加入催化剂（本实验用硫酸作催化剂）可使酯化反应速率大大加快。同时为了提高产率，采用使反应物乙酸过量和移除生成物水的方法，使酯化反应趋于完全。为了将反应中生成的水除去，采用共沸蒸馏分水法，使生成的酯和水以共沸物的形式逸出，冷凝后通过分水器分出水层，油层则回到反应瓶中。

【实验装置】

1. 回流-分水装置（见2.1.4节）。
2. 萃取装置（见2.2.3节）。
3. 蒸馏装置（见2.2.4节）。

【实验用品】

仪器：圆底烧瓶，球形冷凝管，分水器，分液漏斗，锥形瓶，直形冷凝管，接液管等。

试剂：乙酸，正丁醇，浓硫酸，10%碳酸钠溶液，无水硫酸镁等。

【实验步骤】

在100mL圆底烧瓶中加入10mL（8.1g，0.11mol）正丁醇及7mL（7.3g，0.12mol）冰醋酸，混合均匀。小心加入3～4滴浓硫酸，充分振摇，加入1～2粒沸石，装上分水器及球形冷凝管，并在分水器中预先加水至略低于支管口。加热回流，当分水器中的水超过支管而流回烧瓶时，可打开活塞放掉一小部分水，保持分水器中水层液面在原来的高度。当分水器中的水不再增加时，表示反应完毕，停止加热，记录分出的水量。

待反应混合物冷却后，将分水器中分出的酯层和圆底烧瓶中的反应液一起倒入分液漏斗中，分别用25mL水、10mL 10%碳酸钠、10mL水洗涤。将酯层倒入干燥的锥形瓶中，加入无水硫酸镁干燥。

将干燥后的液体小心移入25mL蒸馏瓶中，加热蒸馏，收集沸点为124～126℃的馏分，产量约7.5g（产率约58.7%）。

纯乙酸正丁酯是无色液体，沸点126.5℃，d_4^{20} 0.8746，n_D^{20} 1.3941。

【注意事项】

1. 滴加浓硫酸时，要边加边摇，以免局部炭化，必要时可用冷水冷却。
2. 本实验利用共沸混合物除去酯化反应中生成的水。共沸物的沸点：乙酸正丁酯-正丁醇-水的沸点为90.7℃（含乙酸正丁酯63.0%，水29%）；正丁醇-水的沸点为93℃（含正丁醇55.5%）；乙酸正丁酯-正丁醇的沸点为117.6℃（含乙酸正丁酯32.8%）；乙酸正丁酯-水的沸点为90.7℃（含乙酸正丁酯72.9%）。共沸混合物冷凝为液体时，分为两层，上层为含少量水的酯和醇，下层主要是水。

3. 随时分出分水器中的水，既要保证有机物流回反应瓶中，又要防止水回到反应瓶中。

4. 根据分出的总水量（扣除预先加到分水器中的水量），可以粗略地估计酯化反应完成的程度。

5. 碳酸钠溶液洗涤时产生的大量二氧化碳气体，要及时从分液漏斗中放出。

6. 干燥一定要充分，否则乙酸正丁酯和水形成低沸点的共沸物，影响产率。

【思考题】

1. 反应粗产品中含有哪些杂质？

2. 本实验是根据什么原理来提高乙酸正丁酯的产率的？

3. 本实验应得到无色透明的液体，而有的同学得到的却是浑浊的液体，为什么？

2.1.5 干燥

干燥的目的在于除去化合物中存在的少量水分或其他溶剂。液体中的水分会与液体形成共沸物，在蒸馏时产生过多的"前馏分"，造成物料的严重损失；固体中的水分会造成熔点降低，在分析测试中就得不到正确的测定结果；试剂中的水分会严重干扰许多反应的进行，如在制备格氏试剂或酰氯的反应中若不能保证反应体系的充分干燥，就得不到预期产物。因此，干燥是有机化学实验室中常用到的重要操作之一。干燥的方法因被干燥物料的物理性质、化学性质及要求干燥的程度不同而不同。

2.1.5.1 液体的干燥

实验室中干燥液体有机化合物的方法可分为物理方法和化学方法两类。

(1) 物理干燥法

① 分馏法　可溶于水但不形成共沸物的有机液体可用分馏法干燥。

② 共沸蒸（分）馏法　许多有机液体可与水形成二元最低共沸物，可用共沸蒸馏法除去其中的水分。当共沸物的沸点与其有机组分的沸点相差不大时，可采用分馏法除去含水的共沸物，以获得干燥的有机液体。若液体的含水量大于共沸物中的含水量，则直接的蒸（分）馏只能得到共沸物而不能得到干燥的有机液体。在这种情况下，常需加入另一种液体来改变共沸物的组成，以使水较多较快地蒸出，而被干燥液体尽可能少地被蒸出。例如，工业上制备无水乙醇时，是在95%乙醇中加入适量苯作共沸蒸馏。首先蒸出的是沸点为64.85℃的三元共沸物，含苯、水、乙醇的比例为74:7.5:18.5。在水完全蒸出后，接着蒸出的是沸点为68.25℃的二元共沸物，其中苯与乙醇之比为67.6:32.4。当苯也被蒸完后，温度上升到78.85℃，蒸出的是无水乙醇。

③ 用分子筛干燥　分子筛是一类人工制作的多孔性固体，因取材及处理方法不同而有若干类别和型号，应用最广的是沸石分子筛，它是一种铝硅酸盐的结晶，由其自身的结构，形成大量与外界相通的均一的微孔。化合物的分子若小于其孔径，可进入这些孔道；若大于其孔径，则只能留在外面，从而起到对不同种分子进行"筛分"的作用。选用合适型号的分子筛，直接浸入待干燥液体中密封放置一段时间后过滤，即可有选择性地除去有机液体中的少量水分或其他溶剂。分子筛干燥的作用原理是物理吸附，其主要优点是选择性高，干燥效果好，可在pH 5～12的介质中使用。表2-4列出了几种最常用的分子筛供参考。分子筛在

使用后需用水蒸气或惰性气体将其中的有机分子代换出来，然后在（550±10）℃下活化 2h，待冷却至约 200℃时取出，放进干燥器中备用。若被干燥液体中含水较多，则宜用其他方法先作初步干燥后再用分子筛干燥。

表 2-4　几种常用分子筛的吸附作用

类型	孔径	可以吸附的分子	不能吸附的分子
3A	3.2～3.3	N_2，O_2，H_2，H_2O	C_2H_2，C_2H_4，CO_2，NH_3 及更大的分子
4A	4.2～4.7	CH_3OH，C_2H_5OH，CH_3CN，CH_3NH_2，CH_3Cl，CH_3Br，CO_2，C_2H_2，He，Ne，CS_2，Ar，Kr，CO，Xe，NH_3，CH_4，C_2H_6 以及可被 3A 分子筛吸附的物质	
5A	4.9～5.5	C_3～C_{14} 正构烷烃，CH_3F，C_2H_5Cl，C_2H_5Br，$(CH_3)_2NH$，$C_2H_5NH_2$，CH_2Cl_2，C_2H_6，CH_3Cl 以及能被 3A、4A 分子筛吸附的物质	$(n\text{-}C_4H_9)_2NH$ 及更大的分子
13X	9～10	直径小于 10mm 的各种分子	$(C_4H_9)_3N$

（2）化学干燥法

化学干燥法是将适当的干燥剂直接加入到待干燥的液体中去，使其与液体中的水分发生作用而达到干燥的目的。依其作用原理的不同，可将干燥剂分成两大类：一类是可形成结晶水的无机盐类，如无水氯化钙、无水硫酸镁、无水碳酸钠等；另一类是可与水发生化学反应的物质，如金属钠、五氧化二磷、氧化钙等。前一类的吸水作用是可逆的，升温即放出结晶水，故在蒸馏之前应将干燥剂滤除，后一类的作用是不可逆的，在蒸馏时可不必滤除。对于具体的干燥过程来说，需要考虑的因素有干燥剂的种类、用量、干燥的温度和时间以及干燥效果的判断等，这些因素需要综合考虑。

① 干燥剂的种类选择　选择干燥剂时，应注意所用干燥剂不能溶解于被干燥液体中，不能与被干燥液体发生化学反应，也不能催化被干燥液体发生自身反应。如碱性干燥剂不能用于干燥酸性液体；酸性干燥剂不可用来干燥碱性液体；强碱性干燥剂不可用来干燥醛、酮、酯、酰胺类物质，以免催化这些物质的缩合或水解；氯化钙不宜用于干燥醇类、胺类及某些酯类，以免与之形成络合物等。表 2-5 列出了干燥各类有机物所适用的干燥剂。

表 2-5　适合于各类有机液体的干燥剂

有机物类型	适用的干燥剂
醇	$MgSO_4$，K_2CO_3，Na_2SO_4，$CaSO_4$，CaO
醛	$MgSO_4$，Na_2SO_4，$CaSO_4$
酮	$MgSO_4$，Na_2SO_4，K_2CO_3，$CaSO_4$
卤代烃、卤代芳烃	$CaCl_2$，Na_2SO_4，$CaSO_4$，P_2O_5
有机碱（胺类）	NaOH，KOH，K_2CO_3，CaO
有机酸	$MgSO_4$，Na_2SO_4，$CaSO_4$
酯	Na_2SO_4，$MgSO_4$
酚	Na_2SO_4，$MgSO_4$
烷烃、芳香烃、醚	$CaCl_2$，$CaSO_4$，P_2O_5，Na

所用干燥剂的种类及用量不同，所能达到的干燥程度亦不同。无机盐类干燥剂不可能完全除去有机液体中的水，因此应根据需要干燥的程度来选择。至于与水发生不可逆化学反应的干燥剂，其干燥一般是较为彻底的，但使用金属钠干燥醇类时却不能除尽其中的水分，因为生成的氢氧化钠与醇钠间存在着可逆反应：

$$C_2H_5ONa + H_2O \Longrightarrow C_2H_5OH + NaOH$$

因此必须加入邻苯二甲酸乙酯或琥珀酸乙酯使平衡向右移动。

② 干燥剂的用量　干燥剂的用量主要取决于被干燥液体的含水量。液体的含水量包括两部分：一是液体中溶解的水，可以根据水在该液体中的溶解度进行计算，表2-6列出了水在一些常用溶剂中的溶解度；二是在萃取分离等操作过程中带进的水分，无法计算，只能根据分离时的具体情况进行推估。例如，在分离过程中若油层与水层界面清楚，各层都清晰透明，分离操作适当，则带进的水就较少；若分离时乳化现象严重，油层与水层界面模糊，分得的有机液体浑浊，甚至带有水包油或油包水的珠滴，则会夹带有大量水分。

表2-6　水在常用有机溶剂中的溶解度

溶剂	温度/℃	含水量/%	溶剂	温度/℃	含水量/%
四氯化碳	20	0.008	二氯乙烷	15	0.14
环己烷	19	0.010	乙醚	20	0.19
二硫化碳	25	0.014	乙酸正丁酯	25	2.40
二甲苯	25	0.038	乙酸乙酯	20	2.98
甲苯	20	0.045	正戊烷	20	9.40
苯	20	0.050	异戊醇	20	9.60
氯仿	22	0.065	正丁醇	20	20.07

干燥剂的吸水容量指每克干燥剂能够吸收的水的最大量。通过化学反应除水的干燥剂，其吸水容量可由反应方程式计算出来。无机盐类干燥剂的吸水容量可按其最高水合物的示性式计算。用液体的含水量除以干燥剂的吸水容量可得干燥剂的最低需用量，而实际干燥过程中所用干燥剂的量往往是其最低需用量的数倍，以使其形成含结晶水数目较少的水合物，从而提高其干燥程度。当然，干燥剂也不是用得越多越好，因为过多的干燥剂会吸附较多的被干燥液体，造成不必要的损失。

③ 温度、时间及干燥剂的粒度对干燥效果的影响　无机盐类干燥剂生成水合物的反应是可逆的，在不同温度下有不同的平衡。在较低温度下水合物较稳定，在较高温度下则会有较多的结晶水释放出来，所以在较低温度下干燥较为有利。干燥所需的时间因干燥剂的种类不同而不同，通常需2h，以利干燥剂充分与水作用，最少也需30min。若干燥剂颗粒小，与水接触面大，所需时间就短些，但小颗粒干燥剂总表面积大，会吸附过多被干燥液体而造成损失；大颗粒干燥剂总表面积小，吸附被干燥液体少，但吸水速度慢。所以太大的块状干燥剂宜作适当破碎，但又不宜破得太碎。

④ 干燥操作　使用无机盐类干燥剂干燥有机液体时，通常是将待干燥的液体置于锥形瓶中，根据粗略估计的含水量大小，按照每10mL液体0.5～1g干燥剂的比例加入干燥剂，塞紧瓶口，稍加摇振，室温放置30min，观察干燥剂的吸水情况。若块状干燥剂的棱角基本完好；或细粒状的干燥剂无明显粘连；或粉末状的干燥剂无结团、附壁现象，同时被干燥液体已由浑浊变得清亮，则说明干燥剂用量已足，继续放置一段时间即可过滤。若块状干燥剂棱角消失而变得浑圆，或细粒状、粉末状干燥剂粘连、结块、附壁，则说明干燥剂用量不够，需再加入新鲜的干燥剂。如果干燥剂已变成糊状或部分变成糊状，则说明液体中水分过多，一般需将其过滤，然后重新加入新的干燥剂进行干燥。若过滤后的滤液中出现分层，则需用分液漏斗将水层分出，或用滴管将水层吸出后再进行干燥，直至被干燥液体均一透明，而所加入的干燥剂形态基本上没有变化为止。

此外，一些化学惰性的液体，如烷烃和醚类等，有时也可用浓硫酸干燥。当用浓硫酸干燥时，硫酸吸收液体中的水而发热，所以不可将瓶口塞起来，应将硫酸缓缓滴入液体中，在瓶口安装氯化钙干燥管与大气相通。摇振容器，使硫酸与液体充分接触，最后用蒸馏法收集纯净的液体。

2.1.5.2 固体的干燥

固体有机物在结晶（或沉淀）滤集过程中常吸附一些水分或有机溶剂。干燥时应根据被干燥有机物的特性和欲除去的溶剂的性质选择合适的干燥方式。常见的干燥方式有以下几种。

① 在空气中晾干　对于那些热稳定性较差且不吸潮的固体有机物，或当结晶中吸附有易燃的挥发性溶剂，如乙醚、石油醚、丙酮等时，可以放在空气中晾干（盖上滤纸，以防灰尘落入）。

② 红外线干燥　红外灯和红外干燥箱是实验室中常用的干燥固体物质的器具。它们都是利用红外线穿透能力强的特点，使水分或溶剂从固体内的各个部分迅速蒸发出来，所以干燥速度较快。红外灯通常与变压器联用，根据被干燥固体的熔点高低来调整电压，控制加热温度，以避免因温度过高而造成固体的熔融或升华。用红外灯干燥时应注意经常翻搅固体，这样既可加速干燥，又可避免"烤焦"。

③ 烘箱干燥　烘箱多用于对无机固体的干燥，特别是对干燥剂、吸附剂的焙烘或再生，如硅胶、氧化铝等。熔点高的不易燃有机固体也可用烘箱干燥，但必须保证其中不含易燃溶剂，而且要严格控制温度，以免造成熔融或分解。

④ 真空干燥箱　当被干燥的物质数量较大时，可采用真空干燥箱。其优点是使样品维持在一定的温度和负压下进行干燥，干燥量大，效率较高。

⑤ 干燥器干燥　凡易吸潮或在高温干燥时会分解、变色的固体物质，可置于干燥器中干燥。用干燥器干燥时需使用干燥剂。干燥剂与被干燥固体同处于一个密闭的容器内但不相接触，固体中的水或溶剂分子缓缓挥发出来并被干燥剂吸收。因此对干燥剂的选择原则主要考虑其能否有效地吸收被干燥固体中的溶剂蒸气。表 2-7 列出了常用干燥剂可以吸收的溶剂，供选择干燥剂时参考。

表 2-7　干燥固体的常用干燥剂

干　燥　剂	可以吸收的溶剂蒸气	干　燥　剂	可以吸收的溶剂蒸气
CaO	水、乙酸（或氯化氢）	P_2O_5	水、醇
$CaCl_2$	水、醇	石蜡片	醇、醚、石油醚、苯、甲苯、氯仿、四氯化碳
NaOH	水、乙酸、氯化氢、酚、醇	硅胶	水
浓 H_2SO_4	水、乙酸、醇		

实验室中常用的干燥器有以下三种。

① 普通干燥器是由厚壁玻璃制作的上大下小的圆筒形容器，如图 2-12(a) 所示。在上、下腔接合处放置多孔瓷盘，上口与盖子以磨口密封。必要时可在磨口上加涂真空油脂。干燥剂放在底部，被干燥固体放在表面皿或结晶皿内置于瓷盘上。

② 真空干燥器与普通干燥器大体相似，只是顶部装有带活塞的导气管，可接真空泵抽真空，使干燥器内的压强降低，从而提高干燥速度，如图 2-12(b) 所示。应该注意，真空干燥器在使用前一定要经过试压。试压时要用铁丝网罩罩住或用布包住，以防破裂伤人。使用时真空度不宜过高，一般在水泵上抽至盖子推不动即可。解除真空时，进气的速度不宜太快，以免吹散了样品。真空干燥器一般不宜用硫酸作干燥剂，因为在真空条件下硫酸会挥发出部分蒸气。如果必须使用，则需在瓷盘上加放一盘固体氢氧化钾。所用硫酸应为相对密度为 1.84 的浓硫酸，并按照每 1L 浓硫酸 18g 硫酸钡的比例将硫酸钡加入硫酸中。当硫酸浓度降到 93％时，有 $BaSO_4 \cdot 2H_2SO_4 \cdot H_2O$ 晶体析出，再降至 84％时，结晶变得很细，即应更

换硫酸。

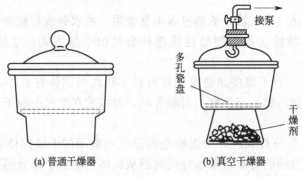

(a) 普通干燥器　　　　　(b) 真空干燥器

图 2-12　干燥器

③ 真空恒温干燥器（干燥枪）　对于一些在烘箱和普通干燥器中干燥或经红外线干燥还
不能达到分析测试要求的样品，可用真空恒温干燥器（干燥枪，见图 2-13）干燥。其优点是干燥效率高，尤其是除去结晶水和结晶醇效果好。使用前，应根据被干燥样品和被除去溶剂的性质选好载热溶剂（溶剂沸点应低于样品熔点），将载热溶剂装进圆底烧瓶中。将装有样品的"干燥舟"放入干燥室，接上盛有五氧化二磷的曲颈瓶，用水泵或油泵减压。加热使溶剂回流，溶剂的蒸气充满夹层，样品就在减压和恒温的干燥室内被干燥。每隔一定时间抽气一次，以便及时排除样品中挥发出来的溶剂蒸气，同时可使干燥室内保持一定的真空度。干燥完毕先去掉热源，待温度降至

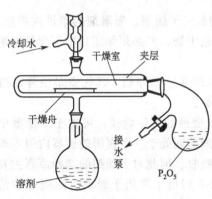

图 2-13　真空恒温干燥器（干燥枪）

接近室温时，缓慢地解除真空，将样品取出置于普通干燥器中保存。真空恒温干燥器只适用于少量样品的干燥。

2.1.5.3　气体的干燥

实验室制备的气体通常都带有酸雾、水汽和其他气体杂质或固体微粒杂质。为得到纯度较高的气体，还需经过净化和干燥。

气体的净化通常是将其洗涤，即通过选择相应的洗涤液来吸收、除去气体中的杂质。如用水可除去酸雾和一些易溶于水的杂质；用浓硫酸（或其他干燥剂）可除去水汽、碱性物质和一些还原性杂质；用碱性溶液可除去酸性杂质，对一些不易直接吸收除去的杂质，如硫化氢、砷化氢，还可用高锰酸钾、乙酸铅等溶液来使之转化成可溶物或沉淀除去。但要注意，能与被提纯的气体发生化学反应的洗涤剂不能选用。

气体的洗涤通常是在洗气瓶中进行［见图 2-14(a)］。洗涤时，让气体以一定的流速通过洗涤液（可通过形成气泡的速度来控制），杂质便可去除。洗气瓶的使用一是要注意不能漏气（使用前涂凡士林密封，同时注意与导管的配套使用，避免互换而影响气密性）；二是洗气时，伸入液体的那根导管接进气，另一根接出气，它们通过橡胶管连接到装置中（如接在启普发生器与干燥管之间）；三是洗涤剂的装入量不要太多，以淹没导管 2cm 为宜，否则气压太低时气体出不来。

洗气瓶也可作缓冲瓶用（缓冲气流或使气体中烟尘等微小固体沉降），此时瓶中不装洗

涤剂，并将它反接到装置中，即短管进气，长管出气。

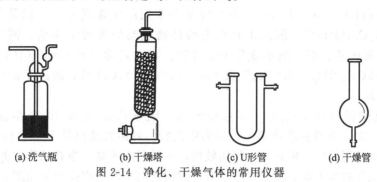

(a) 洗气瓶　　　(b) 干燥塔　　　(c) U形管　　　(d) 干燥管

图 2-14　净化、干燥气体的常用仪器

如用锌粒与酸作用制备氢气时，由于制备氢气的锌粒中常含有硫、砷等杂质，所以在气体发生过程中常夹杂有硫化氢、砷化氢等气体。硫化氢、砷化氢和酸雾可通过高锰酸钾溶液，醋酸铅溶液除去。再通过装有无水氯化钙的干燥管进行干燥。其化学反应方程式为：

$$H_2S + Pb(Ac)_2 == PbS\downarrow + 2HAc$$
$$AsH_3 + 2KMnO_4 == K_2HAsO_4 + Mn_2O_3 + H_2O$$

经洗涤后的气体一般都带有水汽，可用干燥剂吸收除去。实验室常用的干燥剂一般有三类：一为酸性干燥剂，如浓硫酸、五氧化二磷、硅胶等；二为碱性干燥剂，如固体烧碱、石灰、碱石灰等；三是中性干燥剂，如无水氧化钙等。干燥剂的选用除了要考虑不能与被干燥的气体发生反应外，还要考虑具体的工作条件和经济、易得，常见气体可选用的干燥剂如表 2-8 所示。

表 2-8　常见的气体干燥剂

气 体	干 燥 剂	气 体	干 燥 剂
H_2	$CaCl_2$,P_2O_5,H_2SO_4(浓)	H_2S	$CaCl_2$
O_2	$CaCl_2$,P_2O_5,H_2SO_4(浓)	NH_3	CaO 或 CaO 同 KOH 混合物
Cl_2	$CaCl_2$	NO	$Ca(NO_3)_2$
N_2	H_2SO_4(浓),$CaCl_2$,P_2O_5	HCl	$CaCl_2$
O_3	$CaCl_2$	HBr	$CaBr_2$
CO	H_2SO_4(浓),$CaCl_2$,P_2O_5	HI	CaI_2
CO_2	H_2SO_4(浓),$CaCl_2$,P_2O_5	SO_2	H_2SO_4(浓),$CaCl_2$,P_2O_5

常用的气体干燥器有干燥塔、U 形管及干燥管（见图 2-14）。U 形管和干燥管装填的干燥剂较少，而干燥塔则较多。干燥器使用时应注意几点：一是进气端和出气端都要塞上一些疏松的脱脂棉，它们一方面使干燥剂不至于流散，另一方面起过滤作用，使被干燥气体中的固体小颗粒不带入干燥剂，同时也防止干燥剂的小颗粒带入干燥后的气体中；二是干燥剂不要填充得太紧，颗粒大小要适当。颗粒太大，与气体的接触面积小，降低干燥效率，颗粒太小，颗粒间的孔隙小而使气体不易通过，太紧时亦是如此；三是干燥剂要临用前填充。因为它们都易吸潮，过早填充会影响干燥效果。如确需提早填充，则填好后要将干燥管置于干燥的烘箱或干燥器中保存；四是使用完毕，应倒去干燥剂，并洗刷干净后存放，以免因干燥剂在干燥器内变潮结块，不易清除，进而影响干燥器的继续使用。干燥器除干燥塔外，其余都应用铁夹固定。

2.1.5.4　实验室中常用的干燥剂及其特性

① 无水氯化钙（$CaCl_2$）　无定形颗粒状（或块状），价格便宜，吸水能力强，干燥

速度较快。吸水后形成含不同结晶水的水合物 $CaCl_2 \cdot nH_2O$（$n=1,2,4,6$）。最终吸水产物为 $CaCl_2 \cdot 6H_2O$（30℃以下），是实验室中常用的干燥剂之一。但是氯化钙能水解成 $Ca(OH)_2$ 或 $Ca(OH)Cl$，因此不宜作为酸性物质或酸类的干燥剂。同时氯化钙易与醇类、胺类及某些醛、酮、酯形成分子络合物。如与乙醇生成 $CaCl_2 \cdot 4C_2H_5OH$，与甲胺生成 $CaCl_2 \cdot 2CH_3NH_2$，与丙酮生成 $CaCl_2 \cdot 2(CH_3)_2CO$ 等，因此不能作为上述各类有机物的干燥剂。

② 无水硫酸钠（Na_2SO_4）　白色粉末状，吸水后形成带 10 个结晶水的硫酸钠（$Na_2SO_4 \cdot 10H_2O$）。因其吸水容量大，且为中性盐，对酸性或碱性有机物都可适用，价格便宜，因此应用范围较广。但它与水作用较慢，干燥程度不高。当有机物中夹杂有大量水分时，常先用它来作初步干燥，除去大量水分，然后再用干燥效率高的干燥剂干燥。使用前最好先放在蒸发皿中小心烘炒，除去水分，然后再用。

③ 无水硫酸镁（$MgSO_4$）　白色粉末状，吸水容量大，吸水后形成带不同数目结晶水的硫酸镁 $MgSO_4 \cdot nH_2O$（$n=1,2,4,5,6,7$）。最终吸水产物为 $MgSO_4 \cdot 7H_2O$（48℃以下）。由于其吸水较快，且为中性化合物，对各种有机物均不起化学反应，故为常用干燥剂。特别是那些不能用无水氯化钙干燥的有机物常用它来干燥。

④ 无水硫酸钙（$CaSO_4$）　白色粉末，吸水容量小，吸水后形成 $2CaSO_4 \cdot H_2O$（100℃以下）。虽然硫酸钙为中性盐，不与有机化合物起反应，但因其吸水容量小，没有前述几种干燥剂应用广泛。由于硫酸钙吸水速度快，而且形成的结晶水合物在 100℃以下较稳定，所以凡沸点在 100℃以下的液体有机物，经无水硫酸钙干燥后，不必过滤就可以直接蒸馏。如甲醇、乙醇、乙醚、丙酮、乙醛、苯等，用无水硫酸钙脱水处理效果良好。

⑤ 无水碳酸钾（K_2CO_3）　白色粉末，是一种碱性干燥剂。其吸水能力中等，能形成带两个结晶水的碳酸钾（$K_2CO_3 \cdot 2H_2O$），但是与水作用较慢。适用于干燥醇、酯等中性有机物以及一般的碱性有机物如胺、生物碱等。但不能作为酸类、酚类或其他酸性物质的干燥剂。

⑥ 固体氢氧化钠（$NaOH$）和氢氧化钾（KOH）　白色颗粒状，是强碱性化合物。只适用于干燥碱性有机物如胺类等。因其碱性强，对某些有机物起催化反应，而且易潮解，故应用范围受到限制。不能用于干燥酸类、酚类、酯、酰胺类以及醛、酮。

⑦ 五氧化二磷（P_2O_5）　P_2O_5 是所有干燥剂中干燥效力最高的干燥剂。与水的作用过程是：

$$P_2O_5 \xrightarrow{H_2O} 2HPO_3 \xrightarrow{H_2O} H_3PO_4$$

P_2O_5 与水作用非常快，但吸水后表面呈黏浆状，操作不便，且价格较贵。一般是先用其他干燥剂如无水硫酸镁或无水硫酸钠除去大部分水，残留的微量水分再用 P_2O_5 干燥。它可用于干燥烷烃、卤代烷、卤代芳烃、醚等，但不能用于干燥醇类、酮类、有机酸和有机碱。

⑧ 金属钠（Na）　常常用作醚类、苯等惰性溶剂的最后干燥。一般先用无水氯化钙或无水硫酸镁干燥除去溶剂中较多量的水分，剩下的微量水分可用金属钠丝或钠片除去。但金属钠不适用于能与碱起反应的或易被还原的有机物的干燥。如不能用于干燥醇（制无水甲醇、无水乙醇等除外）、酸、酯、有机卤代物、酮、醛及某些胺。

⑨ 氧化钙（CaO）　碱性干燥剂。与水作用后生成不溶性的 $Ca(OH)_2$，对热稳定，故在蒸馏前不必滤除。氧化钙价格便宜，来源方便，实验室常用它来处理 95% 的乙醇，以制

备 99％的乙醇。但不能用于干燥酸性物质或酯类。

2.1.6 无水无氧操作

许多金属或过渡金属有机化合物及碱金属等，遇水或氧能发生剧烈反应，甚至燃烧或爆炸，为了研究这类化合物的合成、分离、纯化和分析鉴定，必须使用特殊的仪器和无水无氧操作技术。否则，即使合成路线和反应条件都是合适的，最终也得不到预期的产物，因此无水无氧操作技术是必要的。无水无氧操作技术已在有机化学和无机化学中广泛运用，目前采用的无水无氧操作有直接保护操作、Schlenk 操作和手套箱操作（Glove-box）。

2.1.6.1 试剂和溶剂的预处理

对有空气和水敏感化合物参与的反应，所使用的试剂和溶剂必须事先通过脱水和脱氧处理，根据化合物的敏感性不同，处理的方法和严格程度也有所不同。

为了保证试剂有充分的干燥度，可在使用前 1～2d 向其中加入活性分子筛。分子筛的活化程序为：先于 320℃ 加热 3h，置于真空干燥器内冷却，再向干燥器内通入氮气，使其恢复为大气压。用过的分子筛再生的方法也比较简单，将它放在烧瓶中加热，同时用水泵抽气，以除尽残余溶剂，然后再放入烘箱中于 320℃ 加热干燥 12h。

除去溶剂中的氧气，可利用盖在瓶口上的橡胶隔膜，插入一支长注射针头，向溶剂中鼓入纯化的氮气或氩气，另插入一支短注射针头至液面上使驱赶的气体放出。在驱赶了氧气之后，即可拔出针头待用。在需要使用溶剂时，通过瓶口上的橡胶隔膜，一边注入氮气，一边即可用注射器抽取溶剂使用。对于用粉状干燥剂干燥的溶剂，可在氮气氛下将其从干燥剂中蒸馏出来，并在氮气的保护下贮存备用。

2.1.6.2 直接保护操作

对于要求不是很高的体系，可采用直接将惰性气体通入反应体系置换出空气的方法，这种方法简便易行，广泛用于各种常规有机合成，是最常见的保护方式。惰性气体可以是普通氮气，也可以是高纯氮气或氩气。使用普通氮气时最好让气体通过浓硫酸洗气瓶或装有合适干燥剂的干燥塔，使用效果会更好。

2.1.6.3 手套箱操作

对于需要称量、研磨、转移、过滤等较复杂操作的体系，一般采用在一充满惰性气体的手套箱中操作。常用的手套箱是用有机玻璃板制作的，在其中放入干燥剂即可进行无水操作，通入惰性气体置换其中的空气后则可进行无氧操作。有机玻璃手套箱不耐压，不能通过抽气进行置换其中的空气，空气不易置换完全。使用手套箱也造成惰性气体的大量浪费。

严格无水无氧操作的手套箱是用金属制成的。操作室带有惰性气体进出口、氯丁橡胶手套及密封很好的玻璃窗。通过反复三次抽真空和充惰性气体，可保证操作箱中的空气完全置换为惰性气体。

由于手套箱都比较贵，使用手套箱又对惰性气体的需用量大，一些小型实验室并不配备手套箱。

2.1.6.4 史兰克（Schlenk）操作

对空气和水高度敏感化合物如正丁基锂的制备和处理，通常用 Schlenk 操作。

（1）原理

无水无氧操作线也称史兰克线（Schlenk line），是一套惰性气体的净化及操作系统。通过这套系统，可以将无水无氧惰性气体导入反应系统，从而使反应在无水无氧气氛中顺利进行。无水无氧操作线主要由除氧柱、干燥柱、Na-K 合金管、截油管、双排管、压力计等部分组成。如图 2-15 所示。

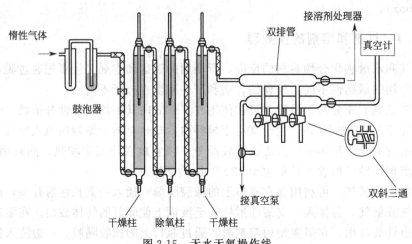

图 2-15 无水无氧操作线

惰性气体（如氩气或氮气）在一定压力下由鼓泡器导入安全管，经干燥柱初步除水，再进入除氧柱以除氧，然后进入第二根干燥柱以吸收除氧柱中生成的微量水，继而通过 Na-K 合金管以除去残余的微量水和氧，最后经过截油管进入双排管（惰性气体分配管）。

在干燥柱中，常填充脱水能力强并可再生的干燥剂，如 5A 分子筛；在除氧柱中则选用除氧效果好并能再生的除氧剂，如银分子筛。经过这样的脱水除氧系统处理后的惰性气体，就可以导入到反应系统或其他操作系统。

（2）实验方法

在使用无水无氧操作线之前，事先要对干燥柱和除氧柱进行活化。

若选用 5A 分子筛作干燥剂，则在长为 60cm、内径为 3cm 的玻璃柱中，装入 5A 分子筛。从柱的上端插入量程为 400℃ 的温度计，柱外绕上 500W 电热丝，其外再罩上长为 60cm、内径为 6cm 的玻璃套管。柱的下端连三通，分别与真空泵及惰性气体相接。在 1.33kPa（10mmHg）、320～350℃ 的条件下对分子筛柱活化 10h。然后旋转三通，导入惰性气体，停止加热，自然冷却至室温，关上旋塞，并接入系统。

若选用银分子筛来除氧，则在长为 60cm、内径为 3cm 的玻璃柱内，装入银分子筛，柱的上端插入量程为 400℃ 的温度计，柱外绕上 300W 的电热丝，其外再罩上长为 60cm、内径为 6cm 的外管。活化时，从柱下端侧管通入氢气，尾气从柱上端侧管通至室外。加热至 90～110℃，活化 10h 左右，活化过程中生成的少量水可以通过柱下端的导管放出。当银分子筛变黑后，停止加热，继续通氢气，自然冷却至室温，关上各旋塞，并接入系统。Na-K合金管上端长为50cm、内径为2cm，下端长为15cm、内径为5cm。上端侧管连三通，并分别与真空泵和惰性气体相接。先抽真空并用电吹风或煤气灯烘烤后，自然冷却至室温，再充惰性气体，抽换气3次。在充惰性气体的条件下，从上口加入切碎的钠（15g）和钾（45g），并用适量的石蜡油加以覆盖。然后加热下端，使钠、钾熔融，冷却后即成钠-钾合金。插入已抽换气的内管，关上旋塞，并接入系统。

将上述柱子处理后串联起来就可以进行除水除氧操作。

将要求除水除氧的仪器通过带旋塞的导管，与无水无氧操作线上的双排管相连，以便抽换气。在该仪器的支口处要接上液封管以便放空。同时保持仪器内惰性气体为正压，使空气不能入内。关闭支口处的液封管，旋转双排管的双斜旋塞使体系与真空管相连。抽真空，用电吹风或煤气灯烘烤待处理系统各部分，以除去系统内的空气及内壁附着的潮气。烘烤完毕，待仪器冷却后，打开惰性气体阀，旋转双排管上双斜三通，使待处理系统与惰性气体管路相通。像这样重复处理3次，即抽换气完毕。

(3) 注意事项

① 如果含氧要求在 $2mL \cdot m^{-3}$ 的范围，在史兰克操作线上可以不用 Na-K 合金管。

② 用 5A 分子筛来干燥惰性气体（如氩气），容量大，易再生，水平衡蒸气压小于 0.13Pa。

③ 用银分子筛除氧容易，容量较大，可再生。一般经银分子筛除氧处理后的惰性气体，其含氧量可降至 $2mL \cdot m^{-3}$ 以下。

活性铜也是实验室常用的脱氧剂。其活性及脱氧容量与铜的形状有关。一般来说，多孔性的颗粒活性高，容量大。

在脱氧柱中装入 BTS 催化剂——一种活性很高的小丸状载体铜，使用前于氮气流中将其加热至 120～140℃，再逐渐以氢取代氮，从而将其还原。还原时的最高柱温不应超过200℃，否则还原性的铜将发生熔结。每千克 BTS 催化剂在室温下能除去 4L 氧，在 150℃时，其脱氧能力增至 6 倍，因此常将该催化剂在加热情况下使用。

④ 无水无氧操作线中所用胶管宜采用厚壁橡皮管，以防抽换气时有空气渗入。

⑤ 如果在反应过程中要添加药品或调换仪器，需要开启反应瓶时，都应在较大的惰性气流中进行操作。

⑥ 反应系统若需搅拌，应使用磁力搅拌。若使用机械搅拌器，应加大惰性气体气流量。

⑦ 若要对乙醚、四氢呋喃、甲苯等溶剂作严格无水无氧处理，可按如下步骤进行：将回流装置通过三通管与无水无氧操作线相连，经抽换气后，将经钠丝预处理过的溶剂以及钠块和二苯甲酮（按 1:4 质量比）转入其中。旋转双斜三通活塞，使上下相通保持回流。待溶液由黄色变为深蓝色后，即可关上双斜三通，使溶剂积聚于贮液腔中（当溶剂中的水分和氧气被除尽后，金属钠便将二苯甲酮还原成苯片呐醇钠，故呈深蓝色）。取溶剂时可用注射器从上口抽出或旋转双斜三通从下侧管放出。

⑧ 无水无氧操作线中，鼓泡器内装有石蜡油和汞（见图 2-15）。通过鼓泡器，一方面可以方便地观察体系内惰性气体气流的情况；另一方面也可以在体系内部压力或温度稍微变化产生负压时，使内部与外部隔绝，防止空气进入。水银安全管的作用主要是为了防止反应系统内部压力太大而导致将瓶塞冲开。它既可以保持系统一定的压力，又可以在系统压力过大时，让惰性气体从中放空。截油管起着捕集鼓泡器中带出的石蜡油的作用。截油管内装有活

化的分子筛，以吸收惰性气体流速过快时从钠-钾合金管中带出的少量石蜡油，以免进入反应器。

⑨ 在常量反应中，如果对于无水无氧条件要求不是很高，只要采用一根除氧柱和两根干燥柱就可以了。

2.2 分离与提纯技术

2.2.1 重结晶

有机反应中制得的固体产物，常含有少量杂质。除去这些杂质，纯化固体产物，最常用的方法之一就是重结晶。重结晶适用于产品与杂质性质差别较大，产品中杂质含量小于 5% 的体系。如杂质含量过多，可根据不同情况，分别采用其他方法进行初步提纯，如水蒸气蒸馏、减压蒸馏、萃取等，然后再进行重结晶处理。

1. 基本原理

固体化合物在溶剂中的溶解度随温度的变化而变化，通常升高温度溶解度增大，反之则溶解度降低。重结晶就是利用产品与杂质在所选择的溶剂中，在不同温度下溶解度的不同，通过热过滤除去不溶性固体物质、活性炭吸附除去有色杂质及冷却后过滤除去含有杂质的母液 3 种途径，除去杂质，从而达到纯化的目的。

2. 基本操作

（1）热饱和溶液的制备

这是重结晶操作过程的关键步骤。其目的是用溶剂充分分散产物和杂质，以利于分离提纯。因此选择合适的溶剂是一个关键问题。

选择溶剂时应注意下列几点：

① 不与被提纯物质起化学反应；

② 在高温（或煮沸）时，被提纯物质在溶剂中的溶解度较大，而在低温时（室温或冷却下），溶解度较小；

③ 对杂质的溶解度非常大（待重结晶物质析出时，杂质仍留在母液内）或非常小（待重结晶物质溶解在溶剂里，通过热过滤除去杂质）；

④ 溶剂的沸点不宜太高或太低；过低时，溶解度变化不大，操作又不易；过高时，难以与结晶分离；

⑤ 价格便宜，毒性小，易回收，操作简便安全。

常用的重结晶溶剂有水、乙醇、丙酮、苯、乙醚、氯仿、石油醚、乙酸和乙酸乙酯等。为了选择合适的溶剂，除需要查阅化学手册外，有时还需要采用试验的方法。具体方法是：取 0.1g 待重结晶物质于一小试管中，慢慢滴加约 1mL 溶剂，不断振荡，加热至沸，观察加热和冷却时试样的溶解情况（加热时严防溶剂着火），如完全溶解，冷却后待重结晶物质大部分结晶析出，此溶剂合适。如样品在冷却或加热时都溶于 1mL 溶剂中，表示此溶剂不合适。若样品不溶于 1mL 沸腾溶剂中，则分批加入溶剂，每次加入 0.5mL，并加热至沸，总共用 3mL 热溶剂，而样品仍未溶解时，表明此溶剂也不合适。若样品溶于 3mL 以内的热溶剂中，冷却后无结晶析出，可用玻璃棒摩擦液面下的试管壁，或再辅以冰水冷却，促使结晶析出，若结晶仍不能析出，表明此溶剂也不合适。

当一种物质在一些溶剂中的溶解度太大（这种溶剂称为良溶剂），而在另一些溶剂中溶解度又太小（这种溶剂称为不良溶剂），不能选择到一种合适的溶剂时，可选用混合溶剂。所谓混合溶剂，就是把对该物质溶解度很大和溶解度很小且又互溶的两种溶剂混合起来，这样常可获得良好的重结晶溶剂。

选择好重结晶溶剂后，一般用锥形瓶或圆底烧瓶来溶解固体。若使用的溶剂为易挥发性或易燃性溶剂时，则宜用圆底烧瓶，并在其瓶口上装球形冷凝管进行溶解。先加入沸石和已称量好的粗产品，再加较需要量略少的溶剂，加热沸腾，观察固体溶解情况。若未完全溶解，可分次逐渐添加溶剂，再加热到沸腾并摇动，直到刚好溶解为止，此时记录溶剂用量。然后再加入 20% 左右的过量溶剂，主要是为了避免溶剂挥发和热过滤时因温度降低，使晶体过早地在滤纸上析出而造成产品损失。溶剂用量不易太多，太多会造成结晶析出太少或根本析不出来，此时，应将多余的溶剂蒸发掉，再冷却结晶。有时，总有少量固体不能溶解，应将热溶液倒出或过滤，在剩余物中再加入溶剂，观察是否能溶解，如加热后慢慢溶解，说明此产品需要加热较长时间才能全部溶解。如仍不溶解，则视为杂质去除。

（2）脱色

粗产品中常有一些有色杂质不能被溶剂去除，因此，需要用脱色剂来脱色。最常用的脱色剂是活性炭，它是一种多孔物质，可以吸附色素和树脂状杂质，但同时它也可以吸附产品。因此加入量不宜太多，一般为粗产品质量的 1%～5%。具体方法为：待上述热的饱和溶液稍冷却后，加入适量的活性炭摇动，使其均匀分布在溶液中。加热煮沸 5～10min 即可。注意千万不能在沸腾的溶液中加入活性炭，否则会引起暴沸，使溶液冲出容器造成产品损失。如一次脱色不完全，可重复几次。

（3）热过滤

其目的是去除不溶性杂质。为了尽量减少过滤过程中晶体的损失，操作时应做到：仪器热、溶液热、动作快。为了做到"仪器热"，应事先将所用仪器用烘箱或气流烘干器烘热待用。热过滤有两种方法，即常压热过滤（重力过滤）和减压过滤。

常压热过滤时，为了防止晶体过早地在漏斗中析出，可采用热水漏斗保温或更简单的保温办法。热过滤装置见图 2-16。

过滤前应先选一颈短而粗或无颈的玻璃漏斗放在烘箱中预热，过滤时取出趁热使用。在漏斗中放一折叠滤纸，扇形滤纸也称折叠滤纸。见图 2-16(a)，折叠滤纸向外的棱边，应紧贴于漏斗壁上。先用少量热的溶剂润湿滤纸，以免干滤纸吸收溶液中的溶剂，使结晶析出，堵塞滤纸孔。在玻璃棒引流下，把热溶液转移到玻璃漏斗中，转移的溶液量尽可能多，以溶液液面低于滤纸边缘 1cm 为宜。再用表面皿盖好漏斗，

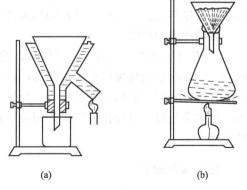

(a)　　　　　(b)

图 2-16　热过滤装置

以减少溶剂挥发。如过滤的溶液量较多，则应用热滤漏斗，将它固定安装妥当后，把玻璃漏斗放在热滤漏斗内，热滤漏斗夹套内装有热水（水不要太满，以免水加热至沸后溢出），以维持溶液的温度，如图2-16（b）。如有少量结晶析出在滤纸上，可用少量热溶剂洗下。若结晶析出太多，应重新加热溶解再进行热过滤。

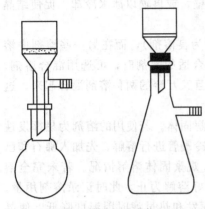

图 2-17   减压过滤装置

若用沸点较高、挥发性不大的溶剂（例如水）进行重结晶，制成热饱和溶液后，为加快过滤速度，也可用减压过滤的方法进行热过滤。减压过滤装置如图2-17所示。在过滤前应将布氏漏斗和减压过滤瓶适当预热，滤纸要平贴在漏斗底部，并盖住所有孔洞，但不要超过漏斗底边。用少量同一热溶剂湿润滤纸后，打开抽气泵，迅速将热溶液倒入布氏漏斗中，待全部溶液过滤完后可抽干，为防止溶液沸腾，减压过滤瓶内压力不可抽得太低，收集滤液。

（4）冷却结晶

冷却结晶是使产物重新形成晶体的过程。其目的是进一步与溶解在溶剂中的杂质分离。将上述热的饱和溶液冷却后，晶体可以析出，当冷却条件不同时，晶体析出的情况也不同。为了得到形状好、纯度高的晶体，在结晶析出的过程中应注意以下几点。

① 应在室温下慢慢冷却至有固体出现时，再用冷水或冰进行冷却，这样可以保证晶体形状好，颗粒大小均匀，晶体内不含杂质和溶剂。否则，当冷却太快时会使晶体颗粒太小，晶体表面易从液体中吸附更多的杂质，加大洗涤的困难。当冷却太慢时，晶体颗粒有时太大（超过2mm），会将溶液夹带在里边，给干燥带来一定的困难。因此，控制好冷却速度是晶体析出的关键。

② 在冷却结晶过程中，不宜剧烈摇动或搅拌，这样会造成晶体颗粒太小。当晶体颗粒超过2mm时，可稍微摇动或搅拌几下，使晶体颗粒大小趋于平均。

③ 有时滤液已冷却，但晶体还未出现，可用玻璃棒摩擦瓶壁，促使晶体形成，或取少量溶液，使溶剂挥发得到晶体，将该晶体作为晶种加入到原溶液中，液体中一旦有了晶种或晶核，晶体将会逐渐析出。晶种的加入量不宜过多，而且加入后不要搅动，以免晶体析出太快，影响产品的纯度。

④ 有时从溶液中析出的是油状物，油状物中常常含有不少杂质，因此要避免油状物的形成。对油状物的处理可采用两种方法：其一，刮擦瓶壁或投入少许原不纯固体的细小晶种于混合液中静置，如仍无结晶析出，分出油状物，改用其他溶剂重结晶；其二，有些油状物当温度再降低时，就固化成结实的硬块。遇此情况，可添加适量溶剂，将滤液重新加热至沸再冷却。

（5）减压过滤

减压过滤的目的是将留在溶剂（母液）中的可溶性杂质与晶体（产品）彻底分离。其优点是：过滤和洗涤速度快，固体与液体分离得比较完全，固体容易干燥。

减压过滤采用减压过滤装置。

具体操作：与减压热过滤大致相同，所不同的是仪器和液体都应该是冷的，所收集的是固体而不是液体。在晶体减压过滤过程中应注意以下几点。

① 在转移瓶中的残留晶体时，应用母液转移，不能用新的溶剂转移，以防溶剂将晶体溶解，造成产品损失。用母液转移的次数和每次母液的用量都不宜太多，一般2~3次即可。

② 晶体全部转移至漏斗中后，为了将固体中的母液尽量抽干，用玻璃钉或瓶塞挤压晶体。当母液抽干后，将安全瓶上的放空阀打开，用少量重结晶用的溶剂润湿所有的晶体，并用玻璃棒轻轻搅动一下，然后将放空阀关闭，将溶剂抽干同时进行挤压。这样反复2~3次，将晶体吸附的杂质洗干净。晶体洗涤后，抽干溶剂，用小刮刀将晶体和滤纸一并刮下，放在表面皿或培养皿中，把晶体摊开，进行干燥。

(6) 干燥

为了保证产品的纯度，需要将晶体进行干燥，把溶剂彻底去除。当使用的溶剂沸点比较低时，可在室温下使溶剂自然挥发达到干燥的目的。当使用的溶剂沸点比较高（如水）而产品又不易分解和升华时，可用红外灯或烘箱烘干。当产品易吸水或吸水后易发生分解时，应用真空干燥器进行干燥。干燥后的产品放在干燥器中保存，待测纯度。

用混合溶剂重结晶时，可先将待纯化的物质放在接近沸腾的良溶剂中溶解。若有不溶物，趁热过滤；若有色，则用活性炭煮沸脱色后趁热过滤。在此热溶液中小心地加入热的不良溶剂，直至出现浑浊并不再消失，再加入少量良溶剂或稍热使其恰好透明，然后经冷却、结晶、减压过滤，得到纯化的物质。有时也可将两种溶剂先行混合，再按单一溶剂进行操作。常用混合溶剂有乙醇-水、丙酮-水、醋酸-水、乙醚-甲醇、苯-石油醚等。

实验 4 苯甲酸粗产品的精制

【实验目的】
1. 了解重结晶法提纯有机化合物的原理和意义。
2. 掌握重结晶及过滤的实验操作技术。

【实验原理】
见本章"重结晶及过滤"部分。

【实验装置】
减压热过滤装置（见2.2.1节）。

【实验用品】
仪器：烧杯，石棉网，玻璃棒，布氏漏斗，抽滤瓶，滤纸，真空循环水泵，表面皿等。
试剂：苯甲酸（工业级）。

【实验步骤】
称取3g工业级苯甲酸，置于250mL烧杯中，加水80mL，放在石棉网上加热并用玻璃棒搅拌，观察溶解情况。如至水沸腾仍有不溶性固体，可分批补加适当水，直至沸腾温度下可以全溶或基本溶，然后再补加15~20mL水，总用水量约110mL。与此同时，将布氏漏斗放在另一个大烧杯中并加水煮沸预热。暂停对溶液加热，稍冷后加入半匙活性炭，搅拌使之均匀分散。重新加热煮沸3min。取出预热的布氏漏斗，立即放入事先选定的略小于漏斗底面的圆形滤纸，迅速安装好减压过滤装置，以数滴沸水润湿滤纸，开泵抽气，使滤纸紧贴漏斗底。将热溶液倒入漏斗中，每次倒入漏斗的液体不要太满，也不要等溶液全部滤完再加。在热过滤过程中，应保持溶液的温度，为此，将未过滤的部分继续用小火加热，以防冷却。待所有的溶液过滤完毕，用少量热水洗涤漏斗和滤纸。滤毕，立即将滤液转入烧杯中，用表面皿盖住杯口，室温放置冷却结晶。如果减压过滤过程中晶体已在滤瓶中或漏斗尾部析出，可将晶体一起转入烧杯中，将烧杯放在石棉网上温热溶解后，再在室温放置结晶，或将烧杯放在热水浴中随热水一起缓缓冷却结晶。结晶完成后减压过滤，用玻璃钉将结晶压紧，使母液尽量除去。打开安全瓶上的放空阀，停止抽气，加少量冷水洗涤，然后重新抽干，如此重复1～2次。最后将结晶转移到表面皿上，摊开在红外灯下烘干，测定熔点，并与粗品的熔点作比较。称重，计算回收率。

产量约1.8～2.4g，收率约60%～70%，产品熔点121～122℃（文献值122.4℃）。

本实验约需3～4h。

【注意事项】

减压过滤结晶时，如果未设安全瓶每次洗涤前，应先拔除连接减压过滤瓶与水泵的橡皮管，再加入少许洗涤用溶剂，待全部晶体被润湿后，再接上橡皮管进行抽干。

【思考题】

1. 简述重结晶过程及各步骤的目的。
2. 加活性炭脱色应注意哪些问题？
3. 重结晶时所用溶剂的量应如何考虑？
4. 使用有毒或易燃溶剂重结晶时应注意哪些问题？

2.2.2 升华

固态物质加热时不经过液态而直接变为气态，蒸气受到冷却后又直接冷凝为固体，这个过程叫做升华。固态物质能够升华的原因是其在固态时具有较高的蒸气压，受热时蒸气压变大，达到熔点之前，蒸气压已相当高，可以直接气化。

升华是纯化固体化合物的方法之一。由于升华要求被提纯物在其熔点温度下具有较高的蒸气压，故仅适用于一部分固体物质，而不是纯化固体物质的通用方法。升华的操作比重结晶要简便，纯化后产品的纯度较高。但缺点是时间较长，产品损失较大，不适合大量产品的提纯。

1. 基本原理

升华是利用固体化合物的蒸气压或挥发度不同，将固体混合物在熔点温度以下加热，利用被提纯物在不太高的温度下有足够大的蒸气压（>20mmHg），而杂质蒸气压低的特点，使被提纯物不经液体过程而直接气化，遇冷后固化，而杂质则不发生这个过程，达到分离固体混合物的目的。升华法的优点是不用溶剂，产品纯度高，操作简便。它的缺点是产品损失较大，一般用于少量（1～2g）化合物的提纯。

2. 基本操作

（1）常压升华

实验室常用的常压升华装置如图2-18(a)所示。将被升华的固体化合物烘干，放入蒸发皿中，铺匀。取合适的锥形漏斗，将颈口处用少量棉花堵住，以免蒸气外逸，造成产品损失。选一张略大于漏斗口的滤纸，在滤纸上扎一些小孔后盖在蒸发皿上，用漏斗倒扣盖住。将蒸发皿放在沙浴上加热，在加热过程中应注意控制温度在熔点以下，慢慢升华。当蒸气开始通过滤纸上升至漏斗中时，可以看到滤纸和漏斗壁上有晶体出现。如晶体不能及时析出，可在漏斗外面用湿布冷却。当升华量较大时，可用图 2-18(b) 所示装置分批进行升华。

(2) 减压升华

减压升华的装置如图 2-19 所示。将样品放入吸滤管（或瓶）中，在吸滤管中放入"指形冷凝器"，接通冷凝水，抽气口与水泵连接好，打开水泵，关闭安全瓶上的放空阀，进行抽气。将此装置放入电热套或水浴中加热，使固体在一定压力下升华。冷凝后的固体将凝聚在"指形冷凝器"的底部。

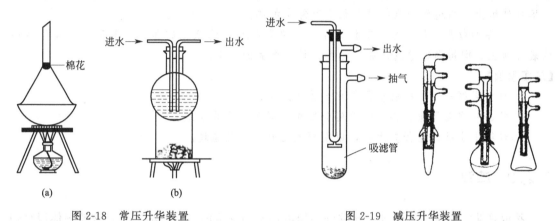

图 2-18　常压升华装置　　　　　　　图 2-19　减压升华装置

3. 注意事项

① 升华温度一定要控制在待提纯固体化合物的熔点以下。

② 被升华的固体化合物一定要干燥，如有溶剂将会影响升华后固体的凝结。

③ 滤纸上的孔应尽量大一些，以便蒸气上升时顺利通过滤纸，在滤纸的上面和漏斗中结晶，否则将会影响晶体的析出。

④ 减压升华停止减压时，一定要先打开安全瓶上的放空阀，再关泵。否则循环泵内的水会倒吸进入吸滤管中，造成实验失败。

实验5　樟脑的升华精制

【实验目的】

1. 了解天然樟脑精的物理特性及精制方法。

2. 掌握升华的原理和操作技术。

【实验原理】

樟脑精具有通窍辟秽、温中止痛、利湿杀虫的功效。樟脑精的熔点为 179℃，密度为 0.99g/mL，沸点 204℃，闪点 64℃，25℃下水溶性为 0.12g/100mL，分子量 152.23。

【实验装置】

常压升华装置（见 2.2.2 节）。

【实验用品】

仪器：蒸发皿，研钵，滤纸，玻璃漏斗，酒精灯，玻璃棒，表面皿等。

试剂：樟脑精。

【实验步骤】

1. 搭建升华装置：称取 0.5～1g 樟脑精，烘干后研细，均匀铺放于一个蒸发皿中，盖上一张刺有十多个小孔（直径约 3mm）的滤纸，然后将一个大小合适的玻璃漏斗（直径稍小于蒸发皿和滤纸）罩在滤纸上，漏斗颈用棉花塞住，防止蒸气外逸，减少产品损失。

2. 加热：隔石棉网用酒精灯加热，慢慢升温，温度必须低于其熔点，待有蒸气透过滤纸上升时，调节灯焰，使其慢慢升华，上升蒸气遇到漏斗壁冷凝成晶体，附着在漏斗壁上或者落在滤纸上。当透过滤纸的蒸气很少时停止加热。

3. 产品的收集：用一根玻璃棒或小刀，将漏斗壁和滤纸上的晶体轻轻刮下，置于洁净的表面皿上，即得到纯净的产品。称重，计算产品的收率。

【注意事项】

1. 升华温度一定要控制在固体化合物的熔点以下。

2. 样品一定要干燥，如有溶剂将会影响升华后固体的凝结。

3. 滤纸上小孔的直径要大些，以便蒸气上升时顺利通过。

2.2.3 萃取

萃取是使溶质从一种溶剂中转移到与原溶剂不相混溶的另一种溶剂中，或使固体混合物中的某一种或某几种成分转移到溶剂中去的过程，也叫作提取。萃取是用来提取或纯化有机化合物的常用方法之一。以从固体或液体混合物中获得某种物质为目的的萃取常称为抽提，而以除去物质中的少量杂质为目的的萃取常称为洗涤。根据被提取对象的状态不同有液-液萃取和固-液萃取之分，根据萃取所采用的方法的不同而有分次萃取和连续萃取之分。

1. 基本原理

萃取是利用物质在两种不互溶（或微溶）溶剂中溶解度或分配比的不同来达到分离、提取或纯化目的的一种操作。在萃取过程中，溶质在互不相溶的两种溶剂间分配，根据分配定律，在一定温度下，当分配达到平衡时，溶质在两液相 A 和 B 中的浓度 c_A 和 c_B 之比为一常数 K，称为分配系数。它也可近似地看作为此物质在两溶剂中溶解度之比。

$$c_A / c_B = K$$

若在体积 V(mL) 的 A 溶液中溶解 W_0(g) 物质，每次用体积 S(mL) 的 B 溶剂萃取 n 次，假如 W_1 为萃取一次后剩留在 A 溶液中的物质的质量，则有：

$$\frac{W_1/V}{(W_0-W_1)/S}=K \quad 或 \quad W_1=W_0\frac{KV}{KV+S}$$

令 W_2(g) 为萃取二次后尚在 A 溶液的残留量，则有：

$$\frac{W_2/V}{(W_1-W_2)/S}=K \quad 或 \quad W_2=W_1\frac{KV}{KV+S}=W_0\left(\frac{KV}{KV+S}\right)^2$$

显然，萃取 n 次后，在 A 溶液中的残留量应为：

$$W_n = W_0 \left(\frac{KV}{KV+S} \right)^n$$

因为 $\frac{KV}{KV+S} < 1$，所以 n 越大，W_n 就越小，也就是说，把总体积分成 n 份作多次萃取比用总体积一次萃取有效得多。这就是通常所讲的"少量多次效率高"。但是当溶剂总体积不变时，n 越大，S 就越小，当 $n > 5$ 时，n 和 S 这两个因素的影响就几乎相互抵消了，再增加 n，W_n/W_{n+1} 的变化很小，所以通常萃取不超过 5 次。

2. 基本操作

（1）液-液分次萃取

液-液分次萃取最常用的仪器是分液漏斗，萃取时选用的分液漏斗的容积应为被萃取液体积的 2～3 倍。使用前，仔细检查旋塞是否配套，振摇时是否漏气渗液。如有漏液现象，在活塞上小心涂上真空脂或凡士林，向一个方向转动活塞直至透明，再用小橡皮圈套住活塞尾部的小槽，防止活塞滑脱。分液漏斗顶部的塞子不涂凡士林，只要配套不漏气即可。将分液漏斗架在铁圈上，关闭活塞，装入待萃取物和萃取溶剂（每次使用萃取溶剂的体积一般是被萃取液体的 1/5～1/3，两者的总体积不应超过分液漏斗总容积的 2/3）。塞好塞子，旋紧。取下分液漏斗，用右手手掌心顶紧漏斗上部的塞子，手指弯曲抓紧漏斗颈部。以左手托住漏斗下部，将漏斗放平，使活塞处枕在左手虎口上，并以左手拇指、食指和中指控制漏斗的活塞，如图 2-20 所示。

图 2-20 倒转分液漏斗

图 2-21 萃取装置

轻轻振摇分液漏斗，使混合液沿着漏斗壁旋转，让两相之间充分接触，以提高萃取效率。每振摇几次后，就要将漏斗尾部向上倾斜（朝向无人处）打开活塞放气，以解除漏斗中的压力。如此重复至放气时只有很小压力后，再剧烈振摇 2～3min。静置，待两相完全分开后，打开上面的玻璃塞，将下层液体自下口缓慢放出，当两相界面接近活塞时，应让下层缓慢地一滴一滴通过活塞。上层液体从分液漏斗上口倒出，切不可也从活塞放出，以免被残留在漏斗颈上的另一种液体所沾污。

（2）液-液连续萃取

当有机化合物在原溶剂中比在萃取溶剂中更易溶解时，必须使用大量溶剂并反复多次地萃取。所以，为了减少萃取溶剂的量，最好采用连续萃取装置，如图 2-22 所示。

(3) 固-液分次萃取

用溶剂一次次地将固体物质中的某个或某几个成分萃取出来，可直接将固体物质加于（热）溶剂中浸泡一段时间，然后滤出固体再用新鲜（热）溶剂浸泡，如此重复操作直到基本萃取完全后，合并所得溶液，蒸馏回收溶剂，再用其他方法分离纯化。这种方法由于需用溶剂量大，费时长，实验室中较少使用。

(4) 固-液连续萃取

一般使用脂肪提取器（Soxhlet 提取器）来进行，脂肪提取器（见图 2-23）是利用溶剂回流和虹吸原理，使固体物质每一次都能被纯的溶剂所萃取，因而效率较高。为增加液体浸溶的面积，萃取前应先将物质研细，用滤纸筒包好置于提取器中。滤纸筒上口向内叠成凹形，滤纸筒的直径应略小于提取器的内径，以便于取放。筒中所装的固体物质的高度应低于虹吸管的最高点，使萃取剂能充分浸润被萃取物质。提取器下端接盛有萃取剂的烧瓶，上端接球形冷凝管，当溶剂沸腾时，冷凝下来的溶剂滴入提取器中，待液面超过虹吸管上端后，萃取液即虹吸流回烧瓶并再被蒸发，而固体中的可溶物质被萃取出并富集到烧瓶中。然后用其他方法分离纯化。

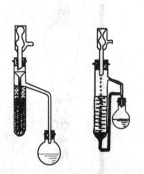

图 2-22　液-液连续萃取装置

图 2-23　固-液连续萃取装置

实验 6　乙醚萃取法精制醋酸

【实验目的】
　　1. 学习液-液萃取提纯有机化合物的原理和方法。
　　2. 掌握分液漏斗的使用方法。

【实验原理】
　　见 2.2.3 节萃取。

【实验装置】
　　液-液分次萃取装置（见 2.2.3 节）。

【仪器和试剂】

仪器：烧杯，分液漏斗，锥形瓶，移液管，碱式滴定管。

试剂：冰乙酸与水的混合溶液（冰醋酸：水＝1：19），乙醚，0.2mol·L^{-1} NaOH，酚酞指示剂。

【实验步骤】

利用乙醚从乙酸水溶液中萃取乙酸。采用以下两种方法：①一次性用 30mL 乙醚萃取乙酸。②进行 3 次萃取，乙醚用量为 10mL/次×3 次。

1. 一次萃取法

① 用移液管准确量取 10mL 冰乙酸与水的混合液放入分液漏斗中，加入 30mL 乙醚进行萃取。

② 用右手食指将漏斗上端玻璃塞顶住，用大拇指及食指、中指握住漏斗，转动左手的食指和中指蜷握在活塞柄上，使振荡过程中玻璃塞和活塞均夹紧，上下轻轻振荡分液漏斗，每隔几秒钟放气。

③ 将分液漏斗置于铁圈，静置，当溶液分成两层后，小心旋开活塞，放出下层水溶液于 50mL 锥形瓶内。

④ 加入 3～4 滴酚酞作指示剂，用 0.2mol·L^{-1} NaOH 溶液滴定，记录用去 NaOH 溶液的体积。

⑤ 计算留在水中乙酸的量及质量分数和留在乙醚中乙酸的量及质量分数。

2. 多次萃取法

① 准确量取 10mL 冰乙酸与水的混合液于分液漏斗中，用 10mL 乙醚如上法萃取，分去乙醚溶液。

② 将水溶液再用 10mL 乙醚萃取，分出乙醚溶液。

③ 将前次剩余水溶液再用 10mL 乙醚萃取，如此共三次。

④ 用 0.2mol·L^{-1} 的 NaOH 溶液滴定水溶液。

⑤ 计算留在水中乙酸的量及质量分数和留在乙醚中乙酸的量及质量分数，比较两种方法的萃取效果。

【注意事项】

1. 使用分液漏斗前要检查玻璃塞和活塞是否紧密。

2. 漏斗向上倾斜，朝无人处放气。

3. 分液前要先打开玻璃塞，再开启活塞。

4. 分液要彻底，上层物从上口放出，下层物从下口放出。

5. 使用乙醚时，近旁不能有明火。

【思考题】

1. 萃取的意义是什么？常用仪器是什么？

2. 分液漏斗的主要用途是什么？分液漏斗的种类有哪些？

3. 使用分液漏斗时要注意哪些事项？

4. 影响萃取效率的因素有哪些？

2.2.4　常压蒸馏

将液体加热气化，同时使产生的蒸气冷凝液化并收集的联合操作过程叫做简单蒸馏或普通蒸馏，也简称蒸馏。简单蒸馏是有机化学实验中最重要的基本操作之一。在实验室和工业生产中都有广泛的应用，其主要作用是：①分离沸点相差较大（通常要求相差 30℃ 以上）且不能形成共沸物的液体混合物；②除去液体中的少量低沸点或高沸点杂质；③测定液体的沸点；④根据沸点变化情况粗略鉴定液体的种类和纯度；⑤回收溶剂，或蒸出部分溶剂以浓缩溶液。

1. 基本原理

液体的分子由于分子运动有从表面溢出的倾向，这种倾向随着温度的升高而增大。如果把液体置于密闭的真空体系中，液体分子继续不断地溢出而在液面上部形成蒸气，最后使得分子由液体逸出的速度与分子由蒸气中回到液体的速度相等，蒸气保持一定的压力。此时液面上的蒸气达到饱和，称为饱和蒸气，它对液面所施的压力称为饱和蒸气压。实验证明，液体的饱和蒸气压只与温度有关，即液体在一定温度下具有一定的蒸气压。这是指液体与它的蒸气平衡时的压力，与体系中液体和蒸气的绝对量无关。

将液体加热至沸腾，使液体变为蒸气，然后使蒸气冷却再凝结为液体，这两个过程的联合操作称为蒸馏。很明显，蒸馏可将易挥发和不易挥发的物质分离开来，也可将沸点不同的液体混合物分离开来。但液体混合物各组分的沸点必须相差很大（至少 30℃ 以上），才能得到较好的分离效果。在常压下进行蒸馏时，由于大气压往往不是恰好为 0.1MPa，因而严格来说，应对观察到的沸点加上校正值，但由于偏差一般都很小，即使大气压相差 2.7kPa，这项校正值也不过 ±1℃ 左右，因此可以忽略不计。

2. 基本操作

（1）蒸馏装置

常压蒸馏装置一般由热源、蒸馏瓶、蒸馏头、温度计、冷凝管、接液管和接收器组成。常见的常压蒸馏装置如图 2-24 所示，依次为简单蒸馏装置、带尾气吸收的简单蒸馏装置、低沸点液体的简单蒸馏装置、高沸点液体的简单蒸馏装置。

① 仪器选择　根据所要蒸馏液体的性质，正确选用热源，对蒸馏的效果和安全都有着重要的关系。热源的选择主要根据液体的沸点高低、各种热源的特点来考虑。

蒸馏低沸点易燃液体时（例如乙醚），不得用明火加热，附近也不得有明火，最好的办法是用预先热好的水浴，为了保持水浴温度，可以不时地向水浴中添加热水。

液体在瓶内汽化，蒸气经支管或蒸馏头的侧管馏出，引入冷凝管。蒸馏瓶的大小，应根据所蒸馏的液体的体积来决定，通常所蒸馏液体的体积不应超过烧瓶体积的 2/3，也不应少于其 1/3。

由烧瓶中馏出的蒸气在冷凝管中冷凝。液体的沸点高于 140℃ 时用空气冷凝管，低于 140℃ 时用水冷凝管。为确保所需馏分的纯度，不应采用球形冷凝管，因为球的凹部会存有馏出液，使不同组分的分离变得困难。

接收器最常用的是锥形瓶和圆底烧瓶，其大小取决于馏出液的体积。去除杂质的蒸馏，则至少应准备两个接收瓶。接收瓶应干净、干燥，并事先称量好，以便在接收液体后计算液体的质量。若馏出液有毒，易挥发，易燃，易吸潮或放出有毒、有刺激性气味的气体时，应根据具体情况，在安装接收器时，采取相应的措施，妥善解决。

② 组装仪器　装配顺序是：由下而上，由头至尾。首先定下热源的高度和位置。调节铁架台上夹持的位置，将蒸馏瓶固定在合适的位置上，夹持烧瓶的单爪夹应夹在烧瓶的瓶颈

处（远离热源的地方）且不宜夹得太紧。安上蒸馏头，将配有温度计的塞子塞在蒸馏头上，调节温度计的位置，使水银球的上沿恰好位于蒸馏头支管口下沿所在的水平线上。

根据蒸馏头支管的位置，用另一铁架台，夹稳冷凝管，通常用双爪夹夹持冷凝管，但不能夹得太紧，夹的位置以在冷凝管的中部较为稳妥。最后将接液管与冷凝管接上，再在接液管下口安放好接收器，并注意接液管口应伸进接收器中，不应高悬在接收器的上方！更不要在接液管下口处配上塞子，形成封闭体系。

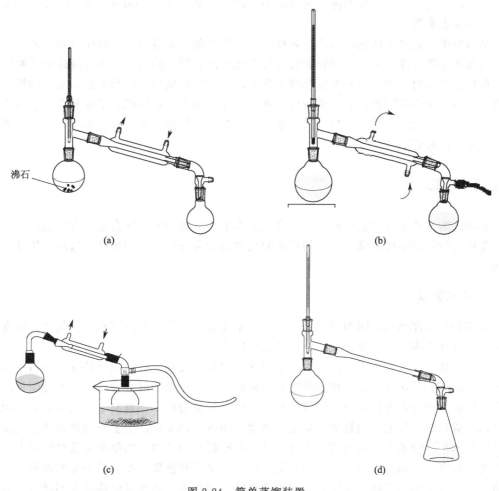

图 2-24 简单蒸馏装置

（2）蒸馏操作

仪器组装好以后，用长颈漏斗把要蒸馏的液体倒入蒸馏烧瓶中。漏斗颈须能伸到蒸馏头支管下面。若用短颈漏斗或用玻璃棒转移液体时，应注意必须确保液体沿着支管口对面的瓶颈壁，慢慢加入，不能让液体流入支管。若液体中有干燥剂或其他固体物质，在漏斗上放滤纸或一小团松软的脱脂棉、玻璃棉等，以滤除固体。往蒸馏瓶中投入 2～3 粒沸石。沸石通常可用未上釉的瓷片敲成米粒大小的碎片制得。沸石的作用是防止液体暴沸，保证蒸馏能平稳地进行。加热前，认真检查装置装配的严密性，方可加热。若用的是水冷凝管，应先通冷却水，后加热。

开始加热时，加热速度可稍快些，待接近沸腾时，应密切注意烧瓶中所发生的现象及温度计读数的变化。当冷凝的蒸气环由瓶颈逐渐上升到温度计水银球的周围，温度计中的水银柱迅速上升，冷凝的液体不断地由温度计水银球下端滴回液面。这时应调节加热速度，使馏出液体的速度约为每秒 1～2 滴。在整个蒸馏过程中，温度计水银球下端应始终附有冷凝的液滴，确保气液两相平衡。

第一滴馏出液滴入接收器时，记录此时的温度计读数。当温度计的读数稳定时，另换接收器收集馏出液，记录每个接收器内馏分的温度范围和质量。若要收集的馏分温度范围已有规定，应按规定收集。馏分的沸点范围越小，纯度越高。烧瓶中残留少量（0.5～1mL）液体时，应停止蒸馏。

蒸馏完毕，先停止加热，后停止通冷却水，再按照与安装相反的顺序拆卸仪器。

当溶液加热至沸点时，毛细管和沸石均能逸出许多细小的气泡，成为液体分子的气化中心。在持续沸腾时，沸石和毛细管都继续有效，一旦停止加热，沸腾中断，加进的沸石即会失效，在再次加热蒸馏前，必须重新加入沸石。如果加热后才发现忘了加沸石，应该待液体冷却后，再行补加。否则会引起剧烈的暴沸，使部分液体冲出支管口，影响蒸馏效果或者液体冲出瓶外，酿成事故。

2.2.5 分馏

简单蒸馏只能对沸点差异较大的互溶又不形成共沸物的液体混合物作有效的分离，而采用分馏柱进行蒸馏则可对沸点相近的互溶的液体混合物进行分离和提纯，这种操作方法称为分馏。

1. 基本原理

分馏的基本原理与蒸馏相类似，不同之处是在装置上多一个分馏柱，使气化、冷凝的过程由一次改进为多次。简单地说，分馏即是多次蒸馏。

分馏柱是一根长而垂直，柱身有一定形状的空管，或者在管中填以特制的填料，其目的是要增大液相和气相接触的面积，提高分离效率。当沸腾着的混合物蒸气进入分馏柱时，因为沸点较高的组分优先被冷凝，所以气相中低沸点物质的百分比就高于液相中的百分比。冷凝液向下流动时又与上升的热蒸气接触，两者之间进行热交换，使上升的热蒸气中高沸点物质被冷凝下来，低沸点物质的蒸气继续上升；而冷凝液中低沸点的物质则受热气化上升，高沸点的仍呈液态。如此经多次的气相与液相的热量变换和物质交换，使得低沸点的物质蒸气不断上升，含量不断增加，最后以较高的含量被蒸馏出来，高沸点的物质则不断流回受热容器中，从而将沸点不同的物质分离。

并不是所有沸点不同的物质都能用分馏法分离出纯组分。因为当某两种或三种液体以一定的比例混合后，可组成具有固定沸点的混合物，将这种混合物加热至沸腾时，在气液平衡体系中，气相和液相的组成完全一样，因此分馏出的馏分只能是具有固定比例的混合物。这种混合物称为共沸混合物，这种蒸馏称为共沸蒸馏。因此分馏不能用来分离、纯化共沸混合物。

2. 基本操作

(1) 分馏装置

分馏装置与普通蒸馏装置相似，不同的是用分馏柱替换蒸馏头。如图 2-25 所示。

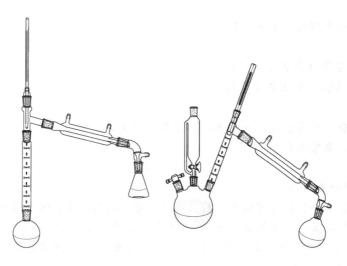

图 2-25　常量分馏装置

普通有机化学实验中常用的分馏柱是刺形分馏柱，又称韦氏（Vigreux）分馏柱（见图 2-26）。它是一支带有数组向心刺的玻管，每组有三根刺，各组间呈螺旋状排列。此分馏柱的分馏效率不高，但易于清洗。此外，还有 Dufton 柱、Hempel 柱等。

安装时要注意使整个装置的高度适中。为了尽量减少热量的损失和由于外界温度影响造成柱温的波动，通常在分馏柱外包以石棉绳、玻璃布等保温材料。

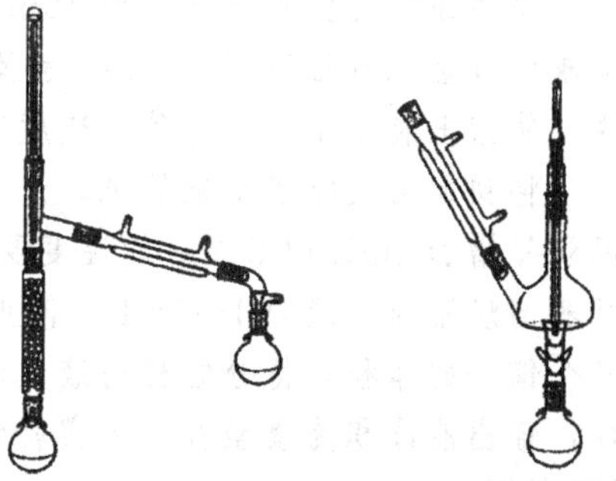

（2）分馏操作

图 2-26　半微量-微量分馏装置

简单分馏操作和蒸馏操作大致相同。将待分馏物质装入圆底烧瓶，并加入沸石。接通冷凝水，开始加热，使液体平稳沸腾。当蒸气达到柱顶时，注意控制温度，使馏出速度维持在 2～3 秒一滴。记录第一滴馏出液的温度，然后根据具体要求分段收集馏分，并记录各馏分的沸点范围及质量。

操作时应注意下列几点：
① 分馏一定要缓慢进行，应控制恒定的蒸馏速度；
② 要有足够量的液体从分馏柱流回烧瓶，选择合适的回流比；
③ 必须尽量减少分馏柱的热量散失和波动。

实验 7　丙酮-水混合物的蒸馏与分馏

【实验目的】

1. 了解蒸馏、分馏的原理和意义。
2. 掌握蒸馏、分馏的基本操作。

【实验原理】

见 2.2.4 常压蒸馏及 2.2.5 分馏。

【实验装置】

1. 简单蒸馏装置（见 2.2.4 节）。
2. 常量分馏装置（见 2.2.5 节）。

【实验用品】

仪器：电热套，圆底烧瓶，分馏柱，蒸馏头，温度计，水冷凝管，接液管，锥形瓶等。

试剂：丙酮，蒸馏水等。

【实验步骤】

1. 丙酮-水混合物的蒸馏

为了比较蒸馏和分馏的分离效果，将丙酮和水各 15mL 的混合液放置于 50mL 圆底烧瓶中，安装简单蒸馏装置，收集沸程为 A 56～62℃、B 62～98℃、C 98～100℃ 的馏分，记录每增加 1mL 馏出液时的温度及总体积。以蒸气温度为纵坐标，馏出液体积为横坐标，将实验结果绘制成温度-体积曲线。

2. 丙酮-水混合物的分馏

安装分馏装置并准备 3 个 15mL 的试管为接收器，分别注明 A、B、C。在 50mL 圆底烧瓶内放置 15mL 丙酮、15mL 水及 1～2 粒沸石。开始缓慢加热，并尽可能精确地控制加热，使馏出液以 1～2 滴/秒的速度蒸出。

将初馏出液收集于试管 A，注意记录柱顶温度及接收器 A 的馏出液总体积。继续蒸馏，记录每增加 1mL 馏出液时的温度及总体积。温度达 62℃ 换试管 B，98℃ 用试管 C 接收，直至蒸馏烧瓶内残液为 1～2mL，停止加热。（A 56～62℃、B 62～98℃、C 98～100℃）记录三个馏分的体积，待分馏柱内液体流到烧瓶时测量并记录残留液的体积，以柱顶温度为纵坐标，馏出液体积为横坐标，将实验结果绘制成温度-体积曲线，讨论分离效率。

【思考题】

1. 分馏和蒸馏在原理及装置上有哪些异同？
2. 如果是两种沸点很接近的液体组成的混合物，能否用分馏来提纯呢？

2.2.6 减压蒸馏

1. 基本原理

减压蒸馏（又称真空蒸馏）是分离提纯有机化合物的常用方法之一。它特别适用于在常压蒸馏时未到沸点即已分解、氧化、聚合，或沸点很高的物质。

液体化合物的沸点与外界压力有密切的关系，当外界压力降低时，液体的沸点随之降低。例如，乙酰乙酸乙酯在常压下的沸点为 181℃/101.3kPa（760mmHg），当压力降至 7.99kPa（60mmHg）时，其沸点已降低到 97℃。通常，大多数有机化合物当压力降低到 2.67kPa（20mmHg）时，其沸点比常压时的沸点低 100℃ 左右。当减压蒸馏在 1.3～3.3kPa（10～25mmHg）之间进行时，大致上压力每相差 133.3Pa（1mmHg），沸点相差约 1℃。当要进行减压蒸馏时，预先估计出相应的沸点，对具体操作具有一定的参考价值。

所谓真空只是相对而言，一般可划分成几个等级。低真空（1.3～101.3kPa）一般可用水泵获得。中度真空（0.1～133.3Pa）可用油泵获得。高真空（小于 0.1Pa）可用扩散泵获得。减压蒸馏时物质的沸点与压力的关系，可以从以下两条途径获得：①查阅文献；②用压力-沸点关系图（见图 2-27）来查找，即从某一压力下的沸点可以推算出另一压力下的沸点。用一把小尺子通过图表中的两个数据，便可以知道第三个数据。例如，某一化合物在常压下的沸点为 200℃ 左右，若要在 4.0kPa（30mmHg）的减压条件下进行蒸馏操作，那么其蒸出点是多少呢？首先在图 2-27 中常压沸点刻度线上找到 200℃ 标示点，在系统压力曲线上找出 4.0kPa（30mmHg）标示点，然后将这两点连接成一直线并向减压沸点刻度线延长相交，交点所示的数字就是该化合物在 4.0kPa（30mmHg）减压条件下的沸点，即 100℃。在没有其他资料来源的情况下，由此法所得估计值对于实际减压蒸馏操作具有一定的参考价值。

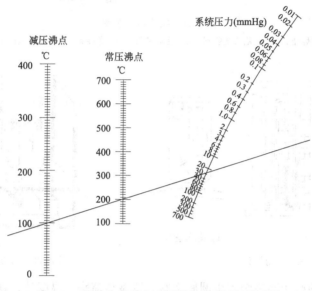

图 2-27　液体在常压和减压下的沸点近似关系图

2. 减压蒸馏装置

常用的减压蒸馏装置如图 2-28 所示。它主要由蒸馏、抽气（减压）、安全保护和测压四部分组成。蒸馏部分由蒸馏瓶、克氏蒸馏头、毛细管、温度计及冷凝管、接收器等组成。克氏蒸馏头可减少或避免由于液体暴沸而冲溅入冷凝管的可能性；而毛细管的作用，则是作为气化中心，使蒸馏平稳进行，避免液体过热而产生暴沸。毛细管口距瓶底 1～2mm。为了控制毛细管的进气量，可在毛细玻璃管上口套一段乳胶管，乳胶管中插入一段细铁丝，并用螺旋夹夹紧。蒸出液接收部分，通常用燕尾管连接两个或三个梨形或圆底烧瓶，在接收不同馏分时，只需转动接液管即可。在减压蒸馏系统中，切勿使用有裂缝或薄壁的玻璃仪器，尤其不能用不耐压的平底瓶（如锥形瓶等），以防止内向爆炸。抽气部分用减压泵，最常用的减压泵有水泵和油泵两种。安全保护部分一般有安全瓶，若使用油泵，还必须有冷阱，分别装有粒状氢氧化钠、块状石蜡及活性炭或硅胶、无水氯化钙等吸收干燥塔，以避免低沸点溶剂，特别是酸和水汽进入油泵而降低泵的真空效能。所以在用油泵减压蒸馏前必须在常压或水泵减压下蒸除所有低沸点液体和水以及酸、碱性气体。测压部分采用测压计，常用的测压计有水银压力计、莫氏真空规、真空压力表，如图 2-29 所示。为使整个体系中仪器安排得十分紧凑，可将油泵及其保护装置安装在一台油泵小推车上，车上的装配方式可参考图 2-30。

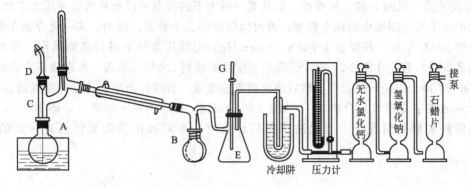

图 2-28 减压蒸馏装置
A—克氏蒸馏烧瓶；B—燕尾式接收器；C—毛玻璃管；D—螺旋夹；E—缓冲瓶；G—二通活塞

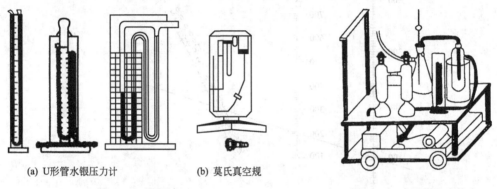

(a) U形管水银压力计   (b) 莫氏真空规

图 2-29 测压计   图 2-30 减压蒸馏小推车

半微量、微量的减压蒸馏装置由圆底烧瓶、微型蒸馏头、温度计、真空冷指及减压蒸馏毛细管组成，装置见图 2-31(a)。因微型实验物的量很小，也可以通过电磁搅拌来达到防止暴沸的目的。若仅需减压蒸去溶剂而不需测定沸点进行减压蒸馏时，用微型蒸馏头配以真空冷指即可，装置见图 2-31(b)。减压蒸馏时，在真空冷指的抽气指处应接有安全瓶，安全瓶分别与测压计、真空泵连接并带有活塞，以调节体系真空度及通大气。

3. 减压蒸馏操作

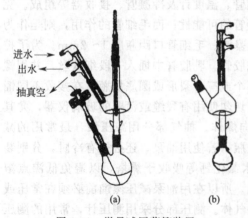

进水→
出水←
抽真空→

(a)   (b)

图 2-31 微量减压蒸馏装置

如图 2-28 安装好仪器（注意安装顺序），检查蒸馏系统是否漏气。方法是旋紧毛细管上的螺旋夹，打开安全瓶上的二通活塞，旋开水银压力计的活塞，然后开泵抽气（如用水泵，这时应开至最大流量）。逐渐关闭安全瓶上的二通活塞，从压力计上观察系统所能达到的压力，若压力降不下来或变动不大，应检查装置中各部分的塞子和橡皮管的连接是否紧密，必要时可用熔融的石蜡密封。磨口仪器可在磨口接头的上部涂少量真空油脂进行密封（密封应在解除真空后才能进行）。检查完毕，缓慢打开安全瓶上的二通活塞，使系统与大气相通，压力计缓慢复原，关闭油泵停止抽气。

将待蒸馏液装入蒸馏烧瓶中，以不超过其容积的 1/2 为宜。若被蒸馏物质中含有低沸点物质时，在进行减压蒸馏前，应先进行常压蒸馏。然后用水泵减压，尽可能除去低沸点物质。按上述操作方法开泵减压，小心调节安全瓶上的二通活塞达到实验所需的真空度。调节螺旋夹，使液体中有连续平稳的小气泡通过。若在现有条件下仍达不到所需真空度，可按原理中所述方法，从图 2-27 中查出在所能达到的压力条件下，读物质的近似沸点，进行减压蒸馏。

当调节到所需真空度时，通入冷凝水，将蒸馏烧瓶浸入水浴或油浴中，开始加热蒸馏。加热时，蒸馏烧瓶的圆球部分至少应有 2/3 浸入热浴中。待液体开始沸腾时，调节热源的温度，控制馏出速度为每秒 1~2 滴。

在整个蒸馏过程中都要密切注意温度和压力的读数，并及时记录。纯物质的沸点范围一般不超过 1~2℃，但有时因压力有所变化，沸程会稍大一点。

蒸馏完毕，应先移去热源，待稍冷后，稍稍旋松螺旋夹，缓慢打开安全瓶上的二通活塞解除真空，待系统内外压力平衡后方可关闭减压泵。

4. 注意事项

① 减压蒸馏装置中与减压系统连接的橡皮管应都用耐压橡皮管，否则在减压时会抽瘪而堵塞。

② 一定要缓慢旋开安全瓶上的活塞，使压力计中的汞柱缓慢地恢复原状，否则，汞柱急速上升，有冲破压力计的危险。

实验 8　减压蒸馏精制 N,N-二甲基甲酰胺

【实验目的】

1. 了解减压蒸馏的原理和应用范围。
2. 认识减压蒸馏的主要仪器设备及用途。
3. 掌握减压蒸馏装置的安装和操作技术。

【实验原理】

减压蒸馏是分离和提纯有机化合物的一种重要方法。它特别适用于那些在常压蒸馏时未达到沸点即已受热分解、氧化或聚合的物质。

液体的沸点是指它的蒸气压等于外界大气压时的温度，所以液体沸腾的温度是随外界压力的降低而降低的。因而如用真空泵连接盛有液体的容器，使液体表面上的压力降低，即可降低液体的沸点。这种在较低压力下进行蒸馏的操作就称为减压蒸馏。

减压蒸馏时物质的沸点与压力有关。有时在文献中查不到减压蒸馏选择的压力与相应的沸点，则可根据图 2-27 的经验曲线找出近似值。对于一般的高沸点有机物，当压力降低到 2.67kPa（20mmHg）时，其沸点要比常压下的沸点低 100~120℃。当减压蒸馏在 1.33~3.33kPa（10~25mmHg）之间进行时，大体上压力每相差 0.133kPa（1mmHg），沸点约相差 1℃。当要进行减压蒸馏时，预先粗略地估计出相应的沸点，对具体操作和选择合适的温度计与热浴都有一定的参考价值。

【实验装置】

减压蒸馏装置（见 2.2.6 节）。

【实验用品】

仪器：圆底烧瓶，克氏蒸馏头，毛细管，温度计，直形冷凝管，燕尾管，缓冲瓶，冷阱，压力计，干燥塔，真空泵等。

试剂：N,N-二甲基甲酰胺。

【实验步骤】

1. 安装减压蒸馏装置。按照图示装好仪器，安装完毕，检查装置的气密性：首先关闭安全瓶上的旋塞，拧紧蒸馏头上毛细管的螺旋夹，用真空泵抽气，观察能否达到要求的真空度，如果真空保持情况良好，说明系统密封性好。然后慢慢旋开安全瓶上的活塞，放入空气，直到内外压力相等。

2. 加料。在烧瓶中加入占其容量 $1/3 \sim 1/2$ 的 N,N-二甲基甲酰胺。

3. 减压蒸馏。旋紧毛细管上的螺旋夹，打开安全瓶上的两通活塞，然后开启真空泵，开始抽气，逐渐关闭活塞，从压力计上观察系统内压力大小，如果压力过低，小心旋转活塞，慢慢引进少量空气，使系统达到所要求的压力。调节毛细管上螺旋夹，使液体中有连续平稳的小气泡产生（如果没有气泡，可能是毛细管阻塞，应予更换）。当达到所要求压力且压力稳定后，通入冷却水，开始加热，热浴的温度一般比液体的沸点高出 $20 \sim 30 \text{℃}$。慢慢升温，液体沸腾时，调节热源控制蒸馏速度维持在 $1 \sim 2$ 滴/秒，蒸馏过程中密切注意温度计和压力计的读数，记录压力与温度数值。

4. 蒸馏结束时，应先停止加热，撤去热浴，慢慢旋开毛细管螺旋夹和安全瓶上的活塞（一定要慢慢地旋开，切勿快速打开），平衡内外压力，然后关闭真空泵（防止泵中油倒吸），停止通冷却水，最后拆卸仪器。

【思考题】

1. 在怎样的情况下采用减压蒸馏？

2. 使用油泵减压时，要有哪些吸收和保护装置？其作用是什么？

3. 进行减压蒸馏时，为什么必须用热浴加热，而不能直接用火加热？为什么进行减压蒸馏时须先抽气才能加热？

4. 当减压蒸完所要的化合物后，应如何停止减压蒸馏？为什么？

2.2.7 水蒸气蒸馏

水蒸气蒸馏是分离和提纯液态或固态有机物的一种方法。常用于下面几种情况：①从大量树脂状杂质或不挥发物质中分离有机物；②除去不挥发性的有机杂质；③从固体多的反应混合物中分离被吸附的液体产物；④某些沸点高于 100℃ 的有机物在其自身的沸点温度时容易被破坏，用水蒸气蒸馏可以在 100℃ 以下的温度蒸出。

1. 基本原理

水蒸气蒸馏操作是将水蒸气通入含有不溶或难溶于水但有一定挥发性的有机物质的混合物中，使该有机物在低于 100℃ 的温度下随水蒸气一起蒸馏出来。

当与水不互溶的有机物与水混合共热时，根据 Dalton 分压定律，整个体系的蒸气压为各组分之和。即：$p_{总} = p_A + p_水$，其中 $p_{总}$ 为总的蒸气压，p_A 为与水不相溶的有机物的蒸气压，$p_水$ 为水的蒸气压。如果水的蒸气压和有机物的蒸气压之和等于大气压，混合物就会沸腾，显然，此时的温度低于其中任一组分的沸点。在含有不溶于水且有一定挥发性的有机物质的混合物中，通入水蒸气进行水蒸气蒸馏时，在低于该物质的沸点及水的沸点（100℃）的某一温度下可使该物质和水一起被蒸馏出来，从而使该物质与混合物分离。因此，水蒸气蒸馏常用于蒸馏那些沸点很高且在接近或达到沸点温度时易分解、氧化、聚合的挥发性液体或固体有机物，除去不挥发性的杂质。但使用这种方法，被提纯化合物应具备下列条件：①不溶或难溶于水，如溶于水则蒸气压显著下降，例如丁酸比甲酸在水中的溶解度小，所以丁酸比甲酸易被水蒸气蒸馏出来，虽然纯甲酸的沸点（101℃）较丁酸的沸点（162℃）低得多；②在沸腾下与水不起化学反应；③在100℃左右该化合物应具有一定的蒸气压（一般不小于1333Pa，10mmHg）。

2. 水蒸气蒸馏装置

常用的水蒸气蒸馏装置如图2-32所示，由水蒸气发生器、三口烧瓶、蒸馏头、直形冷凝管、接引管和接收器等组成。在水蒸气导出管与导气管之间由一T形管相连接，T形管用来除去水蒸气中冷凝下来的水，在实验异常时可使水蒸气发生器与大气相通。被蒸馏液体的量不能超过圆底烧瓶容积的1/3，导气管应正对圆底烧瓶底中央，距瓶底8～10mm，以利于提高蒸馏效率。水蒸气发生器中一定要配置安全管，选用一根长玻璃管作安全管，管子下端要接近水蒸气发生器底部。使用时，注入的水不要过多，一般不要超出其容积的2/3。

水蒸气发生器与烧瓶之间的连接管路应尽可能短，以减少水蒸气在导入过程中的热损耗。

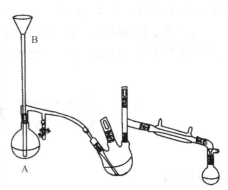

在水蒸气发生器中加入约占容器2/3的水，把待分离物放入三口烧瓶中，按图2-32安装好。将T形管的弹簧夹打开，加热水蒸气发生器使水沸腾，当有水蒸气从T形管中冲出时，关紧弹簧夹，使水蒸气通入烧瓶中。蒸馏过程中如果安全管内水柱上升或从顶端喷出，说明蒸馏系统内压力增高，应立即打开弹簧夹，移走热源，停止蒸馏。检查管道有无堵塞。如果蒸馏瓶内压力大于水蒸气发生器内的压力，将发生液体倒吸，也应立即打开弹簧夹。

图2-32　水蒸气蒸馏装置

如待蒸馏物的熔点高，冷凝后析出固体，则应调小冷凝水的流速或停止冷凝水流入，甚至将冷凝水放出，待物质熔化后再小心而缓慢地通入冷却水。

如由于水蒸气的冷凝而使蒸馏瓶内液体的量增加，可适当加热烧瓶，以减少水蒸气大量被冷凝，并可加快蒸馏速度。但要控制蒸馏速度，以2～3滴/秒为宜，以免发生意外。当馏出液澄清透明，不再含有油珠状的有机物时，就可停止蒸馏。停止蒸馏时，一定要先打开T形管，然后停止加热，如果先停止加热，水蒸气发生器因冷却而产生负压，会使烧瓶内的混合液发生倒吸。最后将收集馏出液转入分液漏斗，静置分层，除去水层，即得粗分离产物。

如仅需5mL以下水量就可完成的水蒸气蒸馏，则可用简易水蒸气蒸馏装置，如图2-33所示，即将5mL水加入烧瓶中，煮沸蒸馏就可达到很好的效果。对于需要5～10mL以上水量才能完成的水蒸气蒸馏，可用常量水蒸气蒸馏的微缩装置，如图2-34所示。

3. 水蒸气蒸馏的操作要点

（1）蒸馏瓶可选用圆底烧瓶，也可用三口烧瓶。被蒸馏液体的体积不应超过蒸馏瓶容积的1/3。将混合液加入蒸馏瓶后，打开三通下方的螺旋夹。开始加热水蒸气发生器，使水沸

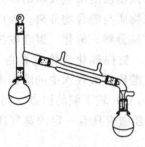

图 2-33　简易水蒸气蒸馏装置

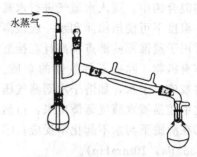

图 2-34　微量水蒸气蒸馏装置

腾。当有水从三通下面喷出时，将弹簧夹夹紧，使蒸汽进入蒸馏系统。调节进汽量，保证蒸汽在冷凝管中全部冷凝下来。

（2）在蒸馏过程中，若安全管中水柱突然上升至几乎喷出，说明蒸馏系统内压增高，可能系统内发生堵塞。应立刻打开 T 形管上的弹簧，移走热源，停止蒸馏，待故障排除后方可继续蒸馏。当蒸馏瓶内的压力大于水蒸气发生器内的压力时，将发生液体倒吸现象，此时，应打开 T 形管上的弹簧或对蒸馏瓶进行保温，加快蒸馏速度。

（3）当馏出液不再浑浊时，用表面皿取少量馏出液，在日光或灯光下观察是否有油珠状物质，如果没有，可停止蒸馏。

（4）停止蒸馏时先打开 T 形管上的弹簧夹，移走热源，待稍冷却后，将水蒸气发生器与蒸馏系统断开。收集馏出物或残液（有时残液是产物），最后拆除仪器。

实验 9　水蒸气蒸馏操作练习

【实验目的】

1. 了解水蒸气蒸馏的原理及应用范围。

2. 掌握水蒸气蒸馏的实验装置和操作方法。

【实验原理】

水蒸气蒸馏（见 2.2.7 节）。

【实验装置】

水蒸气蒸馏装置（见 2.2.7 节）。

【实验用品】

仪器：三口烧瓶，圆底烧瓶，T 形管螺旋夹，蒸馏头，螺帽接头，空心塞，直形冷凝管，真空接引管，锥形瓶，量筒，三角漏斗，玻璃管，分液漏斗等。

试剂：苯甲醛，水。

【操作步骤】

1. 安装水蒸气蒸馏装置

常用的水蒸气蒸馏装置，包括蒸馏、水蒸气发生器、冷凝和接收器 4 个部分。

在水蒸气蒸馏装置图中，A 是水蒸气发生器，通常盛水量以其容积的 2/3 为宜。安全玻璃管 B 几乎插到发生器 A 的底部。当容器内气压太大时，水可沿着玻管上升，以调节内压。如果系统发生阻塞，水便会从管的上口喷出。

水蒸气导出管与蒸馏部分导管之间由一 T 形管连接。T 形管用来除去水蒸气中冷凝下来的水，实验异常时可使水蒸气发生器与大气相通。蒸馏的液体量不能超过其容积的 1/3。水蒸气导入管应正对烧瓶底中央，距瓶底 8～10mm，导出管连接在一直形冷凝管上。

2. 水蒸气蒸馏

在水蒸气发生瓶中，加入约占容器 2/3 的水，待检查整个装置不漏气后，旋开 T 形管的螺旋夹，加热至沸。当有大量水蒸气产生并从 T 形管的支管冲出时，立即旋紧螺旋夹，水蒸气便进入蒸馏部分，开始蒸馏。在蒸馏过程中，通过水蒸气发生器安全管中水面的高低，可以判断水蒸气蒸馏系统是否畅通，若水平面上升很高，则说明某一部分被阻塞了，这时应立即旋开螺旋夹，然后移去热源，拆下装置进行检查（通常是由于水蒸气导入管被树脂状物质或焦油状物堵塞）和处理。如由于水蒸气的冷凝而使蒸馏瓶内液体量增加，可适当加热蒸馏瓶。但要控制蒸馏速度，以 2～3 滴/秒为宜，以免发生意外。

当馏出液无明显油珠，澄清透明时，便可停止蒸馏。其顺序是先旋开螺旋夹，然后移去热源，否则可能发生倒吸现象。

【思考题】

1. 水蒸气蒸馏的用途和条件？
2. 安全管与 T 形管的作用？
3. 蒸馏部分蒸汽导入管的末端为什么要插入到接近于容器底部？为何要辅助加热？
4. 如何判断水蒸气蒸馏可以结束？
5. 水蒸气蒸馏结束时，为何要先打开螺旋夹？

2.2.8 纸色谱

色谱法（chromatography）亦称色层法、层析法等，是分离、纯化和鉴定有机化合物的重要方法之一。色谱法首创于 1903 年，俄国植物学家茨维特首次成功地进行了植物色素的分离。将色素溶液流经装有吸附剂的柱子，结果在柱的不同高度显出各种色带，而使色素混合物得到分离。色层分析由此而得名。

色谱法的基本原理是利用混合物各组分在某一物质中的吸附或溶解性能（即分配）的不同，或其他亲和作用性能的差异，使混合物的溶液流经该种物质，进行反复的吸附或分配等作用，从而将各组分分开；流动的混合物溶液称为流动相；固定的物质（可以是固体或液体）称为固定相。根据组分在固定相中的作用原理不同，可分为吸附色谱、分配色谱、离子交换色谱、排阻色谱等；根据操作条件的不同，又可分为柱色谱、纸色谱、薄层色谱、气相色谱及高效液相色谱等。

色谱法在有机化学中的应用主要包括以下几个方面：①分离混合物，尤其是用化学方法很难分离的一些结构、性质相似的化合物；②精制提纯化合物；③利用比移值（R_f 值）鉴定化合物；④观察一些化学反应是否完成。

1. 原理

纸色谱为在纸上将混合物进行分离的色谱方法，分为分析型和制备型纸色谱。多数情况下，纸色谱的原理属于分配色谱原理，色谱滤纸为支持剂，滤纸纤维可以吸附 25%～30% 的水分，其中 6%～7% 的水分和滤纸结构中的羟基以氢键结合，为固定相。其他溶剂可自由通过，为流动相。流动相流经支持物时，与固定相之间连续抽提，使物质在两相间不断分配而得到分离。物质被分离后在纸色谱图谱上的位置用 R_f 值（比移值）来表示：

$$R_f 值 = 原点到色谱点中心的距离/原点到溶剂前沿的距离$$

在一定条件下，某种物质的 R_f 值是常数，其大小受物质的结构、性质、溶剂系统物质组成与比例、pH 值、选用滤纸质地和温度等多种因素影响。此外，样品中的盐分、其他杂质以及点样过多均会影响有效分离。

但由于影响比移值的因素较多，因而一般采用在相同实验条件下与对照物质对比以确定其异同。作为药品鉴别时，供试品在色谱中所显主斑点的颜色（或荧光）与位置，应与对照品在色谱中所显的主斑点相同。作为药品的纯度检查时，可取一定量的供试品，经展开后，按各药品项下的规定，检视其所显杂质斑点的个数或呈色（或荧光）的强度。作为药品的含量测定时，将主色谱斑点剪下洗脱后，再用适宜的方法测定。

无色物质的纸色谱图谱可用光谱法（紫外线照射）或显色法鉴定，氨基酸纸色谱图谱常用茚三酮显色法鉴定。

纸色谱适用于极性较大的亲水性化合物或极性差别较小的化合物的分离。

2. 实验方法

(1) 下行法

将供试品溶解于适当的溶剂中制成一定浓度的溶液。用微量吸管或微量注射器吸取溶液，点于点样基线上，溶液宜分次点加，每次点加后，自然干燥、低温烘干或经温热气流吹干，样点直径为 2～4mm，点间距离为 1.5～2.0cm，样点通常应为圆形。

将点样后的色谱滤纸上端放在溶剂槽内并用玻璃棒压住，使色谱纸通过槽侧玻璃支持棒自然下垂，点样基线在支持棒下数厘米处。

展开前，展开室内用各品种项下规定的溶剂的蒸气使之饱和，一般可在展开室底部放一装有规定溶剂的平皿或将浸有规定溶剂的滤纸条附着在展开室内壁上，放置一定时间，待溶剂挥发使室内充满饱和蒸气。

然后添加展开剂使浸没溶剂槽内的滤纸，展开剂即经毛细管作用沿滤纸移动进行展开，展开至规定的距离后，取出滤纸，标明展开剂前沿位置，待展开剂挥散后按规定方法检出色谱斑点。

(2) 上行法

点样方法同下行法。展开室内加入展开剂适量，放置待展开剂蒸气饱和后，再下降悬钩，使色谱滤纸浸入展开剂约 0.5cm，展开剂即经毛细管作用沿色谱滤纸上升。除另有规定外，一般展开至约 15cm 后，取出晾干，按规定方法检视。

展开可以向一个方向进行，即单向展开；也可进行双向展开，即先向一个方向展开，取出，待展开剂完全挥发后，将滤纸转动 90°，再用原展开剂或另一种展开剂进行展开；亦可多次展开、连续展开或径向展开等。

3. 注意事项

① 层析纸使用前应在 100℃的烘箱中干燥 1～2h，否则会产生拖尾现象。

② 画线时只能使用铅笔，不能使用其他笔。其他笔的颜色为有机染料，在有机溶剂中染料溶解，颜色会产生干扰。

③ 无论是画线还是点样，不能用手接触层析纸前沿线以下的任何部位，因为，手指上

有相当量的氨基酸，并足以在本实验方法中检出，干扰实验的进行。

④ 纸色谱须在密闭容器中展开。加入展开剂后，再等 20min 左右，使标本缸内形成此溶液的饱和蒸气。

⑤ 喷有显色剂的层析纸，在烘干时应注意温度的控制，温度太高，不但氨基酸会产生颜色，茚三酮也会产生颜色，干扰实验现象的观察。

⑥ R_f 值随分离化合物的结构，固定相与流动相的性质、温度以及纸的质量等因素而变化。当温度、滤纸等实验条件固定时，比移值就是一个特有的常数，因而可作定性分析的依据。

2.2.9 薄层色谱

薄层色谱（TLC）是近代发展起来的一种微量、快速而又简单的实验技术，它具有柱色谱和纸色谱的优点，不仅适用于小量样品（几微克）的分离，也适用于较大量样品的精制（可达 500mg），特别适用于挥发性较小，或在较高温度下容易发生变化而不能用气相色谱分离的化合物。常用的有吸附色谱和分配色谱两种。

薄层色谱是在洗涤干净的玻璃板上均匀涂一层吸附剂或支持剂，待干燥、活化后，将样品溶液用毛细管点在起点处，置薄层板于盛有少量展开剂的容器中，待展开剂到达前沿后取出，晾干，喷显色剂，测定色斑位置，计算 R_f 值。

1. 吸附剂

一般来说，柱色谱所用的吸附剂同样可用于薄层色谱。目前最常用的是硅胶和氧化铝，因为它们的吸附能力强，可分离的化合物类型比较广泛。其次是聚酰胺、硅酸镁、滑石粉等，而氧化钙、氧化镁、氢氧化钙（镁）、淀粉、蔗糖等因碱性太大或吸附性太弱，用途有限。化合物的吸附能力与它们的极性成正比，具有较大极性的化合物吸附能力较强，因而 R_f 值就小。因此，利用化合物的极性不同，可将它们分开。

2. 薄层板的制备

根据薄层载片的大小，称取适量的吸附剂（每块 3cm×10cm 的载片约用 1g），置于研钵中，加入一定比例的蒸馏水（硅胶约 1∶2，氧化铝约 1∶1），调成糊状物，然后采用如下两种涂布方法，制成薄层板。

（1）平铺法

可用自制的涂布器如图 2-35 所示，将洗净的几块玻璃板在涂布器中间摆好，上下两边各夹一块比前者厚 0.25～1mm 的玻璃板，将调好的糊状物倒入涂布器槽中，然后将涂布器

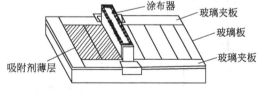

图 2-35　薄板涂布器

自左向右推去，即能将糊状物均匀涂于玻璃板上。若无涂布器，也可在玻璃板的左边倒入糊状物，然后用边缘光滑的不锈钢尺或玻璃片自左向右将糊状物刮开，即得一定厚度的薄层。

（2）倾注法

将调好的糊状物倒在玻璃板上，用手指夹住玻片两边左右摇晃，使表面均匀光滑（必要时可于平台处让一端接触台面，另一端轻轻跌落数次并互换位置），水平放置晾干。

薄层板制备的好坏直接影响色谱的结果，薄层应尽量均匀而且厚度（0.25～1mm）要固定，否则，在展开时溶剂前沿不齐，色谱结果也不易重复。

把涂好的薄层板放于室温晾干后，置烘箱内加热活化。硅胶板于 105～110℃ 烘干 30min，氧化铝板于 150～160℃ 烘干 4h，可得 Ⅱ～Ⅳ 活性级的薄层，活化后的薄层板放在干燥器内保存备用。

3. 点样

首先用铅笔在距薄层板长端 8～10mm 处画一条线，作为起始线，其上标出要点样品的位置及各个样品的编号或名称。然后取一根截齐管口的细的毛细管，蘸取样品溶液少许（一般以氯仿、丙酮、甲醇、乙醇、苯、乙醚或四氯化碳等低沸点溶剂，配成 1% 溶液），垂直地轻轻点在先前画好的点上，如图 2-36 所示。由于铺层疏松，吸液力强，容易造成点样太多，而使样品点太大，因此要特别小心。一旦毛细管与吸附剂接触，即要迅速移开，让溶剂挥发。如果样品浓度太低，可在原位置上重复点样一次或多次，每次点样都应点在同一圆心上。点的次数依样品溶液浓度而定，一般为 2～5 次，不要太多，以防拖尾。点样时不能太用力，否则易将吸附剂层戳破。样品点的直径在 3mm 左右为宜，两侧的点，不要太靠近边缘，以减少边缘效应。

4. 展开

薄层色谱展开剂的选择，主要是根据样品的极性、溶解度和吸附剂的活性等因素来考虑。溶剂的极性越大，对同一化合物的洗脱力越大，也就是说 R_f 值越大（如果样品在溶剂中有一定溶解度）。薄层色谱用的展开剂绝大多数是有机溶剂。

取一展开槽，向其中加入已选择好的按一定比例配制成的展开剂，然后将玻璃板倾斜放入其中，板的样品一端应浸在溶剂中，另一端则用木块垫高。调整木块位置，使液面与玻板的界线与铅笔线相平行。注意不要让样品点浸没在液面以下，否则样品将被溶解。没入部分两端也要一样齐，不能倾斜，否则斑点将不能以直线方向移动，影响 R_f 值的计算。待溶剂前沿快移动至玻板高端时取出（不要使溶剂爬过头），快速画出溶剂前沿，如图 2-37 所示。

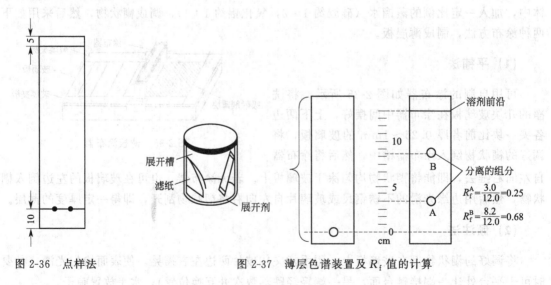

图 2-36　点样法　　　　图 2-37　薄层色谱装置及 R_f 值的计算

$$R_f^A = \frac{3.0}{12.0} = 0.25$$

$$R_f^B = \frac{8.2}{12.0} = 0.68$$

5. 显色

待溶剂挥发干后，对于含有荧光剂（硫化锌镉、硅酸锌、荧光黄）的薄层板，可在紫外光下观察，如分子中有发色基团或生色基团，展开后的有机化合物在亮的荧光背景上呈暗色斑点。

薄层色谱还可以使用腐蚀性的显色剂如浓硫酸、浓盐酸和浓磷酸等。具体使用的显色剂及配方，请参照有关的分析化学手册或专著。

另外，也可以用卤素斑点实验法来使薄层色谱斑点显色，这种方法是将几粒碘置于密闭容器中，待容器充满碘的蒸气后，将展开后的色谱板放入，碘与展开后的有机化合物可逆地结合，在几秒到数分钟内化合物斑点的位置呈黄棕色。但是当色谱板上仍有溶剂时，由于碘蒸气亦能与溶剂结合，致使色谱板显淡棕色，而展开后的有机化合物则呈现较暗的斑点。

色谱板自容器中取出后，呈现的斑点一般在 2～3s 内消失，因此必须立即用铅笔标出斑点的位置（如发现拖尾太长，"尾巴"不用圈入），然后计算 R_f 值。

$$R_f = \frac{起始线到斑点的距离}{起始线到溶剂前沿的距离}$$

出现"拖尾"现象，往往是点样次数过多或样品浓度太高造成的，会影响 R_f 值的测定。因此配制适当浓度的样品，控制点样的次数是能否顺利展开的关键之一。

实验 10　反式偶氮苯的光异构化及薄层色谱分离

【实验目的】

1. 了解薄层色谱的基本原理。
2. 掌握薄层色谱法的操作步骤和方法。

【实验原理】

见 2.2.9 节薄层色谱。

【实验装置】

薄层层析装置（见 2.2.9 节）。

【实验用品】

仪器：玻璃片，毛细管，展开槽（可用带塞的锥形瓶）。

试剂：A. 1%偶氮苯的四氯化碳溶液，B. 0.01%对二甲基偶氮苯的四氯化碳溶液，C. A 与 B 的混合液，四氯化碳，氯仿，硅胶等。

【操作步骤】

1. 薄层板的制备

薄层板制备的好坏，是实验成败的关键，薄层应尽可能牢固、均匀，厚度以 0.25～1mm 为宜。

铺层方法有平铺法和倾注法。本实验采用倾注法：称取一定量的硅胶 G 于 50mL 小烧杯中，加入 0.5%的羧甲基纤维素钠清液（一般每克硅胶 G 需要加入 3～4mL 0.5%的羧甲基纤维素钠清液；每克氧化铝 G 需要加入 2mL 0.5%的羧甲基纤维素钠清液），用玻璃棒轻轻搅匀（注意不要剧烈搅拌，以防将气泡带入匀浆，影响薄层质量）。然后迅速将匀浆倾注在两块洗净、晾干的载玻片上。用食指和拇指拿住玻璃片两端，前后左右轻轻摇晃，使流动的匀浆均匀地铺在玻璃片上，且表面光洁平整。然后放在已校正平面的平板上阴干，干后放入烘箱加热活化，调节烘箱缓缓升温至110℃恒温30min，取出放在干燥器中备用。

2. 点样

在离薄层板底端1～2cm处，用铅笔轻轻画出一条基线，在一块板上点A和C，另一块板上点B和C。点样时应选择管口平齐的玻璃毛细管，吸取少量样品液体，轻轻接触薄层板。如果一次点样不够，可等溶剂挥发后再点数次，但控制样品点的扩散直径不超过2mm，不同样品点间距大于1.5cm，样品点与玻板边缘距离大于5mm。

3. 展开

以3∶2的四氯化碳、氯仿混合液为展开剂，倒入展开槽内（液层厚度0.5mm），饱和5～10min。将点好样品的两块薄层板放入缸内，点样一端在下（注意样品点必须在展开剂液面之上）。盖好缸盖，此时展开剂沿着薄层板上升，当展开剂前沿上升到距顶端1cm左右时取出薄层板。尽快用铅笔标出前沿位置，晾干。

本实验所用样品本身有颜色，故无需显色。

4. R_f 值的计算

量出从原点到展开剂前沿以及到各色斑中心的距离。计算R_f值，并鉴别各色斑属于何种物质。

【注意事项】

1. 要得到黏结较牢的薄层板，玻璃片一定要洗干净，一般先用肥皂洗净，自来水、蒸馏水冲洗，必要时用酒精擦洗，洗净后只拿切面。

2. 薄层吸附色谱用的吸附剂和柱色谱用的一样，有氧化铝和硅胶等。硅胶G是由硅胶和作为黏合剂的煅石膏组成，使用时直接用0.5％的羧甲基纤维素钠清液调成匀浆。

3. 薄层色谱展开剂和柱色谱相同，主要根据样品的极性、溶解度和吸附活性等因素综合考虑。溶剂的极性越大，则对化合物的洗脱力越大，即R_f值越大。如果发现样品的R_f值较大，可以考虑换极性小的溶剂，或在原来展开剂中加入适量极性较小的溶剂去展开。

【思考题】

1. 样品斑点过大有何坏处？若将样品点浸入展开剂液面下面会有何结果？

2. 在分离偶氮苯和对二甲基偶氮苯时，若增加展开剂中氯仿的比例，二者的R_f值有何变化？

2.2.10 柱色谱

柱色谱常用的有吸附色谱和分配色谱两类。前者常用氧化铝或硅胶为吸附剂；后者以硅胶、硅藻土和纤维素为支持剂，以吸收较大量的液体作为固定相。下面主要介绍柱上吸附色谱的分离方法。

图2-38为一般柱色谱装置，其内装有氧化铝或硅胶等吸附剂。液体样品从柱顶加入，流经吸附柱时，即被吸附在柱的上端。当加入的洗脱剂流下时，由于不同化合物吸附能力不同，因而以不同的速度沿柱向下移动，形成若干色带。继续洗脱时，吸附能力最弱的组分随溶剂首先流出。这样在连续洗脱过程中，不同组分即不同色带就能分别收集到，从而达到分离纯化的目的。若是无色物质，可用紫外线照射后所呈现的荧光来检查，或用溶剂洗脱时，

分段收集，逐个加以鉴定（点板，R_f 值相同的为同一组分），合并相同组分的洗脱液，脱洗得单一组分。

1. 吸附剂

常用的吸附剂有氧化铝、硅胶、氧化镁、碳酸钙、活性炭或纤维素粉等。选择吸附剂的首要条件是不能与被分离物或展开剂起化学反应。吸附能力与其颗粒大小有关。颗粒小，表面积大，吸附能力就强，但若太小则流速慢。色谱用的氧化铝可分为酸性、中性和碱性三种。酸性氧化铝是用 1% 盐酸浸泡后，用蒸馏水洗至悬浮液 pH 值为 4~4.5，用于分离酸性物质；中性氧化铝 pH 值为 7.5，用于分离中性物质，应用最广；碱性氧化铝 pH 值为 9~10，用于分离生物碱、碳氢化合物等。吸附剂的活性与其含水量有关。含水量越低，活性越高。表 2-9 列出了氧化铝和硅胶的活性等级和含水量的关系。

图 2-38 柱色谱装置

表 2-9　吸附剂的活性和含水量的关系

活　　性	I	II	III	IV	V
氧化铝加水量/%	0	3	6	10	15
硅胶加水量/%	0	5	15	25	38

吸附剂的用量一般为被分离物质量的 20~50 倍，有时甚至高达 100 倍以上。化合物的吸附能力与分子极性有关，分子极性越强，吸附能力越大。

2. 溶剂

溶剂的选择是重要的一环，通常根据被分离物中各组分的极性、溶解度和吸附剂活性等来考虑。先将待分离的样品溶于尽量少的非极性溶剂中，从柱顶流入柱中，然后依次增大溶剂的极性，将不同极性的化合物依次洗脱，分别收集，为了提高溶剂的洗脱能力，亦可用混合溶剂洗脱。常用洗脱剂的极性按下列次序递增：石油醚、环己烷、四氯化碳、甲苯、苯、二氯甲烷、氯仿、乙醚、乙酸乙酯、丙酮、乙醇、甲醇、水、乙酸等。

3. 操作

根据被分离样品的量选择大小合适的色谱柱，柱高和直径之比一般为 7.5：1。先将色谱柱洗净，干燥后备用。装柱时先在柱底铺一层玻璃棉或脱脂棉，再铺一层约 5mm 厚的石英砂，然后将氧化铝（或硅胶粉）装入柱内，必须装填均匀，严格排除空气，吸附剂不能有裂缝。装填的方法有湿法和干法两种：湿法是先将溶剂装入柱内，再将氧化铝用极性小的溶剂调成糊状，慢慢倒入柱中，打开柱子下端活塞，让溶剂流出，使吸附剂渐渐下沉，必要时用木棒或试管夹轻轻敲击柱身，使装填紧密；干法是在柱上端放一漏斗，先将氧化铝均匀装入柱中，然后才加入极性小的溶剂至氧化铝全部润湿，或先将溶剂加入柱内约 3/4 处，随后在不断敲击下将氧化铝慢慢倒入柱中，使装填均匀（此时同样要打开柱子下端二通活塞）。装填完毕，在氧化铝顶部加一层约 5mm 厚的石英砂或一直径比柱内径略小的小圆滤纸，待溶剂流至砂面或滤纸表面时，加入要分离的物质溶液，等此溶液流至砂面或滤纸表面时，才能加入洗脱剂进行洗脱，整个洗脱过程都应用溶剂覆盖吸附剂。

实验 11 胡萝卜素的柱色谱分离

【实验目的】

1. 了解吸附色谱法的基本原理及应用。
2. 掌握吸附色谱的基本操作技术。

【实验原理】

胡萝卜素存在于辣椒和胡萝卜等黄绿色植物中，因其在动物体内可转变成维生素 A，故称为维生素 A 原。胡萝卜素可用酒精、石油醚和丙酮等有机溶剂从食物中提取出来，且能被氧化铝（Al_2O_3）所吸附。由于胡萝卜素与其他植物色素的化学结构不同，它们被氧化铝吸附的强度以及在有机溶剂中的溶解度不相同，故将提取液利用氧化铝分离，再用石油醚等冲洗色谱柱，即可分离成不同的色带。同植物其他色素比较，胡萝卜素吸附最差，跑在最前面，故最先被洗脱下来。

【实验装置】

柱色谱装置（见 2.2.10 节）。

【实验用品】

仪器：研钵，试管，量筒，吸管，分液漏斗，小烧杯，色谱柱，滴管，铁架台，蒸发皿，恒温水浴锅等。

试剂及材料：95％乙醇，石油醚，1％丙酮的石油醚（1∶100，体积比），Al_2O_3（固体），无水 Na_2SO_4，三氯化锑/氯仿溶液（称取三氯化锑 22g，加 100mL 氯仿溶解后，贮于棕色瓶中），新鲜红辣椒（或干红辣椒），棉花，滤纸等。

【实验内容】

1. 提取

方案一：称取新鲜红辣椒 12g 左右（或干红辣椒 2～3g），去籽剪碎后置研钵中研磨。加入 95％乙醇 4mL，研磨至提取液呈深红色，加入丙酮 4mL 继续研磨至成匀浆，加入蒸馏水 20mL。混匀后，以四层纱布（或棉花）过滤，收集全部滤液至分液漏斗中，加入石油醚 6mL，振荡数次后静置片刻。弃去下面的水层，再以蒸馏水 20mL 洗涤数次，直至水层透明为止，借以除去提取液中的乙醇。将橘黄色的石油醚层倒入干燥试管中，加少量 Na_2SO_4 除去水分，用软木塞塞紧，以免石油醚挥发。

方案二：取干红辣椒皮 2g，剪后放入研钵中，加 95％乙醇 4mL，研磨至提取液呈深红色，再加石油醚 6mL 研磨 3～5min，此时，若石油醚挥发过多，可再加 4mL 左右，提取液颜色愈深，则表示提取的胡萝卜素愈多。将提取液先用纱布过滤，再置于分液漏斗中，用 20mL 蒸馏水洗涤数次，直至水层透明为止，借以除去提取液中的乙醇。然后将红色石油醚层倒入干燥试管中，加少量无水硫酸钠除去水分，用软木塞塞紧试管口，以防石油醚挥发。

2. 装柱

取直径为 1cm、长为 16cm 的色谱柱并垂直安装在铁架台上，在其底部放少量棉花，然后自柱的顶端沿管内壁缓缓加入石油醚-氧化铝悬浮液至柱顶部，待氧化铝在柱中沉积约 10cm 时，于其柱床上铺一张略小于色谱柱内径的圆形小滤纸（或棉花）（装柱要均匀，无断层，柱床表面要水平）。

3. 色谱分离

用吸管取样品-石油醚提取液 1mL，沿柱内壁缓缓加入（注意切勿破坏柱床面），待样品-石油醚提取液全部进入色谱柱时立即加入含 1‰ 丙酮-石油醚冲洗，使吸附在柱上端的物质逐渐展开成为不同的色带。仔细观察色带的位置、宽度与颜色，并绘图记录。跑在最前方的橘黄色带即为胡萝卜素，待该色素接近色谱柱下端时，用一试管接收此橘黄色液体，然后倒入蒸发皿内，于 80℃ 水浴上蒸干，滴入三氯化锑氯仿溶液数滴，可见蓝色反应，借此鉴定胡萝卜素。

【注意事项】

1. 红辣椒等一定要研磨彻底，以破坏植物细胞释放出胡萝卜素，实验中加入 4mL 丙酮有利于对胡萝卜素的提取，此法可分离得到 5～6 条色带，最前面的色素为橘红色的胡萝卜素，紧随其后的分别为番茄红素和叶黄素等。

2. 吸附剂的活性和吸附剂的含水量有关，若先用高温处理（350～400℃ 烘烤 3h），可除去水分，提高其吸附力，但市售的氧化铝一般不需要高温处理即可达到满意的分离效果。

3. 装柱时，不能使氧化铝有裂缝和气泡，否则影响分离效果。氧化铝的高度一般为玻璃柱高度的 3/4，装好柱后柱上面覆一层滤纸，以保持柱上端顶部平整，若顶部不平，将产生不规则的色带。溶媒中丙酮可增强洗脱效果，但含量不宜过多，以免洗脱过快，使色带分离不清晰。

4. 分离过程中，要连续不断地加入洗脱剂，并保持一定高度的液面，在整个操作过程中应注意不使氧化铝表面的溶液流干。

5. $SbCl_3$ 腐蚀性较强，使用过程中勿接触皮肤。$SbCl_3$ 遇水生成碱式盐 $[Sb(OH)_2Cl]$，再变成氯氧化锑（$SbOCl$），此化合物与胡萝卜素不发生作用，可出现浑浊。

【思考题】

1. 吸附色谱法的基本原理是什么？
2. 为使胡萝卜素的分离效果更佳，操作中应注意什么？

2.3 产物分析技术

2.3.1 熔点的测定

物质的熔点是指固体物质与其熔融态相互平衡时的温度。大多数晶状有机物都具有固定的熔点，即在一定压力下，固液的变化是非常敏锐的，其熔程（自初熔至全熔）一般不超过 0.5℃。如该物质不纯时，则其熔点往往较纯者低，且熔程增长。因此，测定熔点对于鉴定纯的有机物具有重大的意义。

1. 基本原理

图 2-39 是物质的蒸气压与温度的关系曲线图，曲线 SM 表示物质固相的蒸气压与温度的关系，曲线 ML 表示液相的蒸气压与温度的关系，由于固相的蒸气压随温度变化的速率较相应的液相大，两曲线相交于 M，在交叉点 M 处，固液两相蒸气压一致，固液两相平衡共存，此时的温度 T_M 即为该物质的熔点。当温度高于 T_M 时，所有的固体全部转化为液

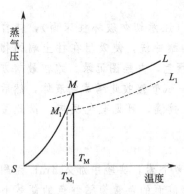

图 2-39 物质的蒸气压与
温度的关系

体；当温度低于 T_M 时，则由液体转变为固体。只有在温度为 T_M 时，固液两相的蒸气压才是一致的，此时固液两相才可能同时并存。这就是纯晶体有机化合物有固定和敏锐熔点的道理。因此，要精确地测定熔点，就必须使融化过程尽可能接近于两相平衡状态。所以在接近熔点时，加热速度一定要慢，以 $1\text{℃} \cdot \text{min}^{-1}$ 为宜。

当有杂质存在时，根据 Raoult 定律可知，在一定的压力和温度下，在溶剂中增加溶质的物质的量，导致溶剂蒸气分压降低（见图 2-39 中 M_1L_1），因此该化合物的熔点必低于纯化合物的熔点（$T_{M_1} < T_M$）。根据这个道理，通常将熔点相同的两个样品混合后（至少按三种比例混合，1：9、1：1、9：1）测定其熔点，若测量的熔点不变，即可认为这两种样品为同一种化合物。

2. 测定方法

测定熔点的装置和方法多种多样，大体上可分为两类：一类是毛细管法，另一类是显微熔点测定法。

（1）毛细管法

毛细管法是一种古老而经典的方法，优点是简单方便，缺点是在测定过程中看不清可能发生的晶形变化。

毛细管法测定熔点，是将晶体样品研细后装入特制的毛细管中，将毛细管粘在温度计上，使装有样品的一端与温度计的水银球相平齐。将温度计插入某种载热液体。加热载热液，观察样品及温度的变化，记下晶体熔化时的温度，即为该样品的熔点。毛细管法测定熔点所用的装置也有多种，图 2-40 列出了其中的几种。

图 2-40 中，（a）为最简单的无搅拌装置；（b）为带有搅拌的简单装置，使用时用手指勾住吊环一拉一松，吊环上的细线即带动搅拌棒上下运动，起到搅拌作用；（c）为双浴式装置，温度计插入内管中，加热外面的浴液即可使内管均匀受热。内管中可装入少量浴液，也可以不装浴液而以受热的空气浴加热；（d）为可以同时插入两根毛细管的装置。（a）（c）（d）中的塞子都应带有切口或锉有侧槽，以免造成密闭系统，在加热时发生危险。

测定熔点所用的载热液体，应具有沸点较高、挥发性甚小、在受热时较为稳定等特点。常用的载热液有以下几种。

① 浓硫酸。价廉易得，适用范围 220℃ 以下，更高温度下会分解放出三氧化硫。缺点是易于吸收空气中水分而变稀，所以每次使用后需用实心塞子塞紧容器口放置。

② 磷酸。适用范围 300℃ 以下。

③ 浓硫酸与硫酸钾的混合物。当硫酸与硫酸钾的比例为 7：3 或 5.5：4.5 时适用范围为 220～320℃，当此比例为 6：4 时，可测至 365℃。但这些混合物在室温下过于黏稠或呈半固态，因而不适于测定熔点较低的样品。

此外，也可用石蜡油或植物油作载热液，其缺点是长期使用易于变黑。硅油无此缺点，但较昂贵。

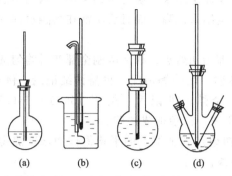

图 2-40　毛细管法测定熔点的几种装置

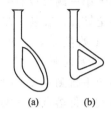

图 2-41　提勒管

在毛细管法中，目前应用最广泛的是提勒管法。提勒管（Thiele tube）的主管像一支试管，其尾部卷曲与主管相连，如图 2-41（a）所示。图中（b）为改进型的提勒管，因其形状像英文字母 b，所以也称 b 形管或 b 管。目前 b 形管的应用更广泛一些。用提勒管法测定熔点的操作步骤如下。

① 安装装置　将提勒管竖直固定于铁架台上，加入选定的载热液，载热液的用量应使插入温度计后其液面高于上支管口的上沿约 1cm 为宜。插入带有塞子的温度计。温度计的量程应高于待测物熔点 30℃ 以上。温度计的安装高度应使其水银球的上沿处于提勒管上支管口下沿以下约 2cm 处。如用 b 管，则应使温度计的水银球处于上、下支管口的中间位置。温度计需竖直、端正，不能偏斜或贴壁。塞子以软木塞为好，无软木塞时也可用橡皮塞，但橡皮塞易被有机载热液溶胀，也易被硫酸载热液碳化而污染载热液，所以应尽量避免橡皮塞触及载热液。塞子的侧面应用小刀切一小口，以利透气和观察温度，在该段温度不需观察的情况下，也可用三角锉刀锉出一个侧槽而不切口。

② 装样　取充分干燥的固体样品少许，置于干燥洁净的表面皿上，用玻璃钉将其研成细粉，然后拢成一个小堆，把熔点管开口端向下插入样品堆中，即有一部分样品进入熔点管。把熔点管倒过来使开口端向上，从一根竖直立于实验台上的长约 40cm 的内壁洁净干燥的玻璃管上口丢下，使熔点管在玻管中自由落下，样品粉末即振落于熔点管底部。再将熔点管倒过来使开口端向下，重新插入样品堆中并重复以上操作。经数次之后，熔点管底部的样品积至约 3mm 高时，可使熔点管在玻璃管中多落几次，以使样品敦实紧密。最后用吸水纸将熔点管外壁沾着的固体粉末擦净，以免污染载热液。

③ 测定和记录　把温度计从硫酸中取出，在提勒管内壁上刮去过多的硫酸。借助于温度计上残余硫酸的黏合力将装好了样品的熔点管黏附在温度计上，使熔点管内的样品处于温度计水银球的侧面中部位置。将温度计连同黏附的熔点管一起小心地插回提勒管中去，使熔点管仍然竖直地紧贴温度计，处于靠近上支管口一侧或其对面一侧。因为前者在加热时会受到来自上支管口的回流的载热液的直接冲击而被紧紧压在温度计上；后者则会被温度计背面所产生的液体涡旋紧压在温度计上，如图 2-42 所示。温度计的刻度应处于方便观察的角度。最后点燃煤气灯，在上下支管交合处加热。开始加热速度可稍快，每分钟上升 2～3℃；当温度升至样品熔点以下 5～10℃ 时，减慢加热速度使每分钟上升 1℃；

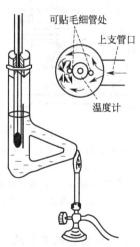

可贴毛细管处
上支管口
温度计

图 2-42　提勒管法
熔点测定装置

在接近熔点时加热速度宜更慢。正确控制加热速度是测定结果准确与否的关键。因为传热需要时间，如果加热太快，来不及建立平衡，会使测定结果偏高，而且看不清在熔融过程中样品的变化情况。

样品中出现第一滴可以看得见的液珠时的温度即为初熔点；样品刚刚全部变得均匀透明时的温度即为全熔点。在初熔之前还往往会出现萎缩、塌陷等情况，也需详细记录。例如，样品在 154℃ 开始萎缩，155.5℃ 初熔，156.5℃ 全熔，可记为：熔程 155.5～156.5℃（154℃萎缩）。读数时眼睛应与温度计汞线上端相平齐，以免造成视差。

每个样品应平行测定 2～3 次，以各次测得的初熔点和全熔点的平均值作为该次测得的熔点，而以各次所得熔点的平均值作为最终测定结果。

每测完一次后移开火焰，待温度下降至熔点以下约 30℃ 后取出温度计，将熔点管拨入废物缸，重新粘上一支新的已装好样品的熔点管做下一次测定，不可用原来的熔点管做第二次测定。因为样品重新凝固后可能晶态有所改变，不一定能再现前一次的测定结果。当需要测定几个不同样品的熔点时，应按照熔点由低到高的顺序依次测定，因为等待载热液的温度下降需要较长的时间。测定未知物的熔点时，可用较快的升温速度先粗测一次，确定熔点的大致范围后，再按照已知样品那样做精确测定。如果样品易于升华，在装好样品后可将熔点管的开口端也用小火熔封，然后测定。

在测定工作全部结束后，取出温度计，用实心塞子塞紧提勒管口，以免载热液吸水或被污染。取出的温度计需冷至接近室温，用废纸揩去硫酸后再用水冲洗。不可将热的温度计直接用水冲洗，否则可能造成温度计炸裂。

④ 常见故障的处理　若载热液变黑无法观察，在硫酸为载热液时，可加入少量硝酸钾固体并加热，一般能变得较为清亮，便于观察。当载热液为有机液体时，则需更换载热液。

若温度计插入后，熔点管倾斜、漂浮或贴壁，可能有两种原因：一是操作上的失误，二是毛细管太粗，浮力过大。前者需要将熔点管取出重新黏附好，再小心地插入；后者需用一小橡皮圈在靠近开口端的地方将熔点管固定在温度计上。在这种情况下应小心地避免橡皮圈接触和污染载热液。如果在加热之前样品迅速自下而上地变黑，则是熔点管底部封结不好，有硫酸渗入，样品碳化，需更换熔点管。如遇加热过快而未能准确地看清熔程时，也需更换熔点管，重新测定。

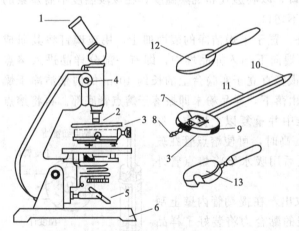

图 2-43　显微熔点测定仪
1—目镜；2—物镜；3—电加热台；4—手轮；5—反光镜；
6—底座；7—可移动的载片支持器；8—调节载片支持
器的拨围圈；9—连接可变电阻器插孔；10—温度计套管；
11—温度计；12—表盖玻璃；13—金属散热板

(2) 显微熔点测定法

显微熔点测定仪是在普通显微镜的载物台上装置一个电加热台，如图 2-43所示。样品是被夹在两片 18mm 见方的载玻片之间，放置在电热台上，由可变电阻器控制加热台内的电热丝加热，通过目镜和物镜观察样品的晶形及变化。装温度计的金属套管水平地装置于电热台侧面。利用显微熔点测定仪测定熔点的操作步骤如下。

① 在采光良好的实验台面上放好显微熔点测定仪，在电热台侧面装上温度计套管，在套管中插入选定的温度计并转动至便于观察的角度。

② 将与仪器配套的可变电阻的输出插头插入电热台侧面的插孔。

③ 用不锈钢刮匙挑取微量样品放在一块 18mm×18mm 的干净载玻片上，再用另一块同样的载玻片将样品盖好，轻轻按压并转动，使上、下两块玻片贴紧。用干净的镊子将玻片夹好，小心平放于电热台上，然后用拨物圈移动载玻片，使样品位于电热台中心的小孔上。转动反光镜并缓缓旋转手轮，调节显微镜焦距，使晶体对准光线的入射孔道，至视野中获得最清晰的图像为止。

④ 盖上桥玻璃（桥玻璃宽 20mm，长 30mm，高 3～4mm，是用来保温的），再盖上表盖玻璃形成热室。重新调节显微镜焦距，使物像清晰。

⑤ 调节可变电阻的旋钮到与被测物的熔点相匹配。与仪器配套的可变电阻的刻度盘上往往直接标出相应的位置所能达到的温度上限，因而可以直接确定旋钮停留的最佳位置。然后接通电源，开始加热，观察温度变化并通过显微目镜观察样品的晶形变化。当晶体棱角开始变圆时即为初熔，当晶体刚刚全部消失，变为均一透明的液体时的温度即为全熔，在此过程中可能会相伴产生其他现象，如晶形改变等，都要详细记录。

⑥ 测定完毕，切断电源，取下盖玻璃和桥玻璃，用镊子小心地取下载玻片。如需再测一次或测定另一个样品，可将金属散热板放在电热台上，待温度下降到熔点以下约 30℃ 时取下金属散热板，换上另两片夹有样品的载玻片进行测定。

⑦ 全部测定工作结束，切断电源，拔下可调电阻的输出插头，取出温度计，旋下温度计套管。用脱脂棉球蘸取丙酮擦去载玻片上的样品，用丙酮洗净，收入原来的盒子。将各部件收入原来的位置。

显微熔点测定法中，样品也可以装在毛细管中，以电加热，通过放大镜观察样品熔融情况，称为电热熔点仪。

（3）数字熔点仪测定法

① 仪器工作原理　物质在结晶状态时反射光线，在熔融状态时透射光线。因此，物质在融化过程中随着温度的升高会产生透光率的突跃。如图 2-44 所示，图中点 A 所对应的温度 t_a 称为初熔点；点 B 所对应的温度 t_b 称为终熔点（全熔点）。

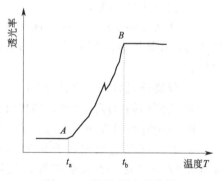

图 2-44　温度-透光度曲线

WRS-1A 型数字熔点仪采用光电检测，数字温度显示等技术，具有初熔、终熔自动显示等功能。温度系统应用了线性校正的铂电阻作检测元件，并用集成化的电子线路实现快速"起始温度"设定及八挡可供选择的线性升温速率自动控制。初熔读数可自动储存，具有无需人监视的功能。仪器采用药典规定的毛细管作为样品管。

② WRS-1B 型数字熔点仪主要技术参数和规格

熔点测定范围：室温～300℃。

"起始温度"设定速率：50℃至 300℃不大于 3min；
　　　　　　　　　　　300℃至 50℃不大于 5min。

数字温度显示最小读数：0.1℃。

线性升温速率：0.5℃·min^{-1}，1℃·min^{-1}，1.5℃·min^{-1}，3℃·min^{-1}四挡。

线性升温速率误差：小于200℃时10%；大于200℃时15%。

重复性：升温速率1℃·min^{-1}时为0.4℃。

毛细管尺寸：内径0.9～1.1mm。

径厚：0.1～0.15mm。

长度：120mm。

电源：AC 220V±22V；50±1Hz。

功率：100W。

尺寸（长、宽、高）：550mm×330mm×210mm。

质量（净重）：20kg。

RS232接口：波特率9600，1位停止位，8位数据位。

③ 操作步骤

ⅰ 开启电源开关，稳定20min，此时，保温灯、初熔灯亮，电表偏向右方，初始温度为50℃左右。

ⅱ 通过拨盘设定起始温度，通过起始温度按钮，输入此温度，此时预置灯亮。

ⅲ 选择升温速率，将波段开关调至需要的位置。

ⅳ 预置灯熄灭时，起始温度设定完毕，可插入样品毛细管。此时电表基本指零，初熔灯熄灭。

ⅴ 调零，使电表完全指零。

ⅵ 按下升温钮，升温指示灯亮（注意！忘记插入带有样品的毛细管按升温钮，读数屏将出现随机数提示纠正操作）。

ⅶ 数分钟后，初熔灯先闪亮，然后出现终熔读数显示，欲知初熔读数，按初熔钮即得。只要电源未切断，上述读数值将一直保留至测下一个样品。

④ 使用注意事项

ⅰ 样品按要求焙干，在干燥和洁净的研钵中研碎，用自由落体法敲击毛细管，使样品填结实，样品填装高度应不小于3mm。同一批号样品高度应一致，以确保测量结果的一致性。

ⅱ 仪器开机后自动预置到50℃，炉子温度高于或低于此温度都可用拨盘快速设定。

ⅲ 达到起始温度附近时，预置灯交替发光，此乃炉温缓冲过程，平衡后二灯熄灭。

ⅳ 设定起始温度切勿超过仪器使用范围，否则仪器将会损坏。

ⅴ 某些样品起始温度高低对熔点测定结果是有影响的，应确定一定的操作规范。建议提前3～5min插入毛细管，如线性升温速率选1℃·min^{-1}，起始温度应比熔点低3～5℃，速率选3℃·min^{-1}，起始温度应比熔点低9～15℃，一般应以实验确定最佳测试条件。

ⅵ 线性升温速率不同，测定结果也不一致，要求制订一定规范。一般速率越大，读数值越高。各挡速率的熔点读数值可用实验修正值加以统一。未知熔点值的样品可先用快速升温或大的速率，等到确定初步熔点范围后再精测。

ⅶ 有参比样品时，可先测参比样品，根据要求选择一定的起始温度和升温速率进行比较测量，用参比样品的初终熔读数作考核的依据。有熔点标准温度传递标准的单位可根据邻近标准品读数对结果加以修正。

ⅷ 被测样品最好一次填装5根毛细管，分别测定后去除最大最小值，取用中间三个读数的平均值作为测定结果，以消除毛细管及样品制备填装带来的偶然误差。

毛细管插入仪器前应用干净软布将外面的沾污的物质清除，否则日久后插座下面会积垢，导致无法检测。

ⅸ 测完较高熔点样品后再测较低熔点样品，可直接用起始温度设定拨盘及按钮实现快速降温。

ⅹ 有些样品的熔化曲线中会有缺口出现，指零电表会产生摆动，终熔读数会变动两次，这是由于固态结晶在熔化过程中进入半透明视场所致，易影响终熔测定结果。为此，读取终熔数时，需在显示后待电表示值到最大时读数。如因装样不良而造成上述情况，应再次装样测定。

实验 12　微量法测熔点

【实验目的】

1. 了解熔点测定的意义。
2. 掌握熔点测定的操作方法。

【实验原理】

熔点是固体有机化合物固液两态在大气压力下达成平衡的温度，纯净的固体有机化合物一般都有固定的熔点，固液两态之间的变化是非常敏锐的，初熔至全熔（称为熔程）的温度不超过 $0.5 \sim 1 ℃$。

化合物温度不到熔点时以固相存在，加热使温度上升，达到熔点时，开始有少量液体出现，此后，固液两相平衡。继续加热，温度不再变化，此时加热所提供的热量使固相不断转变为液相，两相间仍为平衡，最后的固体熔化后，继续加热则温度线性上升。因此在接近熔点时，加热速度一定要慢，每分钟温度升高不能超过 $2℃$，只有这样，才能使整个熔化过程尽可能接近于两相平衡条件，测得的熔点也越精确。

【实验装置】

提勒管法熔点测定装置（见 2.3.1 节）。

【实验用品】

仪器：熔点管，长玻璃管，b 形管，温度计等。

试剂：乙酰苯胺、苯甲酸和乙酰苯胺混合物、纯净水。

【实验步骤】

1. 熔点管的制备

毛细管的直径一般为 $1 \sim 2mm$，长 $50 \sim 70mm$。毛细管一端用小火封闭，直至毛细管封闭端的内径有两条细线相交或无毛细现象。

2. 试样的装入

取样品少量放在洁净的表面玻璃上研成粉末。将毛细管开口一端插入粉末中，再使开口一端向上轻轻在桌面上敲击，使粉末落入管底。亦可将装有样品的毛细管反复通过一个长玻璃管，自由落下，这样也可使样品很均匀地落入管底。样品高 $2 \sim 3mm$。样品必须均匀地落入管底，否则不易传热，影响测定结果。利用传热液体可将毛细管粘贴在温度计旁，样品的位置须在温度计水银球中间。

3. 熔点的测定

熔点测定的操作关键是用小火缓缓加热，以 $3\sim4℃\cdot min^{-1}$ 的速度升高温度至与所预料的熔点相差 15℃ 左右时，减弱加热火焰，使温度上升速度为 $1\sim2℃\cdot min^{-1}$ 为宜。此时应特别注意温度的上升和毛细管中样品的情况。记录当毛细管中样品开始塌落并有液相产生时（初熔）和固体完全消失时（全熔）的温度，此即为样品的熔点。

【注意事项】

1. 样品的填装必须紧密结实，高度为 $2\sim3$mm。
2. 熔点测定时，注意使温度计水银球位于 b 形管上下两叉口之间。
3. 控制升温速度，并记录样品的熔点范围。

【思考题】

1. 三个瓶子中分别装有 A、B、C 三种白色结晶的有机固体，每一种都在 149～150℃ 熔化。一种 50：50 的 A 与 B 的混合物在 130～139℃ 熔化；一种 50：50 的 A 与 C 的混合物在 149～150℃ 熔化；那么 50：50 的 B 与 C 的混合物在什么样的温度范围内熔化呢？你能说明 A、B、C 是同一种物质吗？

2. 测定熔点时，若遇下列情况，将产生什么样结果？

ⓐ 熔点管壁太厚。

ⓑ 熔点管底部未完全封闭，尚有一针孔。

ⓒ 熔点管不洁净。

ⓓ 样品未完全干燥或含有杂质。

ⓔ 样品研得不细或装得不紧密。

ⓕ 加热太快。

2.3.2 沸点的测定

当纯净液体物质受热至其蒸气压与外界压力相等时就会沸腾，此时的温度就是该物质的沸点。沸点是有机化合物的物理常数之一，通过测定沸点可以鉴别有机化合物，并判断其纯度。

液态物质在一定的温度下具有一定的蒸气压，且其数值随温度的升高而增大。当液体的蒸气压增大到与外界施加于液面的压力相等时，就有大量的气泡从液体内部逸出，即液体沸腾，此时的温度称为液体的沸点。显然，沸点与所受外界压力的大小有关。纯的液态有机化合物在一定的压力下具有固定的沸点。

测定沸点的方法有常量法与微量法。常量法一般是通过蒸馏来测定，所以用量较大（10mL 以上），参见 2.2.4 节简单蒸馏。若样品不多时，可采用微量法。

取一根一端封闭的内径 $3\sim4$mm、长 $7\sim8$cm 的毛细管作为沸点管的外管，滴入待测定样品 $2\sim3$ 滴，然后插入一根下端距管口约 5mm 处已封闭的内径约 1mm、长 $4\sim5$cm 毛细管作内管，然后用小橡皮圈将沸点管贴于温度计水银球旁，如图 2-45 所示，放入热浴中进行加热，热浴可用提勒管。加热时，由于气体膨胀，内管中会有小气泡断断续续逸出，当达到该样品的沸点时，会出现一连串的小气泡，此时可停止加热，使浴温自行冷却，气泡逸出速度随之渐渐地减慢，当最后一个气泡出现而刚要缩回内管时，表示毛细管内的蒸气压与外界压力相等，此时的温度即为该液体的沸点。

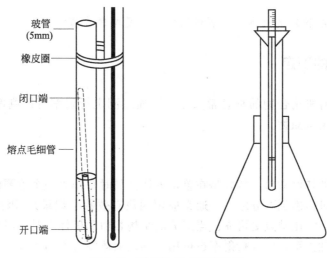

玻管
(5mm)

橡皮圈

闭口端

熔点毛细管

开口端

图 2-45　微量法沸点测定装置

实验 13　微量法测定沸点

【实验目的】

1. 了解沸点测定的原理和意义。

2. 掌握沸点测定的操作方法。

【实验原理】

沸点即化合物受热时其蒸气压升高，当达到与外界大气压相等时，液体开始沸腾，此时液体的温度即是沸点，物质的沸点与外界大气压的改变成正比。测定液体的蒸气压与外界施于液面的总压力相等时对应的温度就是液体的沸点。

【实验装置】

微量法沸点测定装置（见 2.3.2 节）。

【实验用品】

仪器：温度计，硅油，铁架台，沸点管等。

试剂：无水乙醇。

【实验步骤】

取一根内径 2～4mm、长 8～9cm 的玻璃管，用小火封闭其一端，作为沸点管的外管，放入欲测定沸点的样品 4～5 滴，在此管中放入一根长 7～8cm、内径约 1mm 的上端封闭的毛细管，即开口处浸入样品中，与熔点测定装置相同。加热，由于气体膨胀，内管中有断断续续的小气泡冒出，到达样品沸点时，将出现一连串小气泡，此时应停止加热，使油浴温度下降，气泡逸出的速度即渐渐减慢，仔细观察，最后一个气泡出现而刚欲缩回到管内的瞬间温度即表示毛细管内液体蒸气压与大气压平衡时的温度，亦就是该液体的沸点。

【思考题】

1. 用微量法测定沸点，把最后一个气泡刚欲缩回至管内的瞬间的温度作为该化合物的沸点，为什么？

2. 如果液体具有恒定的沸点，能否说明它一定是纯净物质？

2.3.3 折射率的测定

折射率是液体有机化合物的物理常数之一。通过测定折射率可以判断有机化合物的纯度，也可以用来鉴定未知物。

1. 基本原理

折射率是物质的特性常数，特别是在鉴定液体样品时常作为一个重要的参数。对于纯净液体，折射率测定可精确到万分之一（通常应用四位有效数字记录）。因此，可作为液体物质纯度的衡量标准，它比沸点更可靠。当组分的结构相似和极性小时，混合物的折射率和摩尔组成之间常呈线性关系。所以折射率也可用于确定液体混合物的组成。

物质的折射率随入射光线的波长、测定温度、被测物质的结构、压力等因素而受化，折射率的表示须注明光线的波长 λ、测定温度 t，常表示为 n_{D}^{t}，D 为钠光 D 线的波长。一般温度升高 1℃，液体化合物折射率降低 $(3.5 \sim 5.5) \times 10^{-4}$（为了便于计算，常采用 4×10^{-4} 为温度变化常数）；大气压力的变化对折射率影响不大，一般的测定不考虑压力影响。

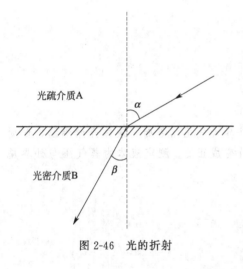

图 2-46 光的折射

2. 阿贝折光仪

由于光在两个不同介质中传播速度不同，当光从一个介质进入另一个介质中时，它的传播方向改变，称为光的折射，如图 2-46 所示。根据折射定律，入射角 α 与折射角 β 的正弦之比和两个介质的折射率成反比：

$$\frac{\sin\alpha}{\sin\beta} = \frac{n_{\mathrm{B}}}{n_{\mathrm{A}}}$$

当入射角 α 为 90，$\sin\alpha = 1$，此时折射角达到最大值，称为临界角，用 β 表示。一般测定折射率都是采用空气作为近似真空标准状态，即 $n_{\mathrm{A}} = 1$，所以

$$n = \frac{1}{\sin\beta}$$

阿贝折光仪的测量原理便是基于测定全反射时的临界角，同时用多色光（例如日光）作光源得到用 D 线时的折射率。

阿贝折光仪的主要组成部分是两块直角棱镜，上面一块是光滑的，下面一块表面是磨砂的，如图 2-47 所示。样品滴在两块棱镜之间。从左边镜筒可以看到刻度盘，上面刻有 1.3000～1.7000 的刻度；右边的镜筒是测量镜，用来观察折光情况。筒内装有消色散镜。光线由反射镜反射入下面的棱镜，以不同的入射角射入两个棱镜之间的液层，然后再射到上面棱镜的光滑表面上，由于它的折射率很高，一部分光线可以再经折射进入空气而达到测量镜，另一部分光线则发生全反射。

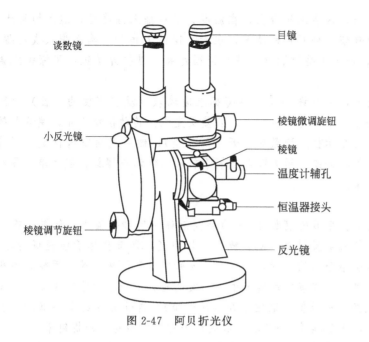

图 2-47　阿贝折光仪

图 2-48　目镜视野图

3. 折射率的测定

测定时，将待测液体滴在洗净并擦干了的磨砂棱镜面上，合上棱镜，关紧，转动左边刻度盘螺旋，并在右边镜筒内找到明暗分界或彩色光带，再转动右边消色镜调节器至看到一个明晰的分界线，转动左边刻度盘螺旋，使分界线对准十字交叉线中心，如图 2-48 所示，从左边镜筒读出折射率并记下，重复 2～3 次。

阿贝折光仪使用前，必须用二次蒸馏水（$n_D^{25}=1.3325$）或标准折光玻璃块校正。每次测定前、后都必须用 1～2 滴丙酮滴于棱镜面上，合上棱镜使上下镜面全部被丙酮润湿再打开棱镜，然后用擦镜纸擦干丙酮。使用阿贝折光仪，最重要的是保护一对棱镜，不能用滴管或其他硬物碰触镜面，严禁腐蚀性液体、强酸、强碱、氟化物等的使用。

实验 14　折射率的测定

【实验目的】

1. 熟悉阿贝折光仪的构造。

2. 掌握液体有机化合物折射率的测定方法。

【实验原理】

见 2.3.3 折射率的测定。

【实验用品】

仪器：阿贝折光仪。

试剂：丙酮（或乙醚、乙醇等有机溶剂），1-溴代萘等。

【实验步骤】

1. 仪器校正

（1）准备：从箱中取出仪器，放在工作台上，在温度计套中插入温度计，通入恒温水，当温度恒定后，松开直角棱镜锁钮，分开直角棱镜，在光滑镜面上滴加 2 滴丙酮（或乙醚、乙醇等有机溶剂），合上棱镜，使上下棱镜润湿，洗去镜面污物，再打开棱镜，用擦镜纸擦干镜面或晾干。

（2）校正：将直角棱镜打开，用少许 1-溴代萘将标准玻璃块（没有刻度的一面）黏附于光滑棱镜面上，标准玻璃块另一个抛光面应向上，以接受光线，转动棱镜手轮，使读数镜内标尺读数等于标准玻璃块上的刻示值（读数时打开小反光镜）。然后观察望远目镜中明暗分界线是否在十字交叉点上，如有偏差，用方孔调节扳手转动示值调节螺钉，使明暗分界线在十字交叉点处。校正工作结束。

2. 测定

做好准备工作后，打开棱镜，用滴管滴加 2～3 滴待测液体于磨砂镜面上，使其分布均匀，合上棱镜，锁紧锁钮，调节底部反射镜，使目镜内视场明亮，调节望远镜使视场清晰。转动手轮，直到在目镜中看到明暗分界的视场，如有彩色光带，转动阿米西棱镜手轮，使彩色消去，视场内明暗分界十分清晰。继续转动棱镜手轮，使明暗分界线在十字交叉处，如图 2-48 所示。在读数镜筒中读取折射率数值（记住打开小反光镜）。再让分界线上下移动重新调到十字交叉点处，读取读数，重复操作 3～5 次，取读数平均值作为样品的折射率。

测量完毕，打开棱镜，用丙酮洗净棱镜面，擦干或晾干后，合上棱镜，锁紧锁钮，将仪器放好。

【注意事项】

1. 阿贝折光仪使用前后，棱镜要用丙酮或乙醚擦洗干净并干燥。

2. 不能用手接触镜面，滴加样品时滴管头不要碰到镜面。

【思考题】

1. 影响折射率测定数值的因素有哪些？

2. 滴加样品量过少将会产生什么后果？

2.3.4 旋光度的测定

对映体是互为镜像的立体异构体。它们的熔点、沸点、相对密度、折射率以及光谱等物理性质都相同，并且在与非手性试剂作用时，它们的化学性质也一样，唯一能够反映分子结构差异的物理性质是它们的旋光度不同。当偏振光通过具有光学活性的物质时，其振动方向会发生旋转，所旋转的角度即旋光度。

1. 基本原理

某些有机化合物因具有手性，能使偏振光振动平面旋转。使偏振光振动向左旋转的物质称为左旋性物质，使偏振光振动向右旋转的物质称为右旋性物质。一种化合物的旋光度和旋光方向可用它的比旋光度来表示。物质的旋光度与测定时所用物质的浓度、溶剂、温度、旋光管长度和所用光源的波长等都有关系。

$$纯液体的比旋光度[\alpha]_\lambda^t=\frac{\alpha}{Ld}$$

$$溶液的比旋光度[\alpha]_\lambda^t=\frac{\alpha}{Lc}$$

$$[\alpha_M]_\lambda^t = 0.10M_r \times [\alpha]_\lambda^t$$

式中，$[\alpha]_\lambda^t$ 为旋光性物质在温度为 t、光源的波长为 λ 时的比旋光度，一般用钠光（$\lambda = 589.3\text{nm}$），用 $[\alpha]_D^t$ 表示；t 为测定时的温度；d 为密度，g·cm^{-3}；α 为标尺盘转动角度的读数（即旋光度）（°）；L 为旋光管的长度，dm；c 为质量浓度（100mL 溶液中所含样品的质量）；M_r 为分子量。

比旋光度是物质特性常数之一，测定比旋光度可以检定旋光性物质的纯度和含量。

2. 旋光仪的基本结构

常用的旋光仪主要由光源、起偏镜、样品管（也叫旋光管）和检偏镜几部分组成，如图 2-49 所示。光源为炽热的钠光灯（589.3nm）。起偏镜是由两块光学透明的方解石黏合而成的，也叫尼科尔（Nicol）棱镜，其作用是使自然光通过后产生所需要的平面偏振光。样品管充装待测定的旋光性液体或溶液，其长度有 1dm 和 2dm 等几种。当偏振光通过盛有旋光性物质的样品管后，因物质的

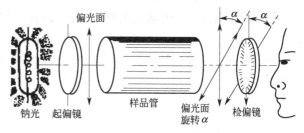

图 2-49 旋光仪的结构

旋光性使偏振光不能通过第二个棱镜（检偏镜），必须将检偏镜扭转一定角度后才能通过，因此要调节检偏镜进行配光。由装在检偏镜上的标尺盘上移动的角度，可指示出检偏镜转动的角度，该角度即为待测物质的旋光度。使偏振光平面顺时针方向旋转的旋光性物质叫做右旋体，反时针方向旋转的叫左旋体。

旋光仪是利用偏振镜来测定旋光度的（见图 2-50）。如调节偏振镜使其透光的轴向角度与另一偏振镜的透光轴向角度互相垂直。则在物镜前观察到的视场呈黑暗，如在之间放一盛满旋光物质的样品管，则由于物质的旋光作用，使原来由偏振镜出来的偏振光转过一个角度，视窗不呈黑暗，此时必须将偏振镜也相应地旋转一个角度，这样视窗又恢复黑暗。因此偏振镜由第一次黑暗到第二次黑暗的角度差，即为被测物质的旋光度。

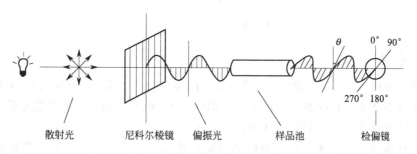

散射光　　尼科尔棱镜　偏振光　　样品池　　检偏镜

图 2-50 旋光仪的工作原理示意

为了准确地判断旋光度的大小，测定时通常在视野中分出三分视场，如图 2-51 所示。当检偏镜的偏振面与通过棱镜的光的偏振面平行时，通过目镜可观察到图 2-51(b) 所示图像（当中明亮，两旁较暗）；若检偏镜的偏振面与起偏镜偏振面平行时，可观察到图 2-51(a)所示图像（当中较暗，两旁明亮）；只有当检偏镜的偏振面处于 $1/2\varphi$（半暗角）的角度时，视场内明暗相等，如图 2-51(c) 这一位置作为零度，使游标尺上 0°对准刻度盘 00。测定时，调节视场内明暗相等，以使观察结果准确。一般在测定时选取较小的半暗角，由于人的眼睛

| (a) | (b) | (c) |

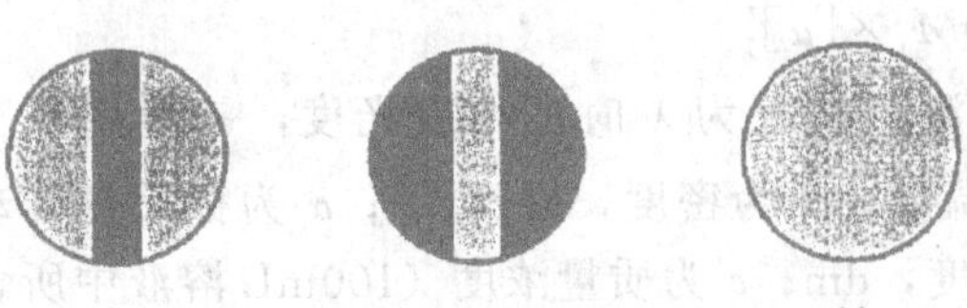

图 2-51 三分视场

对弱照度的变化比较敏感，视野的照度随半暗角的减小而变弱，所以在测定中通常选几度到十几度的结果。

物质的旋光度与测定时所用溶液的浓度、样品管长度、温度、所用光源的波长及溶剂的性质等因素有关。溶液的比旋光度与旋光度的关系为：

$$[\alpha]_D^t = \frac{\alpha}{cL} \quad (溶剂)$$

式中，$[\alpha]_D^t$ 为比旋光度；t 为测定时的温度，℃；D 表示钠光（波长 $\lambda = 589.3\text{nm}$）；α 为观测的旋光度；c 为溶液的浓度，以 g·mL^{-1} 为单位；L 为样品管的长度，以 dm 为单位。

如果被测定的旋光性物质为纯液体，可直接装入样品管中进行测定，这时，比旋光度可由下式求出：

$$[\alpha]_D^t = \frac{\alpha}{dL}$$

式中，d 为纯液体的密度，g·mL^{-1}。

利用上述公式，由测得的旋光度和物质的浓度（或密度）可计算出物质的比旋光度。由比旋光度可按下式求出样品的光学纯度（OP）。光学纯度的定义是：旋光性产物的比旋光度除以光学纯试样在相同条件下的比旋光度。

$$光学纯度(OP) = \frac{[\alpha]_D^t \ 观测值}{[\alpha]_D^t \ 理论值} \times 100\%$$

另外，还可由比旋光度计算出对映体在其混合物中的百分含量。设一对对映体分别为 X 和 Y，它们在混合物中所占的百分含量可按下式计算：

$$X = \left\{ \frac{1 + \dfrac{[\alpha]_D^t \ 观测值}{[\alpha]_D^t \ 理论值}}{2} \right\} \times 100\%$$
$$Y = 1 - X$$

3. 测定方法

① 仪器电源接入 220V 交流电源（要求使用交流电子稳压器），并将接地脚可靠接地。

② 打开电源开关，这时钠光灯应启亮，需经 5min 钠光灯预热，使之发光稳定。

③ 打开测量开关，这时数码管应有数字显示。

④ 将装有蒸馏水或其他空白溶剂的试管放入样品室，盖上箱盖，待示数稳定后，按清零按钮。试管中若有气泡，应先让气泡浮在凸颈处。通光面两端的雾状水滴，应用软布揩干。试管螺帽不应旋得过紧，以免产生应力，影响读数。试管安放时应注意标记的位置和方向。

⑤ 取出试管，将待测样品注入试管，按相同的位置和方向放入样品室内，盖好箱盖。仪器数显窗将显示出该样品的旋光度。

⑥ 逐次按下复测按钮，重复读几次数，取平均值作为样品的测定结果。

⑦ 若样品的旋光度超过测量范围，仪器在 ±45° 处来回振荡。此时，取出试管，仪器即

自动转回零位。

⑧ 仪器使用完毕，应依次关闭测量、光源、电源开关。

⑨ 钠光灯在直流供电系统出现故障不能使用时，仪器也可在钠光灯交流供电的情况下测试，但仪器的性能可能略有降低。

⑩ 放入小角度样品（小于0.5°）时，示数可能变化，这时只要按复测按钮，就会出现新的数字。

测定比旋光度纯度：先按规定的浓度配制好溶液，测出旋光度并计算出比旋光度。

由测得的比旋光度，可求得样品的光学纯度：

$$光学纯度百分率（\%OP）=\frac{[\alpha]_{D样品}^{t}}{[\alpha]_{D纯品}^{t}}\times100\%$$

4. 旋光仪的维修及保养

① 仪器应放在干燥通风处，防止潮汽侵蚀，尽可能在20℃的工作环境中使用仪器，搬动仪器应小心轻放，避免振动。

② 光源（钠光灯）积灰或损坏，可打开机壳擦净或更换。

③ 机械部件摩擦阻力增大，可以打开门板，在伞形齿轮蜗杆处加少许重油。

④ 如果发现仪器停转或其他元件损坏故障，应按电路图详细检查，或由厂方维修人员进行检修。

⑤ 打开电源后，若钠光灯不亮，可检查保险丝。

实验 15　旋光度的测定

【实验目的】

1. 了解旋光仪测定旋光度的基本原理。

2. 掌握用旋光仪测定溶液或液体物质的旋光度的方法。

【基本原理】

见2.3.4节旋光度的测定。

【实验用品】

仪器：WXG-4型圆盘旋光仪。

试剂：蒸馏水，10%酒石酸溶液或10%葡萄糖溶液，浓度未知的酒石酸溶液或葡萄糖溶液。

【实验步骤】

1. 样品管的充填

将样品管一端的螺帽旋下，取下玻璃盖片（小心不要掉在地上摔碎！），然后将管竖直，管口朝上。用滴管注入待测溶液或蒸馏水至管口，并使溶液的液面凸出管口。小心将玻璃盖片沿管口方向盖上，把多余的溶液挤压溢出，使管内不留气泡，盖上螺帽。管内如有气泡存在，需重新充填。装好后，将样品管外部拭净，以免沾污仪器的样品室。

2. 仪器零点的校正和半暗位置的识别

接通电源并打开光源开关，5～10min后，钠光灯发光正常（黄光），才能开始测定。通常在正式测定前，均需校正仪器的零点，即将充满蒸馏水或待测样品的样品管放入样品室，旋转粗调钮和微调钮至目镜视野中三分视场的明暗程度完全一致（较暗），再按游标尺原理记下读数，如此重复测定五次；取其平均值即为仪器的零点值。

上述校正零点的过程中，三分视场的明暗程度（较暗）完全一致的位置，即是仪器的半暗位置。通过零点的校正，要学会正确识别和判断仪器的半暗位置，并以此为准，进行样品旋光度的测定。

3. 样品旋光度的测定

将充满待测样品溶液的样品管放入旋光仪内，旋转粗调和微调旋钮，使达到半暗位置，按游标尺原理记下读数，重复五次，取平均值，即为旋光度的观测值，由观测值减去零点值，即为该样品真正的旋光度。例如，仪器的零点值－0.05°，样品旋光度的观测值为＋9.85°，则样品真正的旋光度 $\alpha = +9.85° - (-0.05°) = +9.90°$。

4. 测定项目

① 分别用 1dm 和 2dm 长的样品管测定一已知浓度样品溶液的旋光度，计算其比旋光度。比较其结果。

② 用 1dm 长或 2dm 长样品管测定浓度未知的酒石酸溶液或葡萄糖溶液的旋光度，由文献查比旋光度，计算其浓度。

附：WXG-4 型圆盘旋光仪的结构和工作原理

WXG-4 型圆盘旋光仪由上海物理光学仪器厂制造。该仪器将光源（20W 钠光灯，波长 $\lambda = 589.3$nm）与光学系统安装在同一台基座上，光学系统以倾斜 20° 安装，操作十分方便。该仪器光学系统结构如图 2-52 所示。光线从光源（1）投射到聚光镜（2）、滤色镜（3）、起偏镜（4）后，变成平面直线偏振光，再经半波片（5）后，视野中出现了三分视场。旋光性物质盛入样品管（6），放入镜筒测定，由于溶液具有旋光性，故把平面偏振光旋转了一个角度，通过检偏镜（7）起分析作用，从目镜（9）中观察，就能看到中间亮（或暗）左右暗（或亮）的照度不等三分视场 [见图 2-51（a）或（b）]，转动度盘手轮（12），带动度盘（11）及检偏镜（7）[度盘和检偏镜固定在一起，能借手轮（12）作粗、细转动]，至看到三分视场照度（暗视场）完全一致 [见图 2-51(c)] 时为止。然后从放大镜中读出度盘旋转的角度，如图 2-53 所示。

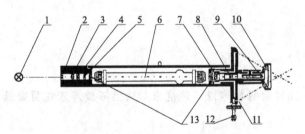

图 2-52 仪器光学系统结构

1—光源（钠光）；2—聚光镜；3—滤色镜；
4—起偏镜；5—半波片；6—试管；7—检偏镜；
8—物镜；9—目镜；10—放大镜；11—度盘游标；
12—度盘转动手轮；13—保护片

图 2-53 仪器的双游标读数

该仪器采用双游标卡尺读数，以消除度盘偏心差。度盘分 360 格，每格 1°，游标卡尺分 20 格，等于度盘 19 格，用游标直接读数到 0.05°。如图 2-53 所示，游标 0 刻度指在度盘 9 与 10 格之间，且游标第 6 格与度盘某一格完全对齐，故其读数为 $\alpha = +(9.00° + 0.05° \times 6) =$

＋9.30°。仪器游标窗前方装有两块 4 倍的放大镜，供读数时用。

注释：

① 样品管螺帽与玻盖之间都附有橡皮垫圈，装卸时要注意，切勿丢失。螺帽以旋到溶液流不出来为度，不宜旋得太紧，以免破盖，产生张力，使管内产生空隙，影响测定结果。

② 旋光仪的整体结构随厂家不同而有所差异，但基本结构和工作原理都是相同的。这里仅介绍国产 WXG-4 型圆盘旋光仪。

③ 各种牌号仪器的游标尺的构造和读数原理都是一样的，但是游标刻度有差异，读数时应注意游标上最小刻度代表的度数值。游标总长度相当于主尺上最小间隔，以此推算出游标最小间隔代表的度数。

【思考题】

1. 若测得某物质的比旋光度为＋18°，如何确定其是＋18°还是－342°？

2. 一个外消旋体的光学纯度是多少？

3. 若用 2dm 长的样品管测定某光学纯物质的比旋光皮为＋20°，试计算具有 80％ 光学纯度的该物质的溶液（20g·mL^{-1}）的实测旋光度是多少？

4. 测定旋光度时为什么样品管内不能有气泡存在？

2.3.5 红外光谱的测定

红外吸收光谱（infrared absorption spectra）简称红外光谱（infrared spectra，IR）。红外光谱频率在 4000～625cm^{-1} 之间，正是一般有机化合物的基频振动频率范围，能够给出非常丰富的结构信息：谱图中的特征基团频率表明分子中存在的官能团，光谱图的整体则给出了分子的结构特征。除光学对映体外，任何两个不同的化合物都具有不同的红外光谱。

红外光谱仪商品化始于 20 世纪 40 年代。在有机化学理论研究中，红外光谱可用于推断分子中化学键的强度，测定键长和键角，也可推算出反应机理等。此外，红外光谱还具有样品适应范围广（固态、液态、气态都能应用，无机、有机、高分子化合物都可检测）、仪器结构简单、测试迅速、操作方便、重复性好等优点，是有机化学研究中最常用的方法之一，多用于定性分析。现已积累、总结了大量资料，收集了比较完备的标准图谱集和数据表。

1. 原理

红外线是一种波长大于可见光的电磁波。一般分为：①近红外区，0.78～2.5μm（波数 12820～4000cm^{-1}）；②中红外区，2.5～50μm（4000～200cm^{-1}）；③远红外区，50～1000μm（200～10cm^{-1}）。目前化学分析中常用的是中红外区。

当用波长为 2.5～50μm（4000～200cm^{-1}）之间每一种单色红外线扫描照射某种物质时，物质会对不同波长的光产生特有的吸收，这样随着红外单色光波长的连续变化而吸收（透射比）不断变化，两者之间的曲线就叫该物质的红外吸收光谱。苯甲酸的红外光谱如图 2-54 所示。

红外光谱图中横坐标表示波长 λ（单位是 μm，1μm＝10^{-6}m，或波数 $\tilde{\nu}$ 单位是 cm^{-1}），两者互为倒数关系：

$$\tilde{\nu} = 10^4 \frac{1}{\lambda}$$

纵坐标表示透射比 T，它是透射光强 I 与入射光强 I_0 之比（T＝I/I_0）。纵坐标还可以

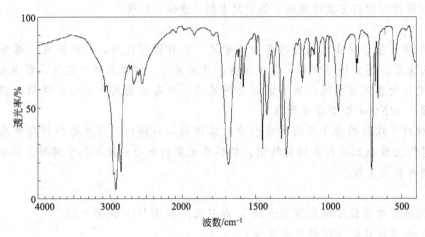

图 2-54　苯甲酸的红外光谱图

用吸光度作单位。

2. 红外光谱与分子结构

　　光谱是电磁波辐射与某运动状态的物质相互作用进行能量交换的信息。当一束红外线照射物质时，被照射物质的分子将吸收一部分相应的光能，转变为分子的振动和转动能量，使分子固有的振动和转动能级跃迁到较高的能级，光谱上即出现吸收谱带。

　　化合物分子的运动方式是多种多样的，有整个分子的平动和转动、分子内原子的振动等，但只有分子内原子的振动能级才对应于红外线的能量范围。因此，化合物的红外光谱主要是原子之间的振动产生的，有人也称之为振动光谱。化合物分子中各种不同的基团是由不同的化学键和原子组成的，因此它们对红外线的吸收频率必然不相同，这就是利用红外吸收光谱测定化合物结构的理论根据。因原子之间的振动与整个分子和其他部分的运动关系不大，所以不同分子中相同官能团的红外吸收频率基本上是相同的，这就是红外光谱得以广泛应用的主要原因。分子内各基团的振动不是孤立的，会受邻近基团及整个分子其他部分的影响，如诱导效应、共轭效应、空间效应、氢键效应等的影响，致使同一个基团的特征吸收不总是固定在同一频率上，会在一定范围内波动。

3. 样品的制备

　　在测定红外光谱的操作中，固体、气体、液体和溶液样品都可以作红外光谱的测定。

（1）固体样品

　　① 石蜡油研糊法（Nujol）：将固体样品 1～3mg 与 1 滴医用石蜡油一起研磨约 2min，然后将此糊状物夹在两片盐板中间即可放入仪器测试。其中石蜡油本身有几个强吸收峰，识谱时需注意。

　　② 熔融法：是对熔点低于 150℃固体或胶状物直接夹在两片盐板之间熔融，然后测定其固体或熔融薄层的光谱。此方法有时会因晶型不同而影响吸收光谱。

　　③ 压片法：是将 1mg 样品与 300mg KCl 或 KBr 混匀研细，在金属模中加压 5min，可得含有分散样品的透明卤化盐薄片，没有其他杂质的吸收光谱，但盐易吸水，需注意操作。

（2）液体样品

液体状态的纯化合物，可将一滴样品夹在两片盐板之间以形成一极薄的膜，用于测定即可。

（3）溶液样品

溶剂一般用四氯化碳、二硫化碳或氯仿。应用双光束分光光度计，将纯溶剂作参考。

（4）气体样品

气体样品一般灌注入专门的抽空的气槽内进行测定。吸收峰的强度可通过调整气槽中样品的压力来达到。

不管哪种状态的样品的测定都必须保证其纯度大于 98%，同时不能含有水分，以避免羟基峰的干扰和腐蚀样品池的盐板。

4. 红外光谱的解析

（1）吸收峰的类型

① 基频峰：振动能级由基态跃迁到第一激发态时分子吸收一定频率的红外线所产生的吸收峰称为基频峰。

② 泛频峰：倍频峰、合频峰与差频峰统称为泛频峰。由基态跃迁到第二激发态、第三激发态……所产生的吸收峰称为倍频峰。这种跃迁概率很小，峰强很弱。这两种跃迁的和差组合形成的吸收峰叫合频峰或差频峰，强度更弱，一般不易辨认。

③ 特征峰：凡是可用于鉴别官能团存在的吸收峰均称为特征吸收峰。它们是大量实验的总结，并从理论上得到证明。

④ 相关峰：一个基团常有数种振动形式，因而产生一组相互依存而又可相互佐证的吸收峰叫相关峰。

（2）红外吸收光谱的初步划分

① 特征谱带区：红外光谱图上 2.5～7.5μm（4000～1333cm^{-1}）之间的高频区域，主要是由一些重键原子振动产生的，受整个分子影响较小，叫做特征谱带区或官能团区。

② 指纹区：红外光谱上 7.5～15μm（1333～660cm^{-1}）低频区域的吸收大多是由一些单键（如 C—C、C—N、C—O 等）的伸缩振动和各种弯曲振动产生的。这些键的强度差不多，在分子中又连在一起，互相影响，变动范围大，特征性差，称为指纹区。指纹区的特征性虽差，但对分子结构十分敏感。分子结构的微小变化就会引起指纹区光谱的明显改变，在确认化合物结构时也是很有用的。

③ 红外光谱中的 8 个重要区域：为了便于解析，一般先将红外光谱划分成 8 个区域，见表 2-10。

表 2-10　红外光谱区域的划分

$\lambda/\mu m$	$\bar{\nu}/cm^{-1}$	产生吸收的键
2.7～3.8	3750～3000	O—H，N—H（伸缩）
3.0～3.4	3300～2900	—C≡C—H，C=C—H（C—H 伸缩），Ar—H，—CH$_3$，—CH$_2$—，R$_3$C—H
3.3～3.7	3000～2700	—CHO（C—H 伸缩）

$\lambda/\mu m$	$\bar{\nu}/cm^{-1}$	产生吸收的键
4.2~4.9	2400~2100	C≡N,C≡C(伸缩)
5.3~6.1	1900~1650	C=O(包括羧酸、醛、酮、酰胺、酯、酸酐中的 C=O 伸缩)
5.9~6.2	1675~1500	C=C(脂肪族和芳香族伸缩),C=N(伸缩)
6.9~7.7	1475~1300	R_3C-H(弯曲)
10.0~15.4	1000~650	C=C—H,Ar—H(平面外弯曲)

如果在某一区域中没有吸收带，则表示没有相应的基团或结构；有吸收带，则需进一步确认存在哪一种键或基团。

(3) 图谱解析的一般步骤

红外光谱可以用于解决官能团的确定、双键顺反异构及立体构象的确定、互变异构与同分异构的确定等分子结构问题。

用于鉴定已知化合物时，先观察特征频率区，判断官能团，以确定化合物所属类型；再观察指纹吸收区，进一步确定基团的结合方式，并对照标准图谱进行确认。

用于测定未知化合物时，先了解试样的来源、纯度、熔沸点信息，确定分子式，计算不饱和度等，再按前述方法继续鉴定。

解析图谱的具体步骤常根据各人的经验不同而异，这里提供一种方法仅供参考。

① 确定有无不饱和键：如果已知化合物的分子式，则可先利用经验公式计算不饱和度，看它有无不饱和键：

$$\Omega = (2n_4 + n_3 - n_1 + 2)/2$$

式中，n_4、n_3、n_1 分别为分子中四价、三价、一价元素的原子个数。如樟脑（$C_{10}H_{16}O$），其不饱和度为

$$\Omega = (2 \times 10 - 16 + 2)/2 = 3$$

不饱和度与分子结构的经验关系见表 2-11。

② 根据红外光谱的 8 个主要区域，按以下顺序进行解析：首先，识别特征区中的第一强峰的起源（何种振动引起）和可能属于什么基团（可查主要基团的红外吸收特征峰表）；其次，找到该基团主要的相关峰（查红外吸收相关图）；然后，再一一解析特征区的第二、第三、……强峰及其相关峰；最后，再依次解析指纹区的第一、第二、……强峰及其相关峰。

表 2-11 不饱和度与分子结构的经验关系

不饱和度 Ω	分子结构	备注
4	一个苯环	
2	一个三键	$\Omega \geqslant 4$ 说明分子中含有六元或六元以上的芳香环
1	一个脂肪环	
0	链状化合物	

根据经验可归纳为一句话："先特征后指纹，先强峰后弱峰；先粗查后细找，先否定后肯定。"一个化合物会有很多吸收带，即使是一个基团，由于振动方式的不同，也会产生几条吸收带，还有其他原因也会改变吸收带的数目、位置、强弱和形状。主要找到化合物的特征吸收频率及相关的吸收，不可能对红外图谱上的每一个谱带吸收峰都给出解释。

2.3.6 核磁共振氢谱的测定

具有磁矩的原子核（如 ^1H、^{13}C、^{19}F、^{31}P 等）在外磁场中将发生能级分裂，核磁矩以不

同取向绕外磁场回旋。当另一个垂直于外磁场的射频磁场同时作用于核上，并且其照射场的频率等于核在外磁场的回旋频率时即发生核磁共振，处于低能级的核跃迁到高能级，产生相应的吸收信号。有机分子中的磁性核，如氢核，由于化学环境不同，将在不同的频率位置发生吸收。不同类型的质子的吸收峰出现在谱图中的不同频率位置，这种不同的频率位置通常用化学位移（δ）表示。由吸收峰的分裂状况可得出耦合常数（J），表明各组质子在分子中的关系。确定 J 与结构之间的密切联系有助于化合物结构的分析与鉴定。由氢核引起的核磁共振称为 ^{1}H 核磁共振（^{1}H nuclear magnetic resonance，^{1}H NMR）或质子磁共振（proton magnetic resonance，PMR）。

1. 化学位移（δ）

同一种核由于在分子中的环境不同，核磁共振吸收峰的位置有所变化，这就叫化学位移。它起源于核周围的电子对外加磁场的屏蔽作用。化学位移一般只能相对比较，通常选择适当的物质作标准，其他质子的吸收峰与标准物质的吸收峰的位置之间的差距作为化学位移值。经常使用的标准物是四甲基硅烷（$(CH_3)_4Si$），即 TMS，并人为规定 TMS 的 $\delta=0$。

有机化合物各种氢的化学位移值取决于它们的电子环境。如果外磁场对质子的作用受到周围电子云的屏蔽，质子的共振信号就出现在高场（谱图的右面）。如果与质子相邻的是一个吸电子的基团，这时质子受到去屏蔽作用，它的信号就出现在低场（谱图的左面）。

各种类型氢核的化学位移值如表 2-12 所示。

表 2-12　不同官能团上氢的典型化学位移

氢的类型	化学位移 δ	氢的类型	化学位移 δ
环丙烷	0.0~0.4	BrCH	2.5~4
RCH_3	0.9	O_2NCH	4.2~4.6
R_2CH_2	1.3	ICH	2~4
R_3CH	1.5	OCH（醇、醚）	3.3~4
C=CH	4.6~5.9	—O—CH—O—	5.3
C≡CH	2~3	OCH（酯）	3.7~4.1
ArH	6~8.5	ROOCCH	2~2.6
ArCH	2.2~3	RCOCH	2~2.7
C=CCH_3	1.7	RCHO	9~10
C≡CCH_3	1.8	ROH	1~5.5
FCH	4~4.5	ArOH	4~12
ClCH	3~4	RCOOH	10.5~12
Cl_2CH	5.8	RNH_2	1~5

2. 自旋耦合

在高分辨率核磁共振谱中，一定化学位移的质子峰往往分裂为不止一个的小峰。这种谱线"分裂"称为自旋-自旋分裂，它来源于核自旋之间的相互作用，称为自旋耦合。谱线分裂的间隔大小反映两种核自旋之间相互作用的大小，称为耦合常数 J。J 的数值不随外磁场 B_0 的变化而改变。质子间的耦合只发生在邻近质子之间，相隔 3 个链以上的质子间相互耦合可以忽略。

当 $J \ll \delta_\nu$ 时，自旋分裂图谱有如下简单规律：①一组等同的核内部相互作用不引起峰的分裂；②核受相邻一组 n 个核的作用时，该核的吸收峰分裂成（$n+1$）个间隔相等的一组峰，间隔就是耦合常数 J；③分裂峰的面积之比，为二项式 $(x+1)^n$ 展开式中各项系数之比；④一种核同时受相邻的 n 个和 n' 个两组核的作用时，此核的峰分裂成 $(n+1)(n'+1)$ 个峰，但有些峰可重叠而分辨不出来。氢核间的自旋分裂数值可用每秒周数测定，其值称为耦合常数 (J)，单位为 cps 或 Hz。

3. 核磁共振图谱的解析

核磁共振谱的解析可以提供有关分子结构的丰富资料。测定每一组峰的化学位移可以推测与产生吸收峰的氢核相连的官能团的类型；自旋裂分的形状提供了邻近的氢的数目；而由峰的面积可算出分子中存在的每种类型氢的相对数目。

在解析未知化合物的核磁共振谱时，一般步骤如下。

① 首先区别有几组峰，从而确定未知物中有几种不等性质子（即电子环境不同，在图谱上化学位移不同的质子）。

② 计算峰面积比，确定各种不等性质子的相对数目。

③ 确定各组峰的化学位移值，再查阅有关数表，确定分子中间可能存在的官能团。

④ 识别各组峰自旋裂分情况和耦合常数值，从而确定各不等性质子的周围情况。

⑤ 总结以上几方面的信息资料，提出未知物的一个或几个与图谱相符的结构或部分结构。

⑥ 最后参考未知物的其他资料，如红外光谱、沸点、熔点、折射率等，确定未知物的结构。

如将核磁共振用于分析，一般需要 0.3mL 左右 10%~20%（质量分数）的溶液。许多重氢溶剂，如氯仿-d（$CDCl_3$）、丙酮-d_6（CD_3COCD_3）、苯-d_6（C_6D_6）可供应用。使用这些溶剂可以避免核磁共振谱中出现溶剂质子共振吸收问题，因为重氢（^2H）的化学位移与氢的化学位移相差很大。

2.3.7 质谱的测定

质谱法（mass spectrometry，MS）即用电场和磁场将运动的离子（带电荷的原子、分子或分子碎片，有分子离子、同位素离子、碎片离子、重排离子、多电荷离子、亚稳离子、负离子和离子-分子相互作用产生的离子）按它们的质荷比分离后进行检测的方法。测出离子准确质量即可确定离子的化合物组成。这是由于核素的准确质量是一个多位小数，绝不会有两个核素的质量是一样的，而且绝不会有一种核素的质量恰好是另一核素质量的整数倍。分析这些离子可获得化合物的分子量、化学结构、裂解规律和由单分子分解形成的某些离子间存在的某种相互关系等信息。

1. 质谱法原理

使试样中各组分电离生成不同荷质比的离子，经加速电场的作用，形成离子束，进入质量分析器，利用电场和磁场使发生相反的速度色散——离子束中速度较慢的离子通过电场后偏转大，速度快的偏转小；在磁场中离子发生角速度矢量相反的偏转，即速度慢的离子依然偏转大，速度快的偏转小；当两个场的偏转作用彼此补偿时，它们的轨道便相交于一点。与此同时，在磁场中还能发生质量的分离，这样就使具有同一质荷比而速度不同的离子聚焦在同一点上，不同质荷比的离子聚焦在不同的点上，将它们分别聚焦而得到质谱图，从而确定其质量。

质谱法还可以进行有效的定性分析，但对复杂有机化合物分析就无能为力了，而且在进行有机物定量分析时要经过一系列分离纯化操作，十分麻烦。而色谱法对有机化合物是一种有效的分离和分析方法，特别适合于进行有机化合物的定量分析，但定性分析则比较困难，因此两者的有效结合将提供一个进行复杂化合物高效的定性定量分析的工具。

2. 质谱解析程序

解析未知样的质谱图，大致按以下程序进行。

（1）解析分子离子区

① 标出各峰的质荷比数，尤其注意高质荷比区的峰。

② 识别分子离子峰。首先在高质荷比区假定分子离子峰，判断该假定分子离子峰与相邻碎片离子峰关系是否合理，然后判断其是否符合氮律。若二者均相符，可认为是分子离子峰。

③ 分析同位素峰簇的相对强度比及峰与峰间的 D_m 值，判断化合物是否含有 Cl、Br、S、Si 等元素及 F、P、I 等无同位素的元素。

④ 推导分子式，计算不饱和度。由高分辨质谱仪测得的精确分子量或由同位素峰簇的相对强度计算分子式。若二者均难以实现时，则由分子离子峰丢失的碎片及主要碎片离子推导，或与其他方法配合。

⑤ 由分子离子峰的相对强度了解分子结构的信息。分子离子峰的相对强度由分子的结构所决定，结构稳定性大，相对强度就大。对于分子量约 200 的化合物，若分子离子峰为基峰或强峰，谱图中碎片离子较少，表明该化合物是高稳定性分子，可能为芳烃或稠环化合物。例如：萘分子离子峰 m/z 128 为基峰，蒽醌分子离子峰 m/z 208 也是基峰。分子离子峰弱或不出现，化合物可能为多支链烃类、醇类、酸类等。

（2）解析碎片离子

① 由特征离子峰及丢失的中性碎片了解可能的结构信息。若质谱图中出现系列 C_nH_{2n+1} 峰，则化合物可能含长链烷基。若出现或部分出现 m/z 77、66、65、51、40、39 等弱的碎片离子峰，表明化合物含有苯基。若 m/z 91 或 105 为基峰或强峰，表明化合物含有苄基或苯甲酰基。若质谱图中基峰或强峰出现在质荷比的中部，而其他碎片离子峰少，则化合物可能由两部分结构较稳定，其间由容易断裂的弱键相连。

② 综合分析以上得到的全部信息，结合分子式及不饱和度，提出化合物的可能结构。

③ 分析所推导的可能结构的裂解机理，看其是否与质谱图相符，确定其结构，并进一步解释质谱，或与标准谱图比较，或与其他谱（^1H NMR、^{13}C NMR、IR）配合，确证结构。

（3）分子量的确定

从理论上讲，除同位素峰外，分子离子峰（molecular ion，M^+）呈现在谱图中的最高质量位置。但当分子离子不稳定时，可能导致分子离子峰不在谱图中出现，或生成大于或小于分子离子质量的 $(M+H)^+$、$(M-H)^+$ 或 $(M+Na)^+$ 峰等。

$$M+e \longrightarrow M^+ + 2e$$

对于纯化合物而言，判断分子离子峰时应注意如下事项。

① 峰的强度　分子离子峰的强度依赖于分子离子的稳定性。当分子具有大的共轭体系时，其稳定性高；其次是有双键的化合物的分子离子稳定性较高；环状结构因断裂一个键后仍未改变质量，其分子离子峰也强；支链越多，分子离子越不稳定；杂原子携带正电荷的能力按周期表自上而下的位置依次增强，因而硫醇和硫醚的分子离子比醇和醚稳定。

通常有机化合物在质谱中表现的稳定性有以下次序：

芳香环＞脂环＞硫醚、硫酮＞共轭烯＞直链碳氢化合物＞羰基化合物＞醚＞胺＞支链烃＞腈＞伯醇＞仲醇＞叔醇＞缩醛

② 氮规则（nitrogen rule）　对于只含有 C、H、O、N 的有机化合物，若其分子中不含氮原子或含有偶数个氮原子，则其分子量为偶数；若其分子中含有奇数个氮原子，则其分子量为奇数。

凡是奇电子离子（包括碎片离子）都符合氮规则，而偶电子离子则刚刚相反。

③ 中性碎片（小分子及自由基）的丢失是否合理　如一般由 M^+ 减去 4～14 个质量单位或减去 21～25 个质量单位是不可能的。

④ 可采用软电离方法验证　软电离方法包括场电离（FI）、场解吸（FD）、化学电离（CI）、解吸化学电离（DCI）、快原子轰击（FAB）、电喷雾电离（ESI）等。软电离方法一般显示明显的准分子离子峰，如 $[M+H]^+$ 或 $[M-H]^+$ 峰。有时会出现 $[M+Na]^+$、$[M+K]^+$ 峰等，而碎片离子峰往往很少，甚至没有。

(4) 分子式的测定

① 同位素丰度法［贝农（Beynon）表］　分子式测定可采用同位素丰度法，但此法对分子量大或结构复杂、不稳定的化合物是不适用的。现在一般都采用高分辨率质谱法测定，可直接显示可能的分子式及可能率。若测出的分子量数据与按推测的分子式计算出来的分子量数据相差很小（与仪器精密度有关，一般小于 0.003），则可认为推测可信。

有机化合物中常见元素的同位素及其丰度如下：

^{12}C（100%），^{13}C（1.08%）；　　　　　　^1H（100%），^2H（0.016%）；
^{16}O（100%），^{17}O（0.04%），^{18}O（0.20%）；　^{14}N（100%），^{15}N（0.37%）；
^{32}S（100%），^{33}S（0.80%），^{34}S（4.60%）；　^{35}Cl（100%），^{37}Cl（32.5%）；
^{79}Br（100%），^{81}Br（98.0%）。

② 高分辨质谱法

a. 质谱仪的电脑软件直接显示可能的分子式及可能率。

b. 若测出的分子量数据与按推测的分子式计算出的分子量数据相差很小（与仪器精密度有关，一般小于 0.003），则推测可信。

(5) 有机质谱的裂解

由质谱数据推导有机物分子结构的过程，可以说是由碎片离子推断原有机分子的过程，为了使推断工作顺利，推导出的分子结构正确，当然应了解常见的质谱裂解类型。

在质谱中，分子气相裂解反应主要分为自由基中心引发的裂解（α-裂解）和电荷中心引发的裂解（i-裂解）两大类。一般讲，i-裂解的重要性小于 α-裂解，但两者是相互竞争的反应。质谱中的分子重排主要有自由基中心引发的重排（如 Mclafferty rearrangement）、电荷中心引发的重排。此外，逆狄尔斯-阿尔德裂解、σ-键裂解等也常出现。

第3章

有机化合物的简便鉴别

实验16 烯烃、炔烃、卤代烃类化合物的鉴别

【实验目的】

1. 巩固烯烃、炔烃和卤代烃的特征反应。

2. 掌握烯烃、炔烃和不同结构卤代烃的鉴别方法。

【实验原理】

烷烃是饱和的碳氢化合物，含有牢固的 σ 键，一般情况下化学性质比较稳定。但烷烃和氯或溴在强光的照射或高温的影响下，可以发生卤代反应。烯烃和炔烃分子含有双键和三键，由于 π 键容易被极化和断裂，故能发生加成和氧化反应。

卤代烃与硝酸银作用产生卤化银沉淀，活性为：叔卤代大于仲卤代大于伯卤代，反应是碳正离子机理。

另外，当炔烃中含有炔氢时，由于炔烃具有弱酸性，能被某些金属或金属离子取代，生成金属炔化物。

【实验用品】

仪器：试管，试管架，滴管，导气管，烧杯，电热套，温度计等。

试剂：液体石蜡，3%溴的四氯化碳溶液，2%高锰酸钾溶液，2%硝酸银乙醇溶液，5%硝酸溶液，15%碘化钠丙酮溶液，5%氢氧化钠溶液，2%氨水溶液，环己烷，环己烯，乙炔，1-溴丁烷，2-溴丁烷，2-甲基-2-溴丙烷，甲苯。

【实验内容】

1. 溴的四氯化碳溶液实验

分别取适量石蜡、环己烷、环己烯于3个试管中，加入少量溴的四氯化碳溶液，观察反应情况。另取一试管加入少量溴的四氯化碳溶液，在此溶液中通入乙炔，观察反应情况。然后观察光照一定时间后的情况。

2. 高锰酸钾溶液实验

分别取石蜡、环己烷、环己烯于3个试管中，加入少量酸性高锰酸钾溶液（可分别调节至碱性、中性、酸性），观察反应情况。另取一试管加入少量酸性高锰酸钾溶液，在此溶液中通入乙炔，观察反应情况。

3. 端炔类化合物的鉴别

（1）银氨溶液实验

在试管中加入 0.5mL 5％硝酸银溶液，再加 1 滴 5％氢氧化钠溶液，然后滴加 2％氨水溶液，直至开始形成的氢氧化银沉淀又溶解为止，在此溶液中通入乙炔，观察有无白色沉淀生成。

（2）铜氨溶液实验

取绿豆粒大的固体氯化亚铜，溶于 1mL 水中，然后滴加氨水至沉淀完全溶解，在此溶液中通入乙炔，观察有无沉淀生成。

为节约药品，可先做乙炔银实验，再做乙炔亚铜实验，以免通入乙炔时，红色的乙炔亚铜沉淀污染白色乙炔银，影响颜色观察。若乙炔银稍带黄色，是因为乙炔中含有硫、磷等杂质。可用于检验乙炔和末端炔烃的存在。

4. 未知样品的鉴别（试样为环己烯、环己烷、甲苯）

根据未知物设计鉴别方案，用表格形式记录鉴别过程和现象，判断出 A、B、C 分别是何化合物。

5. 卤代烃的鉴别

（1）硝酸银醇溶液实验

在三支试管中分别加入 2mL 2％硝酸银乙醇溶液，再分别加 1～2 滴 1-溴丁烷、2-溴丁烷、2-甲基-2-溴丙烷，振荡后静置 5min，观察有无沉淀生成（注意沉淀颜色）。若无沉淀，加热煮沸，再观察现象。加 2 滴 5％硝酸溶液，生成沉淀不溶解为正性结果（羧酸银沉淀溶于稀硝酸）。

（2）碘化钠溶液试验

在三支试管中分别加入 15％碘化钠丙酮溶液，再分别加入 4～5 滴 1-溴丁烷、2-溴丁烷、2-甲基-2-溴丙烷，振荡后观察并记录生成沉淀的时间。若在 3min 内生成沉淀，则试样可能为伯卤代烃。如 5min 内仍无沉淀生成，可在 50℃水浴中温热 6min（注意勿超过 50℃），移去水浴，观察并记录可能的现象变化。若生成沉淀，则样品可能为仲或叔卤代烃；若仍无沉淀生成，可能为卤代芳烃、乙烯基卤。

【注意事项】

1. $KMnO_4$ 氧化反应，若只开始几滴 $KMnO_4$ 能使溶液褪色，可能是样品中少量杂质导致，不能认为是阳性反应。

2. 卤素是强毒性基，卤代烃一般比母体烃类的毒性大。卤代烃经皮肤吸收后，侵犯神经中枢或作用于内脏器官，引起中毒。一般来说，碘代烃毒性最大，溴代烃、氯代烃、氟代烃毒性依次降低。低级卤代烃比高级卤代烃毒性强；饱和卤代烃比不饱和卤代烃毒性强；多卤代烃比含卤素少的卤代烃毒性强。使用卤代烃的工作场所应保持良好的通风。

3. 硝酸银溶液与皮肤接触，立即形成难以洗去的黑色金属银，故滴加摇荡时应小心操作。

【思考题】

1. 硝酸银的反应中为什么要用醇溶液而不用水溶液？

2. 卤原子在不同的反应中为什么活性总是 RI＞RBr＞RCl？

3. 有三瓶液体试剂，知道是 1-溴丙烷、溴乙烯、烯丙基溴，试用简单的化学方法将它们鉴别出来。

实验 17 醇、酚、醛和酮的鉴别

【实验目的】

1. 巩固醇、酚、醛和酮的特征反应。
2. 掌握醇、酚、醛和酮的鉴别方法。

【实验原理】

醇分子中羟基（—OH）上的氢可以被金属钠置换，生成醇钠并放出氢气。这一反应有时也用作醇的定性试验。醇与浓盐酸-氯化锌溶液作用，生成相应的氯化物，在醇的定性检验中有其独特的地位。醇的结构对反应的速率有明显的影响。

酚类分子中的羟基（—OH）直接与苯环上的碳原子相连，由于受芳环的影响，因而酚与醇的性质不同，最显著的特点是酚具有弱酸性，与氯化铁发生颜色反应，酚羟基使苯环活化，比较容易发生卤代、硝化及磺化等亲电取代反应。酚与溴反应可生成沉淀或发生颜色变化。

醛非常易被氧化，它与 Tollens 试剂产生银镜反应，与 Fehling 试剂或 Benedict 试剂作用，析出红色氧化铜沉淀。酮的性质相对稳定，甲基醛、酮可发生卤仿反应。

【实验用品】

仪器：试管，试管架，滴管，镊子，表面皿，烧杯，电热套，温度计等。

试剂：浓硫酸，金属钠，广泛 pH 试纸，卢卡斯试剂，5% 高锰酸钾溶液，$3mol \cdot L^{-1}$ 硫酸，10% 氢氧化钠，1% 氯化铁溶液，饱和溴水，5% 碳酸钠，5% 碘化钾-1% 淀粉溶液，5% $CuSO_4$ 溶液，丙酮，苯甲醛，饱和苯酚溶液，乙醇，正丁醇，仲丁醇，叔丁醇，甘油，乙醚，苯酚。

【实验内容】

1. 醇的鉴别

（1）醇钠的生成与水解

在四支干燥的试管中分别加入 0.5～1mL 无水乙醇、正丁醇、仲丁醇、叔丁醇，分别加入一小粒新鲜金属钠（用小镊子取），观察反应快慢的顺序，待所有钠反应完毕，任取其中几滴反应液滴在表面皿上，使多余的醇挥发，残留在表面皿上的固体就是醇钠盐。滴几滴水在醇钠上面，检查溶液的碱性。

（2）Lucas 试验

取正丁醇、仲丁醇、叔丁醇三种样品各 0.5mL，分别放入 3 支干燥的试管中。加 Lucas 试剂 1mL，充分摇动后静置。若溶液立即见有浑浊，并且静置后分层为叔丁醇。如不见浑浊，则放在水浴中温热几分钟，静置，溶液慢慢出现浑浊，为仲丁醇。水浴加热后仍不反应的为伯丁醇。

（3）醇的氧化

取三支试管，各加入 10 滴 5% 的高锰酸钾溶液、5 滴 $3mol \cdot L^{-1}$ 硫酸（1.5mL），然后分别加入 10 滴正丁醇、仲丁醇、叔丁醇。充分摇动试管，观察溶液颜色变化情况，若无变化，可微热后再观察。

（4）甘油与氢氧化铜反应

取 2 支试管，各加入 10 滴 10% NaOH 溶液和 5% CuSO$_4$ 溶液，混匀后，分别加入乙醇、甘油各 10 滴，振摇，静置，观察现象并解释发生的变化。

2. 酚的鉴别

(1) 酚类与氯化铁溶液的反应

在试管中加入 0.5mL 苯酚的饱和水溶液，再加入 1% 氯化铁水溶液 1～2 滴，观察颜色有何变化。

(2) 酚的溴化

在试管中加入 2 滴苯酚的水溶液，用 1mL 水稀释至 2mL，再滴加饱和溴水，观察溴水不断褪色并有白色沉淀析出。

3. 醛、酮的鉴别

(1) 2,4-二硝基苯肼试验

各取 1mL 2,4-二硝基苯肼试剂于两个试管中，分别滴加 2～3 滴丙酮、苯甲醛，振荡后放置几分钟，若无沉淀生成可温热。有黄色或橙红色沉淀生成，则为正性结果。

(2) 与 Tollens 试剂作用（观察银镜的形成）

分别取 1mL 托伦试剂，装到 2 个干净的试管中，分别加入 3～4 滴丙酮、苯甲醛，振荡后静置。若无变化可温热 2min，有银镜则为正性结果。

为了使银镜附着漂亮，所用试管要清洗干净，最好先用少量稀氢氧化钠溶液洗刷。最后要用稀硝酸处理银镜。

(3) 希夫试验

在试管中加入 1mL 希夫试剂，加入 2 滴试样。在 10min 内出现紫红色则为正性结果。出现紫色的现象证明是醛。

(4) 斐林试验

取三支试管，在每支中都加入斐林试剂甲、乙各五滴，然后在一支试管中加甲醛五滴，摇匀，在另一支试管中加丙酮五滴，摇匀；再在第三支试管中加苯甲醛五滴，摇匀。将三支试管同时放入沸水浴中加热约 2min，观察各试管中的现象有何不同？

【注意事项】

1. 含碳原子数在六个以下的低级醇类均溶于 Lucas 试剂，作用后能生成不溶性的氯代烷，反应液出现浑浊，静置后分层。此试剂可用作各种醇的鉴别和比较。

2. 为了使银镜附着漂亮，所用试管要清洗干净，最好先用少量稀氢氧化钠溶液洗涮，最后用稀硝酸处理银镜。

3. 硝酸银溶液与皮肤接触，立即出现难以洗去的黑色金属银，故在滴加和振摇时要注意安全。

4. 2,4-二硝基苯肼试剂的配制：15mL 浓硫酸溶解 3g 2,4-二硝基苯肼，搅拌下把溶液加入 20mL 水和 70mL 乙醇的混合溶液中。

5. 托伦试剂的配制：在干净的试管中加入 3mL 10% 硝酸银水溶液，再加入 2mL 10% 氢氧化钠水溶液，振荡中滴加约 2% 的氨水溶液，直至生成的沉淀溶解（不得过量，否则会影响实验的灵敏度）。

6. 希夫试剂的配制：A. 把 0.1g 品红盐酸盐溶于 100mL 蒸馏水中，过滤。在制成的该溶液中加入 4mL 饱和亚硫酸钠水溶液，1h 后加入 2mL 盐酸混匀为希夫试剂。B. 按 A 法配制 0.1% 品红盐酸盐溶液，另取 100mL 水并在水中通入二氧化硫使饱和。将以上两个水溶液混合均匀，静置过夜。

7. Lucas 试剂的配制：34g 无水氯化锌溶于 23mL 浓盐酸，得溶液约 35mL。

【思考题】

1. 设计实验方案，用化学方法鉴别下列各组化合物：

(1) 丙醇与异丙醇　　　　　　(2) 丙醇与丙三醇

(3) 苯、环己醇、苄醇与苯酚　　(4) 乙醇与苯酚

2. 在配制卢卡斯试剂时应注意些什么？为什么可用卢卡斯试剂来鉴别伯醇、仲醇和叔醇？此反应用于鉴别有什么限制？

3. 苯酚为什么能溶于氢氧化钠和碳酸钠溶液中，而不溶于碳酸氢钠溶液？

4. 苯甲醇中混有少量苯甲醛，试设计实验将其分离。

实验18 羧酸、羧酸衍生物和胺的鉴别

【实验目的】

1. 巩固羧酸、羧酸衍生物和胺的化学特性。

2. 掌握羧酸、羧酸衍生物和胺的鉴别方法。

3. 掌握区别一级胺、二级胺和三级胺的化学方法。

【实验原理】

在羧酸分子中，由于 p-π 共轭，使得 O—H 键的极性增强，有利于 H 原子的解离，所以羧酸的酸性强于醇。羧酸溶于 5％碳酸氢钠水溶液，是区别于其他酸性有机化合物（如酚）的化学特征。甲酸由于结构特殊，具有较强的还原性，可发生银镜反应。草酸能被高锰酸钾氧化，常用作高锰酸钾的定量测定。

羧酸分子中的羟基可被卤原子、酰氧基、烃氧基、氨基取代生成酰卤、酸酐、酯、酰胺等羧酸衍生物。在这些羧酸衍生物中，具有相似的化学性质，在一定条件下，都能发生水解、醇解、氨解反应，其活性顺序为酰卤＞酸酐＞酯＞酰胺。

胺呈碱性，可溶于无机酸，这是胺的特征反应。伯、仲、叔胺可由 Hinsberg 试验区别。伯胺与苯磺酰氯作用生成磺酰胺，在碱中以盐的形式存在，可溶于碱液中，但加酸又可析出。仲胺与苯磺酰氯作用，生成不溶于碱的油状物或沉淀，加酸也不溶解。叔胺氮上无氢，与苯磺酰氯不发生反应，在碱中不溶，但加酸可溶解。

【实验用品】

仪器：试管，试管架，滴管，镊子，表面皿，烧杯，电热套，温度计等。

试剂：亚硝酸钠，氯化钠，1％ $AgNO_3$ 溶液，10％ $FeCl_3$ 溶液，溴水，3mol·L^{-1} H_2SO_4，浓硫酸，1mol·L^{-1} 盐酸，浓盐酸，Na_2CO_3 饱和溶液，饱和亚硫酸氢钠溶液，5％ $NaHCO_3$ 溶液，20％氢氧化钠溶液，0.5％高锰酸钾溶液，0.5mol·L^{-1} 盐酸羟胺乙醇溶液，托伦试剂，斐林试剂，甲酸，乙酸，草酸，苯甲酸，乙酰氯，乙酰胺，乙酸酐，乙酸乙酯，乙酰乙酸乙酯，苯胺（新蒸），乙胺，二乙胺，三乙胺，β-萘酚溶液，苯磺酰氯，2,4-二硝基苯肼，甲醇，无水乙醇。

【实验内容】

1. 羧酸的鉴定

(1) 溶解性和酸性实验

分别取甲酸、乙酸、苯甲酸、草酸少许，观察其水溶性。水溶性羧酸用 pH 试纸检测其酸性，非水溶性羧酸用少量乙醇或甲醇溶解，然后滴加水使溶液恰至浑浊，再滴加 1~2 滴醇使溶液恰至澄清，用 pH 试纸检测其酸性。

分别取乙酸、苯甲酸、草酸少许，溶于 5% $NaHCO_3$ 溶液，观测现象。

（2）氧化反应

分别取甲酸、乙酸及草酸水溶液少许，加入稀硫酸和 0.5% 高锰酸钾溶液，加热至沸，观测现象，比较反应速率。

（3）取甲酸两份，分别加入托伦试剂和斐林试剂，观测现象。

2. 羧酸衍生物的鉴定

（1）水解反应

在试管中加入 1mL 蒸馏水，沿管壁慢慢滴入 3 滴乙酰氯，略微振摇试管，乙酰氯与水剧烈作用，并放出热（用手摸试管底部）。待试管冷却后，再滴加 1% $AgNO_3$ 溶液，观察溶液有何变化。

在试管中加入 1mL 水，并滴加 3 滴乙酸酐，由于它不溶于水，呈珠粒状沉于管底。再略微加热试管，这时乙酸酐的珠粒消失，并嗅到特殊气味。说明乙酸酐受热发生水解，生成了何种物质？

（2）醇解反应

在三支试管中，分别加入 1mL 乙酸乙酯和 1mL 水。然后在第 1 支试管中，再加入 0.5mL 3mol·L^{-1} H_2SO_4，在第 2 支试管中再加入 0.5mL 20%NaOH，将三支试管同时放入 70~80℃ 的水浴中，一边振摇，一边观察并比较酯层消失的快慢。

在两支试管中分别加入 0.2g 乙酰胺，然后一支加入 2mL 20%NaOH 溶液，另一支加入 2mL 3mol·L^{-1} H_2SO_4，小火加热至沸，嗅释放出的气味，并可在试管口用润湿的试纸检验。加入硫酸的试管冷却后加入 20%NaOH 溶液至碱性，再加热并嗅其气味（或用试纸检验）。

在干燥的试管中加入 1mL 无水乙醇，在冷却与振摇下沿试管壁慢慢滴入 1mL 乙酰氯。反应剧烈并放热，待试管冷却后，再慢慢加入约 3mL 饱和 Na_2CO_3 溶液中和至出现明显的分层，并可闻到特殊香味。

在干燥的试管中加入 1mL 无水乙醇和 1mL 乙酸酐，混匀后，再滴加 3~4 滴浓硫酸。振摇下在小火上微沸。放置冷却后，慢慢加入约 3mL 饱和 Na_2CO_3 溶液中和至析出酯层，并可闻到特殊香味。

（3）氨解反应

在干燥的试管中加入 0.5mL 新蒸苯胺，再滴加 0.5mL 乙酰氯，振摇后，用手摸试管底部有无放热。然后，再加入 2~3mL 水，观察有无结晶析出。

在干燥的试管中加入 0.5mL 新蒸苯胺，再滴加 0.5mL 乙酸酐，振摇并用小火加热几分钟，冷却后，加入 2~3mL 水，观察有无结晶析出。

（4）酯的鉴别试验

羟肟酸铁实验：在两支试管中分别加入 1mL 0.5mol·L^{-1} H_2SO_4 盐酸羟胺乙醇溶液，再加入 2~3 滴酯的试样，混匀并在混合液中加 4 滴 20%氢氧化钠水溶液，振荡，沸水浴中加热 2min，稍冷，加入 2mL 1mol·L^{-1} 盐酸。如果出现浑浊，可加入 2mL 乙醇。振荡并加入 1~2 滴 10% $FeCl_3$。

（5）乙酰乙酸乙酯的鉴定

2,4-二硝基苯肼试验：往试管中加入 10 滴 10％乙酰乙酸乙酯溶液，再加入两滴 2,4-二硝基苯肼，观察有无橙色沉淀生成？这说明了什么？

氯化铁-溴水试验：在试管中加入 10 滴 10％乙酰乙酸乙酯溶液，再加入一滴 2％氯化铁溶液，是否出现紫色？为什么？向此溶液中快速滴加溴水数滴，振荡后溶液颜色有何变化？为什么？静置片刻后溶液有何变化？

亚硫酸氢钠实验：在试管中加入 2mL 10％乙酰乙酸乙酯溶液和 0.5mL 饱和亚硫酸氢钠溶液，振荡 5～10min，析出胶体沉淀，则表明有酮式结构存在。再向其中加入饱和碳酸钠溶液，振荡后沉淀消失。

（6）胺的鉴别试验

与亚硝酸反应：在一个试管中加入 0.3mL 胺的试样、1mL 浓盐酸和 2mL 水，另一支试管中用 2mL 水溶解 0.3g 亚硝酸钠，将两个试管放在冰盐浴中冷却至 0～5℃，振荡情况下把亚硝酸钠溶液慢慢加入试样的酸性溶液中，直到混合物遇淀粉-碘化钾试纸变蓝为止。若反应中放出氮气为脂肪伯胺。若反应混合物无气体也无固体出现，则在试管中滴加 β-萘酚溶液，出现红色沉淀为芳香伯胺，若变为绿色，则为芳香叔胺。

Hinsberg 实验：在 3 支试管中，分别放入 0.1mL 胺的样品、5mL 10％ NaOH、3 滴苯磺酰氯，塞住试管口，剧烈振荡，除去塞子，振摇下在水浴上温热 1min，冷却溶液，用试纸检验是否呈碱性，观察有无固体或油状物析出？

【注意事项】

1. 羧酸的酸性可用刚果红试纸（变色范围为 pH3.0～5.0）检验，也可以用 pH 试纸。
2. β-萘酚溶液的配制：5g β-萘酚溶于 500mL 5％氢氧化钠水溶液中。

【思考题】

1. 羧酸成酯反应为什么必须控制在 60～70℃？温度偏高或偏低会有什么影响？
2. 饱和氯化钠溶液对酯化反应有何作用？
3. 在羧酸及其衍生物与乙醇的反应中，为什么在加入饱和碳酸钠溶液后，乙酸乙酯才分层浮在液面上？
4. 为什么酯化反应中要加浓硫酸？为什么碱性介质能加速酯的水解反应？
5. 甲酸具有还原性，能发生银镜反应。其他羧酸是否也有此性质？为什么？
6. 根据实验事实，比较各种羧酸衍生物的化合物的活泼性。

实验 19 糖、氨基酸和蛋白质的鉴别

【实验目的】

1. 巩固糖、氨基酸和蛋白质的化学特性。
2. 掌握糖类的鉴别方法。
3. 熟悉氨基酸和蛋白质的特征颜色反应及其鉴别方法。

【实验原理】

单糖、二糖溶于水，不溶于有机溶剂；大分子的多糖微溶或不溶于水。糖的熔点比较高，一般在 200℃以上。还原糖的鉴别用托伦试剂和本尼迪特试剂，分别生成银镜和铜镜。

氨基酸和蛋白质分子组成中的某些特殊结构，与某些试剂作用可以表现出特殊的颜色反

应，利用此性质，可检验出氨基酸及蛋白质。氨基酸是两性化合物，易溶于强酸和强碱，不溶于有机溶剂。氨基酸与水合茚三酮溶液共热，经过一系列反应，最终可生成被称作罗曼紫的紫色化合物，此反应是 α-氨基酸所共有，但亚氨基脯氨酸例外。蛋白质在某些物理因素和化学因素条件下可破坏其蛋白质结构，进而改变其性质，这种现象称为蛋白质的变性。变性后的蛋白质溶解度降低，产生沉淀。

【实验用品】

仪器：试管，试管架，滴管，镊子，表面皿，烧杯，电热套，温度计等。

试剂：5%氢氧化钠，1%硫酸铜，浓硝酸，浓硫酸，浓氨水，硫酸铵，饱和硫酸铜溶液，饱和醋酸铅溶液，饱和硝酸银溶液，0.2%茚三酮，硝酸汞试剂，斐林试剂 A 和 B，本尼迪特试剂，10%的 α-萘酚乙醇溶液，1%甘氨酸，1%谷氨酸，鸡蛋白，20g·L^{-1}葡萄糖溶液，20g·L^{-1}果糖溶液，20g·L^{-1}麦芽糖溶液，20g·L^{-1}乳糖溶液，20g·L^{-1}淀粉水溶液，20g·L^{-1}蔗糖溶液。

【实验内容】

1. 糖的鉴别

(1) 与斐林试剂的反应

一支大试管中加入斐林试剂 A 和 B 各 3mL，摇匀后均分于 6 支试管中，分别加入 20g·L^{-1}葡萄糖、20g·L^{-1}果糖、20g·L^{-1}麦芽糖、20g·L^{-1}乳糖、20g·L^{-1}蔗糖、20g·L^{-1}淀粉水溶液各 0.5mL，在 60～80℃热水浴中加热几分钟，观察并比较结果。

(2) 与本尼迪特试剂的反应

在六支试管中加入本尼迪特试剂 1mL，再分别加入 20g·L^{-1}葡萄糖、20g·L^{-1}果糖、20g·L^{-1}麦芽糖、20g·L^{-1}乳糖、20g·L^{-1}蔗糖、20g·L^{-1}淀粉水溶液各 0.5mL，在沸水浴中加热 2～3min，观察并比较结果。

(3) Molish 试验（α-萘酚试验）

往试管加入 0.5mL 5%的含糖样品水溶液，滴入 2 滴 10%的 α-萘酚乙醇溶液，混匀后均匀将试管倾斜约 45°角，沿管壁慢慢加入 1mL 浓硫酸（勿摇动）。此时样品在上层，硫酸在下层，若在两层交界处出现紫色的环，表明样品中含有糖类化合物。

2. 氨基酸和蛋白质的颜色反应

(1) 茚三酮反应

于两支试管中分别加入 1%甘氨酸、鸡蛋白溶液各 2mL，再加 0.2%茚三酮溶液 3～4 滴，然后将两支试管放在沸水浴中加热 8～10min，观察两支试管有什么现象发生？

(2) 缩二脲反应

于一支试管中加入鸡蛋白溶液 2mL，滴加 5%氢氧化钠溶液至呈碱性，再加 3～5 滴 1%硫酸铜溶液，观察有何颜色？

另取 1%谷氨酸 2mL，按上法加入同样试剂作对照实验，比较反应结果。

(3) 黄蛋白反应

一支试管中加入鸡蛋白溶液 2mL 和浓硝酸 0.5mL，加热煮沸 1～2min，观察呈什么现象？溶液冷却后，加入过量浓氨水，又呈什么颜色？

(4) 与硝酸汞试剂作用

在试管中加入 2mL 蛋白质溶液和 2 滴硝酸汞试剂，小心加热并观察，有什么现象发生？

3. 盐析作用

在试管中加入 4mL 蛋白质溶液，在轻轻振摇下，向其中加入硫酸铵粉末，直至硫酸铵不再溶解为止。静置观察，当下层产生絮状沉淀后，小心吸出上层清液，再向试管中加入等体积的蒸馏水，振摇后观察沉淀是否溶解？为什么？

4. 与重金属盐作用

在3支试管中，各加入2mL蛋白质溶液，再分别缓慢滴加饱和硫酸铜溶液、醋酸铅溶液、硝酸银溶液，边滴加边振摇，观察并记录实验现象。

【注意事项】

1. 鸡蛋白的制备：取鸡蛋打一小孔，吸取2.5mL蛋清，放入烧杯，加100～120mL蒸馏水，搅拌过滤，滤液备用。

2. 茚三酮试剂的制备：0.1g茚三酮溶于50mL蒸馏水中，两天内用完，否则失效。

【思考题】

1. 什么叫还原糖？在葡萄糖、果糖、麦芽糖、纤维素中，哪些是还原糖？

2. 蔗糖是二糖，它由哪两种单糖构成的？它有旋光现象吗？

第4章

基础有机合成实验

4.1 亲核取代反应

实验20 1-溴丁烷的制备

【实验目的】

1. 学习以正丁醇制备1-溴丁烷的原理和实验方法。

2. 掌握带有尾气吸收装置的回流、蒸馏等基本操作技术。

【实验原理】

1-溴丁烷为无色或乳白色液体，熔点 $-112.4℃$，沸点 $100\sim104℃$，相对密度 1.27。不溶于水，溶于乙醇、乙醚；主要用于烷化剂、溶剂、稀有元素的萃取剂和用于有机合成。

1-溴丁烷是由正丁醇与溴化钠、浓硫酸共热而制得的。

$$NaBr + H_2SO_4 \longrightarrow HBr + NaHSO_4$$

$$\diagdown\diagup\diagdown OH + HBr \rightleftharpoons \diagdown\diagup\diagdown Br + H_2O$$

可能产生的副反应如下：

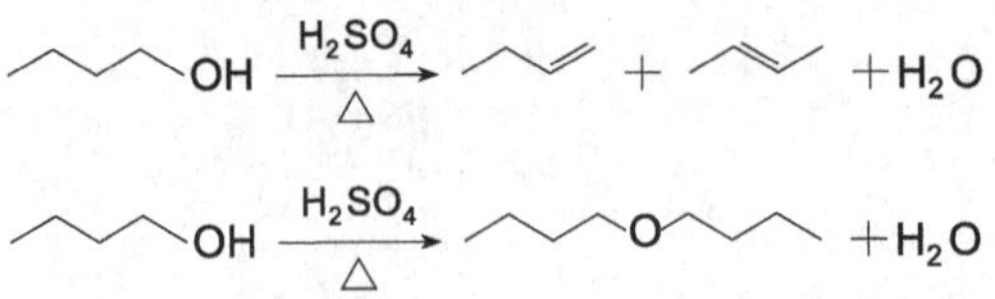

$$\diagdown\diagup\diagdown OH \xrightarrow[\triangle]{H_2SO_4} \diagdown\diagup\diagdown + \diagdown\diagup\diagdown + H_2O$$

$$\diagdown\diagup\diagdown OH \xrightarrow[\triangle]{H_2SO_4} \diagdown\diagup\diagdown O \diagdown\diagup\diagdown + H_2O$$

【实验装置】

1. 带尾气吸收的回流装置（见2.1.4节）。

2. 简单蒸馏装置（见2.2.4节）。

【实验用品】

仪器：圆底烧瓶，球形冷凝管，分液漏斗，锥形瓶等。

试剂：浓硫酸，正丁醇，溴化钠，5%的氢氧化钠溶液等。

【实验步骤】

在 100mL 圆底烧瓶中，加入 10mL 水，慢慢地加入 12mL（0.22mol）浓硫酸，混匀并冷却至室温。加入正丁醇 7.5mL（0.08mol），混匀后加入 10g（0.10mol）研细的溴化钠，充分振摇，再加入几粒沸石，装上球形冷凝管，在冷凝管上端接一吸收溴化氢气体的装置，用 5% 的氢氧化钠溶液作吸收剂。

在石棉网上用小火加热回流 0.5h（在此过程中，要经常摇动）。冷却后，改作蒸馏装置，在石棉网上加热蒸出所有的溴丁烷。

将馏出液小心地转入分液漏斗中，用 10mL 水洗涤，小心地将粗品（哪一层？）转入到另一干燥的分液漏斗中，用 5mL 浓硫酸洗涤。尽量分去硫酸层（哪一层？），有机层依次分别用水、饱和碳酸氢钠溶液和水各 10mL 洗涤。产物移入干燥的小锥形瓶中，加入无水氯化钙干燥，间歇摇动，直至液体透明。将干燥后的产物小心地转入蒸馏烧瓶中。在石棉网上加热蒸馏，收集 99～103℃ 的馏分，产量为 6～7g（产率约 52%）。

纯 1-溴丁烷为无色透明液体，bp 为 101.6℃，n_D^{20} 为 1.4401。

实验用时大约 5h。

【注意事项】

1. 如在加料过程中和反应回流时不摇动，将影响产量。

2. 1-溴丁烷是否蒸完，可从下列三方面来判断：（1）馏出液是否由浑浊变为澄清；（2）蒸馏瓶中上层油层是否已蒸完；（3）取一支试管收集几滴馏出液，加入少许水摇动，如无油珠出现，则表示有机物已经蒸完。

3. 用水洗涤后馏出液如有红色，是因为含有溴的缘故，可以加入 10～15mL 饱和亚硫酸氢钠溶液洗涤除去。

$$2NaBr + 3H_2SO_4(浓) \longrightarrow SO_2 + Br_2 + 2H_2O + 2NaHSO_4$$
$$Br_2 + 3NaHSO_3 \longrightarrow 2NaBr + NaHSO_4 + 2SO_2 + H_2O$$

4. 浓硫酸可洗去粗品中少量的未反应的正丁醇和副产物丁醚等杂质，否则正丁醇和溴丁烷可形成共沸物（bp 98.6℃，含正丁醇 13%）而难以除去。

【思考题】

1. 本实验中，浓硫酸起何作用？其用量及浓度对实验有何影响？

2. 反应后的粗产物中含有哪些杂质？它们是如何除去的？

3. 为什么用饱和碳酸氢钠水溶液洗酸以前，要先用水洗涤？

实验 21　溴乙烷的制备

【实验目的】

1. 学习以乙醇为原料制备溴乙烷的实验原理和方法。

2. 掌握低沸点蒸馏的基本操作和分液漏斗的使用方法。

【实验原理】

溴乙烷为无色油状液体，易挥发，具有乙醚的气味和灼烧味，暴露在空气中或见光变为浅黄色，能与乙醇、乙醚、氯仿和多数有机溶剂混溶。20℃ 时水中的溶解度为 0.914g·$100g^{-1}$，相对密度 1.4612，凝固点 -119℃，沸点 38.4℃，n_D^{20} 为 1.4242。溴乙烷是通过溴化钾与硫酸和乙醇反应而成的，是重要的有机化工原料，农业上用作仓储谷物、仓库及房舍等的熏蒸杀虫剂，还常用于汽油的乙基化等。

实验室可以用浓氢溴酸（质量分数为 47.5％），或用溴化钠和浓硫酸与乙醇作用而制得溴乙烷：

$$NaBr + H_2SO_4 \longrightarrow HBr + NaHSO_4$$

$$\diagup\!\!OH + HBr \rightleftharpoons \diagup\!\!Br + H_2O$$

由于反应是可逆的，可以采用增加其中一种反应物的浓度或使产物溴乙烷及时离开反应体系的方法，使平衡向右移动。本实验正是这两种措施并用，以使反应顺利完成。

此外，尚存在下列副反应：

$$2CH_3CH_2OH \xrightarrow{H_2SO_4} \diagup\!\!\diagup\!\!O\!\!\diagdown + H_2O$$

$$CH_3CH_2OH \xrightarrow{H_2SO_4} H_2C{=}CH_2 + H_2O$$

$$2HBr + H_2SO_4(浓) \xrightarrow{\triangle} Br_2 + SO_2 + 2H_2O$$

【实验装置】

带尾气吸收的简单蒸馏装置（见 2.2.4 节）。

【实验用品】

仪器：圆底烧瓶，球形冷凝管，石棉网，酒精灯，蒸馏装置，分液漏斗，锥形瓶等。

试剂：95％乙醇，浓硫酸，溴化钠等。

【实验步骤】

在 100mL 圆底烧瓶中，加入 10mL（0.17mol）95％乙醇及 9mL 水，在不断搅拌和冷却下，缓缓加入浓硫酸 19mL（0.34mol），混合物冷却至室温，在搅拌下加入预先研细的溴化钠 15g（0.15mol）和几粒沸石，装配成蒸馏装置，接收瓶里放入少量冰水，并将其置于冰水浴中。接引管的支口用橡皮管导入下水道或室外。通过石棉网用小火加热烧瓶，使反应平稳地进行，直到无油滴滴出为止，约 40min 反应即可结束。

将馏出液小心地转入分液漏斗中，将有机层（哪一层?）转入干燥的锥形瓶中，并将其浸在冰水浴中，在振荡下逐滴加入 1～2mL 浓硫酸以除去乙醚、乙醇、水等杂质，使溶液明显分层。再用干燥的分液漏斗分去硫酸层（哪一层?）。

将产物转入蒸馏瓶中（如何转入?），加入沸石，在水浴上加热蒸馏。为避免产物挥发损失，将已称重的干燥的接收瓶浸在冰水浴中，收集 35～40℃馏分，产量约 10g（产率约 54％）。

纯溴乙烷为无色液体，bp 为 38.4℃，n_D^{20} 为 1.4239，d^{20} 为 1.460。

实验用时大约 4h。

【注意事项】

1. 溴化钠应预先研细，并在搅拌下加入，以防结块而影响氢溴酸的产生。若用含有结晶水的溴化钠（$NaBr \cdot 2H_2O$），其量用物质的量换算，并相应减少加入的水量。

2. 溴乙烷沸点低，在水中溶解度小（1∶100），且低温时又不与水作用，为减少其挥发，故接收瓶和使其冷却的水浴中均应放些碎冰，并将接收管支口用橡皮管导入下水道或室外。

3. 反应开始时会产生大量的气泡，故应严格控制反应温度，使其平稳地进行。

4. 馏出液由浑浊变澄清时，表示产物已基本蒸完。停止反应时，应先将接收瓶与接收管分离，然后再撤去热源，以防倒吸。待反应瓶稍冷，趁热将反应瓶内容物倒掉，以免结块而不易倒出。

【思考题】

　　1. 制备溴乙烷时，反应混合物中如果不加水，会产生什么后果？

　　2. 粗产品中可能有哪些杂质？如何除去？

实验 22　乙醚的制备

【实验目的】

　　1. 掌握实验室制备乙醚的原理和方法。

　　2. 学习低沸点易燃液体的蒸馏等操作技术。

【实验原理】

　　乙醚为无色透明液体，有特殊的刺激气味，极易挥发，其蒸气重于空气。在空气的作用下能氧化成过氧化物、醛和乙酸，暴露于光线下能促进其氧化。乙醚的相对密度为 0.7134，熔点 $-116.3℃$，沸点 $34.6℃$，折射率 1.35555，易燃、低毒。

　　醚能溶解多数的有机化合物，因此是有机合成中常用的溶剂。主要用作油类、染料、生物碱、脂肪、天然树脂、合成树脂、硝化纤维、碳氢化合物、亚麻油、石油树脂、松香脂、香料、非硫化橡胶等的优良溶剂。医药工业中用作药物生产的萃取剂和医疗上的麻醉剂；毛纺、棉纺工业中用作油污洁净剂；火药工业中用于制造无烟火药。

　　制备乙醚的反应式：

$$CH_3CH_2OH + H_2SO_4 \xrightleftharpoons{100\sim130℃} CH_3CH_2OSO_2OH + H_2O$$

$$CH_3CH_2OSO_2OH + CH_3CH_2OH \xrightleftharpoons{135\sim145℃} \diagdown\!\!\diagup\!O\!\diagdown\!\!\diagup + H_2SO_4$$

　　总反应：

$$2CH_3CH_2OH \underset{H_2SO_4}{\overset{140℃}{\rightleftharpoons}} \diagdown\!\!\diagup\!O\!\diagdown\!\!\diagup + H_2O$$

　　副反应：

$$CH_3CH_2OH \xrightarrow{H_2SO_4} \begin{cases} \xrightarrow{170℃} H_2C\!=\!CH_2 + H_2O \\ \xrightarrow{[O]} CH_3CHO + H_2O + SO_2\uparrow \end{cases}$$

$$CH_3CHO \xrightarrow{H_2SO_4} CH_3COOH + H_2O + SO_2\uparrow$$

$$SO_2 + H_2O \longrightarrow H_2SO_3$$

【实验装置】

　　1. 控温、滴加、搅拌装置（见 2.1.4 节）。

　　2. 低沸点液体蒸馏装置（见 2.2.4 节）。

【实验用品】

　　仪器：三口烧瓶，滴液漏斗，温度计，接收器，橡皮管，石棉网，分液漏斗，干燥器等。

　　试剂：95% 乙醇，浓硫酸，氢氧化钠，饱和氯化钠，饱和氯化钙，无水氯化钙等。

【实验步骤】

　　1. 乙醚的制备

在干燥的三口烧瓶中，放入 12mL 95％乙醇，将烧瓶浸入冷水浴中。缓缓加入 12mL 浓硫酸混匀。滴液漏斗内盛有 25mL 95％乙醇，漏斗脚末端和温度计的水银球必须浸入液面以下，距离瓶底 0.5～1cm 处。用作接收器的烧瓶应浸入冰水浴中冷却。接收管的支管接上橡皮管通入下水道或室外。将反应瓶放在石棉网上加热，使反应温度比较迅速地上升到 140℃，开始由滴液漏斗慢慢地滴加乙醇，控制滴加速度与馏出速度大致相等（1 滴/s），并维持反应温度在 135～145℃，约 30～45min 滴加完毕，再继续加热 10min，直到温度上升到 160℃，去掉热源，停止反应。

2. 乙醚的精制

将馏出液转入分液漏斗，依次用 8mL 5％的氢氧化钠溶液、8mL 饱和氯化钠溶液洗涤，最后用 8mL 饱和氯化钙溶液洗涤 2 次。分出醚层，用无水氯化钙干燥（注意容器外仍需用冰水冷却）。当瓶内乙醚澄清时，则将它小心地转入蒸馏烧瓶中，加入沸石，在预热过的水浴上（60℃）蒸馏，收集 33～38℃ 的馏分，产量 7～9g（产率 35％）。

纯乙醚的 bp 为 34.5℃，n_D^{20} 为 1.3526。

【注意事项】

1. 若乙醇滴加速度明显超过馏出速度，不仅乙醇未作用已被蒸出，而且会使反应液的温度骤降，减少醚的生成。

2. 使用或精制乙醚的实验台附近严禁火种，所以当反应完成拆下作接收器的蒸馏烧瓶之前必须先灭火。同样，在精制乙醚时的热水浴必须在另处预先热好热水（或用恒温水浴锅），使其达到所需温度，而绝不能一边用明火加热，一边蒸馏。

3. 氢氧化钠洗后，常会使醚层碱性太强，接下来直接用氯化钙溶液洗涤时，将会有氢氧化钙沉淀析出，为减少乙醚在水中的溶解度，以及洗去残留的碱，故在用氯化钙洗以前先用饱和氯化钠洗。另外氯化钙和乙醇能形成复合物 $CaCl_2 \cdot 4CH_3CH_2OH$，因此未作用的乙醇也可以被除去。

【思考题】

1. 本实验中，采用哪些措施把混在粗制乙醚中的杂质一一除去？

2. 反应温度过高或过低对反应有何影响？

实验 23 正丁醚的制备

【实验目的】

1. 掌握醇分子间脱水制醚的反应原理和实验方法。

2. 学习使用分水器的实验操作。

【实验原理】

正丁醚为无色透明液体，具有类似水果的气味，微有刺激性，易燃。熔点 -98℃，沸点 142℃，相对密度 0.7704，几乎不溶于水，n_D^{20} 为 1.3992。常用作溶剂、电子级清洗剂等。

正丁醚主要采用醇分子间脱水的方法制得。

主反应：

$$2 \diagup\!\!\!\!\diagdown\!\!\!\!\diagup OH \xrightarrow[134～135℃]{H_2SO_4} \diagup\!\!\!\!\diagdown\!\!\!\!\diagup O \diagdown\!\!\!\!\diagup\!\!\!\!\diagdown + H_2O$$

副反应：

$$\text{\textasciitilde OH} \xrightarrow[>135℃]{H_2SO_4} \text{\textasciitilde} + H_2O$$

【实验装置】

带分水的回流装置（见 2.1.4 节）。

【实验用品】

仪器：三口烧瓶，温度计，分水器，回流冷凝器，烧瓶，电热套，分液漏斗，干燥器等。

试剂：正丁醇，浓硫酸，沸石，无水氯化钙等。

【实验步骤】

在干燥的 100mL 三口烧瓶中，放入 12.5g（15.5mL）正丁醇和 4g（2.2mL）浓硫酸，摇动使混合，并加入几粒沸石。一瓶口装上温度计，温度计的水银球必须浸入液面以下。另一瓶口装上油水分离器，分水器上端接一球形冷凝管，先在分水器中放置 $(V-2)$ mL 水，然后将烧瓶在电热套上用小火加热，使瓶内液体微沸，开始回流。

随反应的进行，分水器中液面增高，这是由于反应生成的水，以及未反应的正丁醇，经冷凝管冷凝后聚集于分水器中，由于相对密度不同，水在下层，而上层较水轻的有机相积至分水器支管时即可返回反应瓶中，继续加热到瓶内温度升高到 135℃ 左右时。分水器已全部被水充满时，表示反应已基本完成，约需 1h。如继续加热，则溶液变黑，并有大量副产物丁烯生成。反应物冷却后，把混合物连同分水器内的水倒入盛有 25mL 水的分液漏斗中，充分振摇，静置后，分出产物粗制正丁醚。用 16mL 50％硫酸分 2 次洗涤，再用 10mL 水洗涤，然后用无水氯化钙干燥。将干燥后的产物仔细地注入蒸馏烧瓶中，蒸馏收集 139～142℃馏分，产量 5～6g（产率约 50％）。纯正丁醚的 bp 为 142℃，n_D^{20} 为 1.3992。

【注意事项】

1. 如果从醇转变为醚的反应是定量进行的话，那么反应中应该除去的水的体积可以从下式来估算。

$$2C_4H_9OH - H_2O \Longrightarrow (C_4H_9)_2O$$
$$2\times 74g \qquad 18g \qquad 130g$$

本实验是用 12.5g 正丁醇脱水制正丁醚，那么应该脱去的水量为：

$$\frac{12.5g \times 18g \cdot mol^{-1}}{2 \times 74g \cdot mol^{-1}} = 1.52g$$

所以，在实验以前预先在分水器中加 $(V-2)$ mL 水，V 为分水器的容积，那么加上反应后生成的水一起正好充满分水器，而使汽化冷凝后的醇正好溢流返回反应瓶中，从而达到自动分离的目的。

2. 本实验利用恒沸混合物蒸馏的方法将反应生成的水不断从反应中除去。正丁醇、正丁醚和水可能生成以下几种恒沸混合物：

体系	恒沸混合物	沸点/℃	质量分数/%		
			正丁醚	正丁醇	水
二元	正丁醇-水	93.0		55.5	45.5
	正丁醚-水	94.1	66.6		33.4
	正丁醇-正丁醚	117.6	17.5	82.5	
三元	正丁醇-正丁醚-水	90.6	35.5	34.6	29.9

3. 用 50%硫酸处理是基于正丁醇能溶解在 50%的硫酸中，而产物正丁醚则很少溶解。也可以用这样的方法来精制正丁醚：待混合物冷却后，转入分液漏斗，仔细用 20mL 2mol·L^{-1} 氢氧化钠洗至碱性，然后用 10mL 水及 10mL 饱和氯化钙溶液洗去未反应的正丁醇，以后如前法一样进行干燥，蒸馏。

【思考题】
1. 制备乙醚和正丁醚在反应原理和实验操作上有何不同？
2. 反应结束为什么要将混合物倒入 25mL 水中？各步洗涤的目的是什么？

实验 24　苯乙醚的制备

【实验目的】
1. 通过苯乙醚的制备，了解 Williamson 合成法的原理及方法。
2. 进一步熟悉蒸馏、分液等基本操作。

【实验原理】
苯乙醚为无色油状液体，有芳香气味。熔点－30℃，沸点 172℃，相对密度 0.967，n_D^{20} 为 1.507，不溶于水，易溶于醇和醚。苯乙醚不易被氧化，易发生亲电取代反应，与浓氢碘酸共热可分解为苯酚和碘乙烷。主要用作合成原料和有机反应的助溶剂。还用作有机合成中间体，用于制造医药、染料等。

苯乙醚可以由苯酚钠与溴乙烷反应制得，也可用氯乙烷或硫酸二乙酯代替溴乙烷反应制得。

$$\text{OH} + C_2H_5Br \xrightarrow{\text{NaOH}} \text{O}\!\!-\!\!$$

【实验装置】
控温-滴加-回流装置（见 2.1.4 节）。

【实验用品】
仪器：三口烧瓶，球形冷凝管，搅拌器，空气冷凝管，温度计，量筒，锥形瓶，圆底烧瓶等。

试剂：氢氧化钠，苯酚，溴乙烷，氯化钠，无水硫酸镁等。

【实验步骤】
取 4g 氢氧化钠加入 5mL 水溶解，将氢氧化钠溶液和 7.5g 苯酚加入到装有搅拌器、球形冷凝管的 100mL 三口烧瓶中，在不断搅拌下加热，待温度上升至 80～90℃时开始滴加溴乙烷 6mL（滴加时一定要缓慢并调节好转子的速度）。大约 1h 后溴乙烷滴加完毕，再保温持续加热 1.5h，停止加热，冷却，向三口烧瓶中加入 10mL 的水，将其倒入 100mL 分液漏斗中，分出上层液，用 5mL 的饱和氯化钠溶液洗涤两次，将洗涤好的上层液倒入 50mL 锥形瓶中，用无水硫酸镁进行干燥，将干燥好的液体倒入 100mL 圆底烧瓶中进行蒸馏，收集 160℃以上的馏分，产率为 33.6%。

【注意事项】
1. 滴加溴乙烷时要缓慢。
2. 萃取分液时要注意基本要求，保留上层液体。

3. 干燥时加入无水硫酸镁的量一定要适量，刚出现散落状时正合适。

4. 蒸馏时蒸气温度稳定再开始收集，温度急剧下降后停止收集。

【思考题】

1. 反应过程中产生的白色固体是什么？

2. 反应加入氢氧化钠的目的是什么？

3. Williamson 法合成苯乙醚的反应机理是什么？

4.2 亲电取代反应

实验 25　邻硝基苯酚和对硝基苯酚的制备

【实验目的】

1. 学习芳烃硝化反应的基本理论和方法。

2. 掌握水蒸气蒸馏的基本原理和操作技术。

【实验原理】

邻硝基苯酚为淡黄色针状或棱状结晶，熔点 43～47℃，沸点 214～216℃。可溶于乙醇、乙醚、苯、二硫化碳、苛性碱和热水，微溶于冷水，能与蒸汽一同挥发。常用作医药、染料、橡胶助剂、感光材料等有机合成的中间体，亦可用作单色 pH 值指示剂。邻硝基苯酚可形成分子内氢键，因此，沸点较低可以减压蒸馏或水蒸气蒸馏出来。邻硝基苯酚可由邻硝基氯苯经氢氧化钠溶液水解、酸化而得。也可由苯酚经硝酸硝化成邻硝基苯酚和对硝基苯酚混合物，再经水蒸气蒸馏分离而得。

对硝基苯酚纯品为浅黄色结晶，熔点 114～116℃，沸点 279℃，无味。常温下微溶于水，易溶于乙醇、氯仿及乙醚，不易随蒸气挥发，能升华。常用作农药、医药、染料等精细化学品的中间体。对硝基苯酚一般由对硝基氯苯经水解、酸化而得。也可将对硝基氯苯与氢氧化钾在氨中于 75℃加热 3h，反应后用盐酸酸化，即得对硝基酚。

本实验采用苯酚经硝酸硝化成邻硝基苯酚和对硝基苯酚混合物，再经水蒸气蒸馏分离得到邻硝基苯酚和对硝基苯酚。

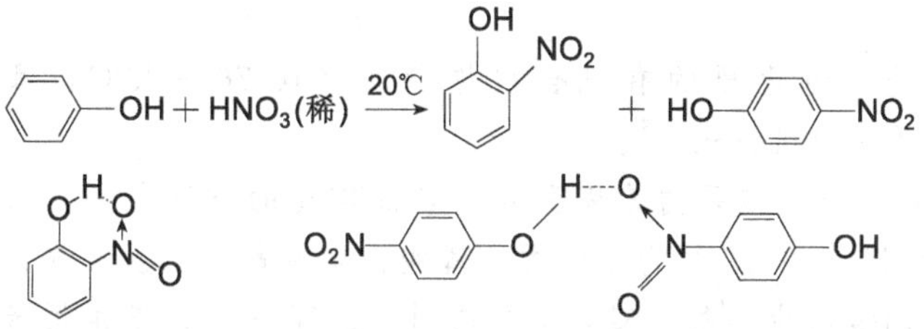

邻硝基苯酚　　　　　　　　对硝基苯酚

【实验装置】

控温-滴加-回流装置（见 2.1.4 节）。

【实验用品】

仪器：三口烧瓶，温度计，恒压滴液漏斗，水蒸气蒸馏装置，布氏漏斗，减压过滤瓶。

试剂：浓硫酸，硝酸钠，苯酚，浓盐酸。

【实验步骤】

在 100mL 三口烧瓶上，装上温度计和恒压滴液漏斗，加入 30mL 水，在搅拌和冰水浴下慢慢加入 10.6mL 浓硫酸，再加入 11.6g 硝酸钠，混合均匀后继续冰水浴，将 6.8mL 的苯酚用 2mL 温水溶解，冷却后转入恒压滴液漏斗中，滴加入三口烧瓶中，滴加过程中控制反应温度在 15～20℃，滴加完毕，继续搅拌 30min 以上，得到黑色焦油状混合物，冰水浴冷却，混合物凝固，小心倾去酸液，再用水洗涤几次，每次都小心地倾去酸液，将固体残留物改为水蒸气蒸馏，直到馏出液无黄色油状物为止，馏出液冷却后析出黄色固体，减压过滤得黄色固体，用乙醇-水混合液重结晶，得邻硝基苯酚。

水蒸气蒸馏的残留物加入适量的水，再加入约 5mL 浓盐酸，加热溶解，将混合液慢慢加入到含有少量冰水的烧杯中，很快就有黄色固体析出，减压过滤，滤渣用稀盐酸溶液（2%～3%）重结晶，得对硝基苯酚。

【注意事项】

1. 硝化过程要严格控制温度。当温度低于 15℃，邻硝基苯酚的产率降低；温度高于 20℃，邻硝基苯酚和对硝基苯酚将会继续硝化，同时可能会发生氧化反应。

2. 在水蒸气蒸馏之前一定要多次洗涤三口烧瓶中的混合物，使酸液尽可能除尽，否则会发生硝化或氧化反应。

【思考题】

1. 本实验可能有哪些副反应？怎样减少副反应的发生？

2. 水蒸气蒸馏的原理是什么？被提纯物质应当具备什么条件才能采用水蒸气蒸馏分离？

3. 试比较苯、硝基苯和苯酚硝化反应的难易程度，并解释原因。

实验 26　对二叔丁基苯的制备

【实验目的】

1. 学习 Friedel-Crafts 烷基化反应制备烷基苯的基本原理。

2. 掌握以卤代烃作为烷基化试剂进行烷基化反应的实验方法。

3. 进一步巩固带尾气吸收和干燥的回流、分液及蒸馏等操作技术。

【实验原理】

对二叔丁基苯是一种重要的有机合成原料，熔点 76～79℃，沸点 236℃，折射率 1.4871（20℃），密度 0.854g·cm^{-3}。

Friedel-Crafts 烷基化反应是向芳环引入烃基最重要的方法之一，工业上通常用烯烃作为烃基化试剂，氯化铝-氯化氢-烃的配合物、磷酸、无水氟化氢及浓硫酸等作催化剂，利用分子内的 Friedel-Crafts 反应制备。实验室合成对二叔丁基苯通常是用芳烃和卤代烷在无水氯化铝等 Lewis 酸催化下进行反应：

$$\text{◯} + 2(CH_3)_3CCl \xrightarrow{\text{无水 AlCl}_3} \text{◯} + 2HCl$$

【实验装置】

带干燥和尾气吸收的控温-回流装置（见 2.1.4 节）。

【实验用品】

仪器：温度计，球形冷凝管，三口烧瓶等。

试剂：无水无噻吩苯，叔丁基氯，无水氯化铝等。

【实验步骤】

向装有温度计、球形冷凝管（上端通过一氯化钙干燥管与氯化氢气体吸收装置相连）的100mL三口烧瓶中加入3mL（0.034mol）无水无噻吩苯、10mL（0.09mol）叔丁基氯，将烧瓶用冰水浴冷却至5℃以下，迅速称取、加入0.8g（0.006mol）无水氯化铝，在冰水浴中振荡烧瓶，使反应液充分混合。诱导期之后开始反应冒泡并放出氯化氢气体，注意不时地振荡并控制反应温度在5～10℃，待无明显的氯化氢气体放出时去掉冰水浴，使反应液温度逐渐升到室温，加入8mL冰水分解生成物，冷却后用20mL乙醚分两次萃取反应物，合并醚萃取液，用饱和食盐水溶液洗涤后用无水硫酸镁干燥。减压过滤，在水浴上蒸去大部分乙醚后将残液倾到表面皿中，置于通风橱中让溶剂挥发后即得白色结晶，产量约3g（产率46%），熔点76～77℃。

纯的对二叔丁基苯为白色结晶，mp为78℃。

实验大约用时4h。

【注意事项】

1. 气体吸收装置的玻璃漏斗应略为倾斜，使漏斗口一半在水面上，以防气体逸出和水被倒吸到反应瓶中。

2. 本实验所用仪器试剂均必须干燥无水。噻吩具有芳香性，易与叔丁基烷发生烷基化，因此要除去噻吩。

3. 无水氯化铝应呈小颗粒或粗粉状，暴露在湿空气中立即冒烟。

【思考题】

1. 本实验的烃基化反应为什么要控制在5～10℃进行？温度过高有什么不好？

2. 叔丁基是邻对位定位基，可本实验为何只得到对二叔丁基苯一种产物？如果苯过量较多，即苯/叔丁基氯摩尔比为4:1，则产物为叔丁基苯，试解释之。

实验 27　苯乙酮的制备

【实验目的】

1. 学习利用 Friedel-Crafts 酰基化反应制备芳香酮的原理和方法。

2. 了解无水实验的操作要点，掌握电磁搅拌器的使用。

3. 掌握尾气吸收装置和空气冷凝管的操作，进一步熟练分液漏斗的操作技术。

【实验原理】

苯乙酮为无色晶体或浅黄色油状液体。熔点19.7℃；沸点202.3℃，相对密度1.03（20℃）。有水果香味，不溶于水，易溶于多数有机溶剂，不溶于甘油。能与蒸气一起挥发，氧化时可以生成苯甲酸；还原时可生成乙苯，完全加氢时生成乙基环己烷。苯乙酮可用于调配樱桃、坚果、番茄、草莓、杏等食用香精，还可用作有机化学合成的中间体、纤维素酯和树脂等的溶剂和塑料工业生产中的增塑剂等。

苯乙酮可由苯与乙酸酐反应制得，或由乙苯氧化制得，也可用乙酰氯与苯在氯化铝作用下经傅氏反应制得。Friedel-Crafts 酰基化反应是制备芳香酮最重要和最常用的方法之一，可用 $FeCl_3$、$SnCl_4$、BF_3、$ZnCl_2$、$AlCl_3$ 等 Lewis 酸作催化剂，其中以无水 $AlCl_3$ 和无水 $AlBr_3$ 催化性能最佳；分子内的 Friedel-Crafts 酰基化反应还可用多聚磷酸（PPA）作催化剂。酸酐是常用的酰化试剂，这是因为酰卤味难闻而酸酐原料易得、纯度高、操作方便、无明显的副反应或有害气体放出，反应平稳且产率高，生成的芳酮容易提纯。酰基化反应常用过量的液体芳烃、二硫化碳、硝基苯、二氯甲烷等作为反应的溶剂。

$$\bigcirc + (CH_3CO)_2O \xrightarrow{\text{无水 } AlCl_3} \bigcirc\!\!\!-\!\!C\!\!=\!\!O \ + CH_3COOH$$

Friedel-Crafts 反应是放热反应，通常是将酰基化试剂配成溶液后慢慢滴加到盛有芳香族化合物溶液的反应瓶中，并需密切注意反应温度的变化。由于芳香酮与氯化铝可生成配合物，与烷基化反应相比，酰基化反应的催化剂用量要大得多。对烷基化反应，$AlCl_3/RX$（摩尔比）$=0.1$，酰基化反应 $AlCl_3/RCOCl=1.1$，由于芳烃与酸酐反应产生的有机酸会与 $AlCl_3$ 反应，所以 $AlCl_3/Ac_2O=2.2$。

【实验装置】

1. 带尾气吸收的电动搅拌-滴加-回流装置（见 2.1.4 节）。
2. 简单蒸馏装置（见 2.2.4 节）。
3. 高沸点液体的简单蒸馏装置（见 2.2.4 节）。

【实验用品】

仪器：电动搅拌器，回流装置，烧杯，冷凝管，滴液漏斗，温度计，三口烧瓶，石棉网，分液漏斗等。

试剂：粉状无水氯化钙，无水苯，乙酐，浓盐酸，碎冰，10％氢氧化钠。

【实验步骤】

向装有 10mL 恒压滴液漏斗、电动搅拌装置和球形冷凝管（上端通过一氯化钙干燥管与氯化氢气体吸收装置相连）的 100mL 三口烧瓶中迅速加入 13g（0.097mol）粉状无水氯化铝和 16mL（约 14g，0.18mol）无水苯。在搅拌下将 4mL（约 4.3g，0.04mol）乙酐自滴液漏斗慢慢滴加到三口烧瓶中（先加几滴，待反应发生后再继续滴加），控制乙酐的滴加速度以使三口烧瓶稍热为宜。加完后（约需 10min），待反应稍缓和后在沸水浴中搅拌回流，直到不再有氯化氢气体逸出为止。

将反应混合物冷到室温，搅拌下倒入 18mL 浓盐酸和 35g 碎冰的烧杯中（在通风橱中进行），若仍有固体不溶物，可补加适量浓盐酸使之完全溶解。将混合物转入分液漏斗中，分出有机层（哪一层？），水层用苯萃取 2 次（每次 8mL）。合并有机层，依次用 15mL 10％氢氧化钠、15mL 水洗涤，再用无水硫酸镁干燥。

先在水浴上蒸馏回收苯，然后在石棉网上加热蒸去残留的苯，稍冷后改用空气冷凝管（为什么？）蒸馏收集 195～202℃馏分，产量约为 4.1g（产率 85％）。

纯苯乙酮为无色透明油状液体，bp 为 202℃，mp 为 20.5℃，n_D^{20} 1.5372。

【注意事项】

1. 本实验也可用电磁搅拌器或人工振荡代替机械搅拌，此时可改用二口烧瓶。若采用人工振荡，回流时间应增长，以提高产率。
2. 本实验所用的仪器和试剂均需充分干燥。无水 $AlCl_3$ 质量的好坏对实验的影响很大，研细、称量、投料都要迅速；可用带塞锥形瓶称量 $AlCl_3$，投料时将纸卷成筒状插入瓶颈。

3. 乙酐在用前应重新蒸馏，收集 137～140℃馏分备用。

【思考题】

1. Friedel-Crafts 酰基化反应和烷基化反应各有何特点？在两反应中，AlCl$_3$ 和芳烃的用量有何不同？为什么？

2. 反应完成后为什么要加入浓 HCl 和冰水的混合物来分解产物？

3. 下列试剂在无水 AlCl$_3$ 存在下相互作用，应得什么产物？

(1) 过量苯＋ClCH$_2$CH$_2$Cl　　(2) 苯和马来酐

4. 为什么硝基苯可作为 Friedel-Crafts 反应的溶剂？芳环上有 OH、OR、NH$_2$ 等基团存在时对 Friedel-Crafts 反应不利，甚至不发生反应，为什么？

4.3　加成反应

实验 28　1，2-二溴乙烷的制备

【实验目的】

1. 学习以醇为原料通过烯烃制备邻二卤代烃的实验原理和过程。

2. 巩固蒸馏的基本操作和分液漏斗的使用方法。

【实验原理】

1,2-二溴乙烷为无色有甜味的液体，沸点 131.4℃，相对密度 2.17，有挥发性，有毒。微溶于水，溶于乙醇、乙醚、氯仿、丙酮等有机溶剂。

1,2-二溴乙烷性质稳定，常与四乙基铅同时加在汽油中，可使燃烧后产生的氧化铅变为具有挥发性的溴化铅，从内燃机中排出。还可用作乙基化试剂、溶剂；农业上用作杀线虫剂、合成植物生长调节剂；医药上用作合成二乙基溴苯乙腈中间体，溴乙烯、亚乙烯二溴苯阻燃剂；还用作汽油抗震液中铅的消除剂、金属表面处理剂和灭火剂等。车用汽油采用二氯乙烷与二溴乙烷的混合物以降低成本，而航空汽油则用纯二溴乙烷。

1,2-二溴乙烷可由乙烯与溴加成制得。

反应式：

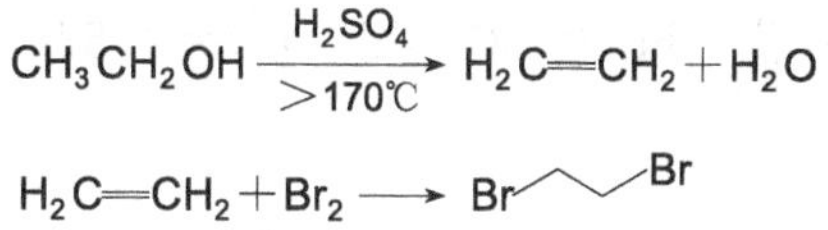

$$CH_3CH_2OH \xrightarrow[>170℃]{H_2SO_4} H_2C{=}CH_2 + H_2O$$

$$H_2C{=}CH_2 + Br_2 \longrightarrow Br\diagup\diagdown Br$$

【实验装置】

【实验用品】

仪器：三口烧瓶，温度计，恒压滴液漏斗，锥形瓶等。

试剂：10％氢氧化钠溶液，液溴，浓硫酸，乙醇，无水氯化钙等。

【实验步骤】

实验装置如图 4-1 所示。在 250mL 三口烧瓶 A（乙烯发生器）一边侧口插上温度计（接近瓶底），中间装上恒压滴液漏斗，另一侧口通过乙烯出口管与安全瓶 B（250mL 减压

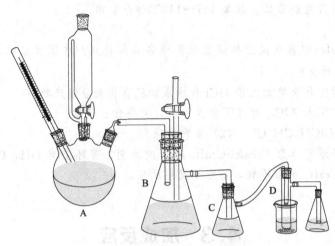

图 4-1　1,2-二溴乙烷的制备装置

过滤瓶)相连,瓶内装有少量水,插入安全管。安全瓶 B 与洗瓶 C(150mL 锥形瓶或用减压过滤瓶)相连,洗瓶 C 内盛有 10% 氢氧化钠溶液以便吸收反应中产生的二氧化硫。洗瓶 C 与盛有 3mL 液溴的反应管 D(具支试管)连接(管内盛有 2～3mL 水,以减少溴的挥发),试管置于盛有冷水的烧杯中,反应管 D 同时连接盛有稀碱液的小锥形瓶,以吸收溴的蒸气。装置要严密,各瓶塞必须用橡皮塞,切不可漏气。

为了避免反应物发生泡沫而影响反应的进行,向三口烧瓶内加入 7g 粗砂。在冰浴冷却下,将 30mL 浓硫酸慢慢加入 15mL 95% 乙醇中,摇匀,然后取出 10mL 混合液加入三口烧瓶 A 中,剩余部分倒入恒压滴液漏斗中,关好活塞。加热前,先将 C 与 D 连接处断开,在石棉网上加热,待温度升到约 120℃时,此时体系内大部分空气已排除,然后连接 C 与 D。当 A 内反应温度升至 160～180℃,即有乙烯产生,调节火焰,使反应温度保持在 180℃左右,使气泡迅速通过安全瓶 B 的液层,但并不汇集成连续的气泡流。然后从滴液漏斗中慢慢滴加乙醇-硫酸的混合液,保持乙烯气体均匀地通入反应管 D 中,产生的乙烯与溴作用。当反应管中溴液褪色或接近无色,反应即可结束,反应时间约 0.5h。先拆下反应管 D,然后停止加热(为什么?)。

将粗品移入分液漏斗,分别用水、10% 氢氧化钠溶液各 10mL 洗涤至完全褪色,再用水洗涤两次,每次 10mL,产品用无水氯化钙干燥。然后蒸馏收集 129～133℃馏分,产量 7～8g。

纯 1,2-二溴乙烷为无色液体,bp 为 131.3℃,$n_D^{20} = 1.5387$。

实验用时大约 7h。

【注意事项】

1. 安全管不要贴底部。若安全管水柱突然上升,表示体系发生了堵塞,必须立即排除故障。

2. 反应过程中,硫酸既是脱水剂,又是氧化剂,因此反应过程中,伴有乙醇被硫酸氧化的副产物二氧化碳和二氧化硫产生,二氧化硫与溴发生反应:

$$Br_2 + SO_2 + 2H_2O \longrightarrow 2HBr + H_2SO_4$$

故生成的乙烯先要经氢氧化钠溶液洗涤,以除去这些酸性气体杂质。

3. 液溴的相对密度为 3.119,通常用水覆盖。液溴对皮肤有强烈的腐蚀性,蒸气有毒,故取溴时需在通风橱内小心进行。

4. 溴和乙烯发生反应时放热，如不冷却，会导致溴大量逸出，影响产量。

5. 仪器装置不得漏气！这是本实验成败的重要因素。

6. 粗砂需经水洗，盐酸酸洗，然后烘干备用。

7. 若不褪色，可加数毫升饱和亚硫酸氢钠溶液洗涤。

【思考题】

1. 影响 1,2-二溴乙烷产率的因素有哪些？试从装置和操作两方面加以说明。

2. 本实验装置的恒压滴液漏斗、安全管、洗气瓶和吸收瓶各有什么用处？

3. 若无恒压滴液漏斗，可用平衡管。如何安装？

实验 29　乙二醇缩苯甲醛的制备

【实验目的】

1. 学习醛与二元醇亲核加成反应的原理和实验方法。

2. 巩固分水器的使用方法。

3. 巩固回流、蒸馏、萃取分液等基本操作。

【实验原理】

缩醛（酮）是一类重要的化合物，通常用于保护羰基或作为有机合成的中间体，同时还是一类用途广泛的香料。

缩醛（酮）传统的合成方法是用无机酸（如浓硫酸、盐酸和磷酸）催化醛（酮）与醇合成，其优点是产品收率高，催化剂价廉易得；但该法存在副反应多、产品纯度不高、设备腐蚀严重、后处理中含有大量的废水、造成环境污染等缺点。文献报道了分子筛、氯化铁、硫酸氢钠、固体杂多酸盐、磷钼酸等对合成缩醛具有良好的催化作用。本实验采用氨基磺酸（$HOSO_2NH_2$）催化合成乙二醇缩苯甲醛。

$$\text{C}_6\text{H}_5\text{—CHO} + \text{HOCH}_2\text{CH}_2\text{OH} \xrightarrow[\triangle]{\text{H}_2\text{NSO}_3\text{H}} \text{C}_6\text{H}_5\text{—CH} \underset{\text{O}}{\overset{\text{O}}{\big<}} + \text{H}_2\text{O}$$

【实验装置】

1. 带控温-分水-回流装置（见 2.1.4 节）。

2. 高沸点液体蒸馏装置（见 2.2.4 节）。

【实验用品】

仪器：三口烧瓶，球形冷凝管，分水器，温度计，锥形瓶，空气冷凝管，蒸馏头，接引管等。

试剂：苯甲醛，乙二醇，氨基磺酸，环己烷等。

【实验步骤】

在 100mL 三口烧瓶中加入 10mL（10.44g，0.098mol）苯甲醛、8.4mL（9.3g，0.15mol）乙二醇、8mL 带水剂环己烷和 0.15g（0.0015mol）氨基磺酸，装上温度计、分水器和球形冷凝管，加热反应并回流分水，至几乎无水分出时，再延长 10～20min，稍冷，放出水层，将有机层合并，用饱和碳酸钠水溶液洗涤一次，再用饱和食盐水溶液洗涤两次，洗涤后的有机层再用无水 $CaCl_2$ 干燥后进行常压蒸馏，先收集前馏分，再收集 216～226℃ 的馏分，即得无色透明具有果香味的液体产品，称量计算收率，测定其折射率。

【注意事项】

1. 实验中采用过量的乙二醇作为反应物，有利于苯甲醛的转化。但过量太多时，则会导致乙二醇自身缩合生成二氧六环，导致产率降低。

2. 带水剂添加需要适量。添加过少，带水不完全；添加过多，则会使反应物浓度降低，不利于产物的生成。

【思考题】

1. 本实验中催化剂的用量越多，会不会反应产率越高？为什么？

2. 产物蒸馏提纯时，当蒸馏温度达到200℃以上有时会发现产品略带微红色，还可以采取什么替代方法来进行最终产品的提纯？

4.4 消除反应

实验 30 环己烯的制备

【实验目的】

1. 学习以浓磷酸催化环己醇脱水制取环己烯的原理和方法。

2. 掌握分馏和水浴蒸馏等基本操作技能。

【实验原理】

环己烯为无色液体，有特殊刺激性气味。沸点83.0℃，相对密度0.81，折射率1.4465。不溶于水，溶于乙醇、醚。是合成赖氨酸、环己酮、苯酚、聚环烯树脂、氯代环己烷、橡胶助剂、环己醇等的有机化工原料。另外，还可用作催化剂、溶剂、石油萃取剂及高辛烷值汽油稳定剂。

环己醇通常可用浓磷酸或浓硫酸作催化剂脱水制备环己烯，本实验是以浓磷酸作脱水剂来制备环己烯的。

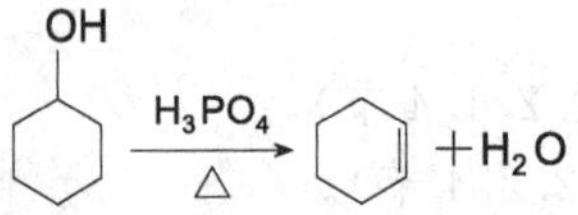

$$\text{环己醇} \xrightarrow[\triangle]{H_3PO_4} \text{环己烯} + H_2O$$

【实验装置】

分馏装置（见2.2.5节）。

【实验用品】

仪器：圆底烧瓶，分馏装置，锥形瓶，分液漏斗，蒸馏烧瓶等。

试剂：环己醇，浓磷酸，无水氯化钙，饱和精盐，5%碳酸钠溶液，20%氢氧化钠溶液等。

【实验步骤】

在50mL干燥的圆底烧瓶中，加入10g环己醇（10.4mL，约0.1mol）、4mL浓磷酸（或2mL浓硫酸）和几粒沸石，充分振摇使之混合。安装分馏装置，分馏柱为短分馏柱（或改用两球分馏柱）。用50mL锥形瓶作接收器，置于冰水浴中。用小火加热混合物至沸腾，控制分馏柱顶部馏出温度不超过90℃，慢慢地蒸出生成的环己烯和水（浑浊液体）。若无液体蒸出时，可把火加大。当烧瓶中只剩下很少量的残渣并出现阵阵白雾时，即可停止加热。全部蒸馏时间约需1h。

将馏出液用约1g精盐饱和，然后加入3～4mL 5％碳酸钠溶液中和微量的酸（或用约0.5mL 20％的氢氧化钠溶液）。将此液体倒入小分液漏斗中，振摇后静置分层。放出下层的水层，上层的粗产品转入干燥的小锥形瓶中，加入1～2g无水氯化钙干燥。将干燥后的粗环己烯（溶液应清亮透明）滤入50mL蒸馏烧瓶中，加入几粒沸石后用水浴加热蒸馏，用干燥小锥形瓶收集80～85℃的馏分。产量3.8～4.6g（产率，46％～56％）。

纯环己烯为无色液体，bp为82.98℃，$n_D^{20}=1.4465$，$d_4^{20}=0.808$。

实验大约用时4h。

【注意事项】

1. 脱水剂可以是磷酸或硫酸。磷酸的用量必须是硫酸的一倍以上，但它却比硫酸有明显的优点：一是不生成炭渣，二是不产生难闻的气体（用硫酸则易生成SO_2副产物）。

2. 由于环己醇在常温下是黏稠状液体（mp 24℃），若用量筒量取（约12mL）时应注意转移中的损失，可用称量法。若用硫酸时，环己醇与硫酸应充分混合，否则，在加热过程中可能会局部炭化。

3. 最好用油浴加热，使蒸馏烧瓶受热均匀。因为反应中环己烯与水形成共沸物（沸点70.8℃，含水10％），环己醇与环己烯形成共沸物（沸点64.9℃，含环己醇30.5％），环己醇与水形成共沸物（97.8℃，80％）。所以，温度不可过高，蒸馏速度不宜过快，以1滴/2～3秒为宜，减少未作用的环己醇蒸出。

4. 在收集和转移环己烯时，最好保持充分冷却，以免因挥发而损失。

5. 水层应分离完全。否则，将达不到干燥的目的。但若水浴加热蒸馏时在80℃以下已有多量液体馏出，可能是由于干燥不够完全所致（氯化钙用量过少或放置时间不够），应将这部分产物重新干燥并进行蒸馏。用无水氯化钙干燥粗产物，还可除去少量未反应的环己醇。

6. 在蒸馏已干燥的产物时，蒸馏所用仪器均需干燥无水。

【思考题】

1. 在制备过程中为什么要控制分馏柱顶部的温度？

2. 在粗制的环己烯中，加入精盐使水层饱和的目的是什么？

3. 如用油浴加热时，要注意哪些问题？

4. 在蒸馏过程中阵阵白雾是什么？

实验 31 正丁醛的制备

【实验目的】

1. 学习掌握由正丁醇氧化制备正丁醛的原理和实验方法。

2. 进一步熟练控温滴加、分馏、蒸馏等操作技术。

【实验原理】

正丁醛为无色透明液体，有窒息性气味，极度稀释则带有飘逸的清香。沸点75.7℃，相对密度0.80。微溶于水，溶于乙醇、乙醚等多数有机溶剂。正丁醛是制造香料的原料

（GB 2760—96 规定为允许使用的食用香料），主要用于配制香蕉、焦糖和其他水果型香精。此外，正丁醛还是合成树脂、塑料增塑剂、硫化促进剂、杀虫剂等的重要有机化工中间体。

正丁醛的合成方法有：①丙烯羰基合成法，即利用丙烯与合成气在 Co 或 Rh 催化剂存在下进行羰基合成反应得到；②乙醛缩合法，即利用乙醛羟醛缩合后脱水、加氢得到；③丁醇氧化法，即利用丁醇氧化脱氢得到。本实验通过正丁醇氧化法合成正丁醛。

$$\diagdown\diagup\diagdown\diagup\text{OH} \xrightarrow{\text{[O]}} \diagdown\diagup\diagdown\text{CHO}$$

【实验装置】

带滴加的分馏装置（见 2.2.5 节）。

【实验用品】

仪器：三口烧瓶，滴液漏斗，刺形分馏柱，温度计直形冷凝管，接液管，圆底烧瓶，烧杯，分液漏斗，锥形瓶。

药品：重铬酸钾，浓硫酸，正丁醇，沸石等。

【实验步骤】

在 250mL 烧杯中将 29.8g 重铬酸钾溶解于 165mL 水中，然后慢慢加入 22mL 浓硫酸，边加边搅拌，使混合均匀，冷却到室温后转入滴液漏斗中。在 250mL 三口烧瓶中加入 28mL 正丁醇和两三粒沸石，加热使正丁醇微沸，热蒸汽刚好上升到分馏柱底部时，开始慢慢滴加重铬酸钾/硫酸的混合溶液，此过程中控制分馏柱顶部的温度为 71～78℃，同时生成的正丁醛不断馏出。滴加完毕，继续小火加热反应 15～20min，收集所有 95℃ 以下的馏分。

将收集的混合物转入分液漏斗中，分去水层，有机相转入干燥的锥形瓶中，无水硫酸镁干燥。最后蒸馏有机相，收集 70～80℃ 馏分。

纯正丁醛为无色透明液体，沸点 75.7℃，$d_4^{20}=0.817$，$n_D^{20}=1.3843$。

【注意事项】

1. 正丁醛和水一起蒸出，接收瓶要用冰浴冷却。正丁醛和水可形成二元共沸物，其中含有 90.3% 的正丁醛，共沸物的沸点为 68℃。正丁醇也可以和水形成二元共沸物，其中含有正丁醇 55.5%，共沸物的沸点为 93℃。

2. 绝大部分正丁醛应在 73～76℃ 馏出，得到的正丁醛应保存在棕色的玻璃磨口瓶内，防止进一步被氧化。

【思考题】

1. 试分析造成本实验中正丁醛的产率低的原因有哪些？
2. 反应混合物颜色的变化说明什么？
3. 为什么采用无水硫酸镁或无水硫酸钠作干燥剂？

4.5　氧化反应

实验 32　环己酮的制备

【实验目的】

1. 学习次氯酸氧化法制备环己酮的原理和方法。

2. 学习简易水蒸气蒸馏法制纯有机物的实验方法及原理。

3. 进一步熟练萃取、干燥、蒸馏等操作技术。

【实验原理】

环己酮为无色或浅黄色透明液体，有强烈的刺激性。沸点155.6℃，相对密度0.95。微溶于水，能与醇、醚、苯、丙酮等多种有机溶剂相混溶。环己酮是重要的化工原料，是制造尼龙、己内酰胺和己二酸的主要中间体。也是重要的工业溶剂，能溶解纤维素醚、纤维素酯、硝酸纤维素、碱性染料、胶乳、沥青、油脂、清漆、生胶、甘油三松香酸酯、醇酸树脂、聚氯乙烯、聚乙酸乙烯酯、聚甲基丙烯酸甲酯、聚苯乙烯以及多种天然树脂。环己酮与氰乙酸缩合得环亚己基氰乙酸，再经消除、脱羧得环己烯乙腈，最后经加氢得到环己烯乙胺，环己烯乙胺是药物咳美切、特马伦等的中间体，用作指甲油等化妆品的高沸点溶剂。

环己酮的制备方法有苯酚法、环己烷氧化法、苯加氢氧化法以及环己醇氧化法等。醇氧化是制备醛、酮的重要方法之一，六价铬是最重要和最常用的氧化试剂，氧化反应可在酸性、碱性或中性条件下进行。由于铬酸和它的盐价格较贵，且会污染环境，本实验采用次氯酸作氧化剂将环己醇氧化成环己酮，可以避免铬酸氧化的缺陷，产率也较高。

【实验装置】

控温-滴加-回流装置（见2.1.4节）。

【实验用品】

仪器：搅拌器，滴液漏斗，温度计，三口烧瓶，石棉网，分液漏斗等。

试剂：环己醇，冰醋酸，氯酸钠，碘化钾，饱和亚硫酸氢钠，无水硫酸镁，碳酸钠等。

【实验步骤】

向装有搅拌器、滴液漏斗和温度计的250mL三口烧瓶中依次加入5.2mL（5g，0.05mol）环己醇和25mL冰醋酸。开动搅拌器，在冰水浴冷却下，将38mL次氯酸钠水溶液（约$1.8 mol \cdot L^{-1}$）通过滴液漏斗逐滴加入反应瓶中，并使瓶内温度维持在30～35℃，加完后搅拌5min，用碘化钾-淀粉试纸检验应呈蓝色，否则应再补加5mL次氯酸钠溶液，以确保有过量的次氯酸钠存在，使氧化反应完全。在室温下继续搅拌30min，加入饱和亚硫酸氢钠溶液至反应液对碘化钾-淀粉试纸不显蓝色为止。

向反应混合物中加入30mL水、3g氯化铝和几粒沸石，在石棉网上加热蒸馏至馏出液无油珠滴出为止。在搅拌下向馏出液中分批加入无水碳酸钠至反应液呈中性为止，然后加入精制食盐使之变成饱和溶液，将混合液倒入分液漏斗中，分出有机层，用无水硫酸镁干燥，蒸馏收集150～155℃馏分，产量为3.0～3.4g（产率61%～69%）。

纯环己酮的bp为155℃，n_D^{20} 1.4507。

本实验约需4学时。

【注意事项】

1. 次氯酸氧化过程中有氯气逸出，反应应在通风橱中进行。

2. 加水蒸馏实际上是简化的水蒸气蒸馏，水的馏出量不宜过多，否则即使盐析后仍有少量环己酮溶于水中。

3. 加入无水氯化铝的目的是防止水蒸气蒸馏时发泡。

4. 分液时如果看不清界面，可加入少量的乙醚或水。

5. 次氯酸钠的浓度可用间接碘量法测定。用移液管吸取 10mL 次氯酸钠溶液于 500mL 容量瓶中，加蒸馏水稀释至刻度，摇匀后吸取 25mL 溶液到 250mL 锥形瓶中，加入 50mL 0.1mol·L^{-1} 盐酸和 2g 碘化钾，用 0.1mol·L^{-1} 硫代硫酸钠溶液滴定析出的碘。5mL 0.2% 淀粉溶液在滴定到近终点时加入。

【思考题】

1. 环己醇用次氯酸氧化得到环己酮，用高锰酸钾氧化则得到己二酸，为什么？

2. 盐析的作用是什么？

3. 能否用铬酸氧化法把 2-丁醇和 2-甲基-2-丙醇区别开来？写出有关反应式。

实验 33　己二酸的制备

【实验目的】

1. 学习用环己醇氧化制备己二酸的原理和方法。

2. 进一步掌握浓缩、过滤、重结晶等操作技能。

【实验原理】

己二酸为白色结晶，熔点 152℃，微溶于水，易溶于乙醇。己二酸是合成尼龙 66 和工程塑料的主要原料，还可用于生产各种酯类产品、聚氨基甲酸酯弹性体。己二酸酸味柔和且持久，在较大的浓度范围内 pH 值变化较小，是较好的 pH 值调节剂，广泛用于各种食品和饮料的酸化剂，其作用有时胜过柠檬酸和酒石酸。

1937 年，美国杜邦公司用硝酸氧化环己醇，首先实现了己二酸的工业化生产。进入 60 年代，工业上逐步改用环己烷氧化法，即先由环己烷制中间产物环己酮和环己醇混合物（即酮醇油，又称 KA 油），然后再进行 KA 油的硝酸或空气氧化制备己二酸。本实验采用高锰酸钾氧化环己醇制备己二酸。

【实验装置】

控温-滴加-回流装置（见 2.1.4 节）。

【实验用品】

仪器：球形冷凝管，温度计，滴液漏斗，三口烧瓶，石棉网，分液漏斗等。

试剂：硝酸，钒酸铵，环己醇，碳酸钠水溶液，高锰酸钾，浓硫酸等。

【实验步骤】

方法一

在装有球形冷凝管、温度计和滴液漏斗的 50mL 三口烧瓶中，放置 6mL（7.9g，0.06mol）50% 的硝酸及少许钒酸铵（约 0.01g），并在冷凝管上接气体吸收装置，用碱液吸收反应过程中产生的二氧化氮气体。三口烧瓶用水浴预热到 50℃，移去水浴，自滴液漏斗滴入 5～6 滴环己醇，同时搅拌至反应开始放出二氧化氮气体，然后慢慢加入其余部分的环己醇，总量为 2mL（约 2g，0.02mol）。期间调节滴加速度，使瓶内温度维持在 50～60℃。温度过高时，可用冷水浴冷却；温度过低时，则可用水浴加热，滴加完毕约需 5min。加完后继续搅拌，并用 80～90℃ 的热水浴加热 10min，至几乎无红棕色气体放出为止。然后将此热液倒入 50mL 的烧杯中，冷却后析出己二酸，减压过滤，用 15mL 冰水洗涤，干燥，粗产物约 2g。粗制的己二酸可以在水中重结晶。纯己二酸为白色棱状晶体，产量约 1.7g（产率约 58%），mp 为 153℃。

方法二

在 250mL 三口烧瓶中加入 2.6mL（0.027mol）环己醇和碳酸钠水溶液（3.8g 碳酸钠溶于 35mL 温水）。在磁力搅拌下，分四批加入研细的 12g（0.051mol）高锰酸钾，约需 2.5h。加入时，控制反应温度始终大于 30℃。加完后继续搅拌，直至反应温度不再上升为止，然后在 50℃ 水浴中加热并不断搅拌（1/2h）。反应过程中有大量的二氧化锰沉淀产生。将反应混合物减压过滤，用 10mL 10% 的碳酸钠溶液洗涤滤渣。搅拌，慢慢滴加浓硫酸，直到溶液呈强酸性，己二酸沉淀析出，冷却，减压过滤，晾干。产量约 2.2g（产率约 62%），mp 为 153℃。

【注意事项】

1. 环己醇与浓硝酸切不可同用一量筒量取，两者相遇会发生剧烈反应，甚至发生意外。

2. 硝酸过浓，反应太剧烈，50% 的硝酸可用市售的 71% 硝酸稀释即可。

3. 钒酸铵不可多加，否则，产品发黄。

4. 本实验最好在通风橱内进行，因产生的二氧化氮有毒，装置要求严密不漏气。

5. 硝酸氧化反应为强烈的放热反应，环己醇滴加速度不宜过快，以避免反应过剧，引起爆炸。一般可在环己醇中加入 0.5mL 水，一是减少环己醇因黏稠带来的损失，二是避免反应过剧。

6. 高锰酸钾氧化时，水太少影响搅拌效果，使高锰酸钾不能充分反应。

7. 加入高锰酸钾后，反应可能不立即开始，可用水浴温热。当温度升到 30℃ 时，必须立即撤开温水浴，放热反应自动进行。

8. 在二氧化锰残渣中易夹杂己二酸钾盐，故须用碳酸钠溶液把它洗下来。

【思考题】

1. 为什么必须严格控制氧化反应的温度？

2. 写出用硝酸和用高锰酸钾氧化环己醇为己二酸的平衡方程式（假定硝酸的分解产物完全是二氧化氮）。根据平衡方程式计算己二酸的理论产量。

4.6 还原反应

实验 34 苯胺的制备

【实验目的】

1. 掌握硝基苯还原为苯胺的实验方法和原理。

2. 巩固水蒸气蒸馏和简单蒸馏的基本操作。

【实验原理】

苯胺又称阿尼林、阿尼林油，无色油状液体，沸点 184℃，相对密度 1.02，分子量

93.128。稍溶于水，易溶于乙醇、乙醚等有机溶剂。苯胺是最重要的胺类物质之一，主要用于制造染料、药物、树脂等。苯胺是染料工业中最重要的中间体之一，它本身也可作为黑色染料使用，其衍生物甲基橙可作为酸碱滴定用的指示剂。由苯胺可衍生 N-烷基苯胺、邻硝基苯胺、环己胺等，可作为杀菌剂敌锈钠、拌种灵，杀虫剂三唑磷、哒嗪硫磷、喹硫磷，除草剂甲草胺、环嗪酮、咪唑喹啉酸等的中间体。此外，苯胺还是橡胶助剂的重要原料，也可作为医药磺胺药的原料，同时也是生产香料、塑料、清漆、胶片等的中间体，并可作为炸药中的稳定剂、汽油中的防爆剂以及用作溶剂。

苯胺的工业生产方法主要有硝基苯铁粉还原法、氯化苯胺化法、硝基苯催化加氢还原法和苯酚氨解法。目前硝基苯加氢还原法是主要的生产方法。

硝基苯还原是制取苯胺的一种重要方法。实验室中常用的还原剂有铁-盐酸、铁-醋酸、锡-盐酸、锌-盐酸等。用锡-盐酸作还原剂时，作用较快，产率较高，不需用电动搅拌，但锡价格较贵，同时盐酸、碱用量较多。

锡-盐酸法：

$$\text{C}_6\text{H}_5\text{NO}_2 \xrightarrow[\text{还原}]{\text{Sn/HCl}} \left(\text{C}_6\text{H}_5\text{NH}_3\right)_2^+ \text{SnCl}_6^{2-}$$

$$\left(\text{C}_6\text{H}_5\text{NH}_3\right)_2^+ \text{SnCl}_6^{2-} + 8\text{NaOH} \longrightarrow 2\,\text{C}_6\text{H}_5\text{NH}_2 + \text{Na}_2\text{SnO}_3 + 5\text{H}_2\text{O} + 6\text{NaCl}$$

铁-醋酸法：

$$4\,\text{C}_6\text{H}_5\text{NO}_2 + 9\text{Fe} + 4\text{H}_2\text{O} \xrightarrow{\text{H}^+} 4\,\text{C}_6\text{H}_5\text{NH}_2 + 3\text{Fe}_3\text{O}_4$$

苯胺有毒，操作时应避免与皮肤接触或吸入其毒气！若不慎触及皮肤，应先用水冲洗，再用肥皂及温水洗涤。

【实验装置】

1. 回流装置（见 2.1.4 节）。
2. 水蒸气蒸馏装置（见 2.2.7 节）。
3. 高沸点液体蒸馏装置（见 2.2.4 节）。

【实验用品】

仪器：圆底烧瓶，球形冷凝管，量筒，电热套，三口烧瓶，电磁搅拌器，导气管，T 形管，温度计，接引管，空气冷凝管，锥形瓶，分液漏斗等。

试剂：锡，硝基苯，浓盐酸，50%氢氧化钠，氯化钠等。

【实验步骤】

1. 锡-盐酸法

在一个 100mL 圆底烧瓶中，放置 9g 锡粒，4mL 硝基苯，装上回流装置，量取 20mL 浓盐酸，分数次从冷凝管口加入烧瓶内并不断摇动反应混合物。若反应太激烈，瓶内混合物沸腾时，将圆底烧瓶浸于冷水中片刻，使反应缓慢。当所有的盐酸加完后，将烧瓶置于沸腾的热水浴中加热 30min，使还原趋于完全，然后使反应物冷却至室温。

在摇动下慢慢加入 50%NaOH 溶液，使反应物呈碱性。然后将反应瓶改为水蒸气蒸馏装置，进行水蒸气蒸馏直到蒸出澄清液为止，将馏出液放入分液漏斗中，分出粗苯胺。水层加入氯化钠 3～5g 使其饱和后，用 20mL 乙醚分两次萃取，合并粗苯胺和乙醚萃取液，用粒状氢氧化钠干燥。

将干燥后的混合液小心地倾入干燥的 50mL 蒸馏烧瓶中，在热水浴上蒸去乙醚，然后改用空气冷凝管，在石棉网上加热，收集 180～185℃ 的馏分，产量 2.3～2.5g（产率 63%～69%）。

2. 铁-醋酸法

在一个 500mL 圆底烧瓶中，放置 40g 铁屑和 40mL 水，再加 2mL 冰醋酸，在回流装置下用小火缓缓煮沸 5min。稍冷，从瓶口加入 21mL 硝基苯，再用小火煮沸，继续回流 1h，回流过程中经常用力振摇反应物，待反应完全后，放冷，在振荡下加入碳酸钠至反应物呈碱性，进行水蒸气蒸馏直到冷凝管中无明显油滴滴下。馏出液用精盐饱和，分出苯胺层，水层用 30mL 乙醚分两次提取，合并苯胺与醚液，用块状氢氧化钠（约 2g）干燥。过滤入蒸馏烧瓶中，先在水浴上蒸去乙醚后，改用空气冷凝管，在石棉网上加热蒸馏，收集 182～185℃ 的馏分，产量 12～13g（产率 64%～69%）。

纯苯胺的 bp 为 184.1℃，n_D^{20} 为 1.5863。

【注意事项】

1. 硝基苯为黄色油状物，若回流液中黄色油状物消失而转变成乳白色油珠时，表示反应已完成，这些白色油珠是苯胺。

2. 在 20℃ 时，每 100mL 水可溶解苯胺 3.4g，为了减少苯胺的损失，根据盐析原理，加入氯化钠使溶液饱和，则溶于水中的苯胺就可成油状析出，浮于饱和食盐水之上。

3. 由于氯化钙能与苯胺形成分子化合物，所以用无水硫酸钠作干燥剂，也可以用固体氢氧化钠、氢氧化钾或无水碳酸钠作干燥剂。

4. 铁屑使用前先与稀酸煮沸，溶去铁屑表面的铁锈，使之活化。

5. 铁-醋酸还原时，硝基苯与稀醋酸不能混溶，且它们与铁屑接触面小，因此充分搅拌反应物是促进还原作用的关键。

6. 反应生成的苯胺有一部分与醋酸形成盐，故需加碱使苯胺游离出来。

7. 苯胺溶于乙醚，而乙醚难溶于水，故可采用乙醚提取。

【思考题】

1. 根据什么原理选择水蒸气蒸馏法把苯胺从反应混合物中分离出来？

2. 如果最后制得的苯胺中含有硝基苯，应该怎样提纯？

4.7 Cannizzaro 反应

实验 35 苯甲醇和苯甲酸的制备

【实验目的】

1. 掌握 Cannizzaro 反应制备苯甲酸和苯甲醇的原理与方法。

2. 通过萃取分离粗产物，熟练掌握洗涤、蒸馏及重结晶等纯化技术。

【实验原理】

Cannizzaro 反应是指无 α-氢的醛类在浓的强碱性水或醇溶液作用下发生的歧化反应。此反应的特征是醛自身同时发生氧化及还原作用，一分子醛被氧化成羧酸（在碱性溶液中成为羧酸盐），另一分子醛则被还原成醇。

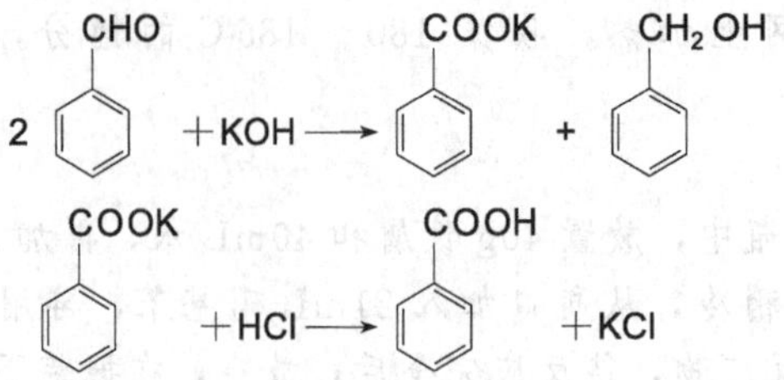

机理：醛首先和氢氧根负离子进行亲核加成得到负离子，然后碳上的氢带着一对电子以氢负离子的形式进攻另一分子的羰基碳原子。

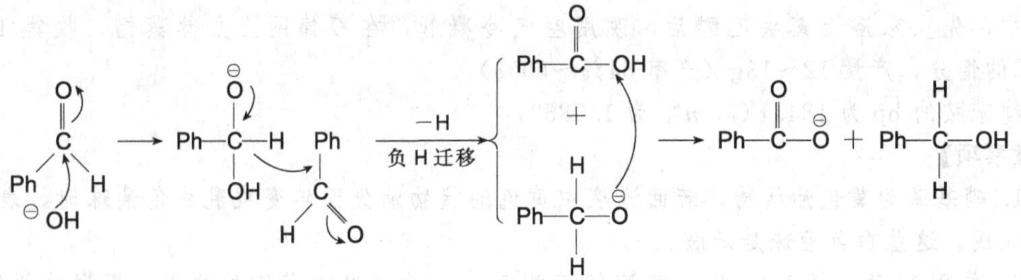

【实验装置】

1. 分水-回流装置（见 2.1.4 节）。
2. 萃取装置（见 2.2.3 节）。
3. 简单蒸馏装置（见 2.2.4 节）。
4. 高沸点液体蒸馏装置（见 2.2.4 节）。

【实验用品】

仪器：圆底烧瓶，可控温磁力搅拌器，恒压滴液漏斗，温度计，蒸馏头，直形冷凝管，接引管，分液漏斗，布氏漏斗，减压过滤瓶等。

试剂：苯甲醛，氢氧化钾，浓盐酸，乙醚，25％亚硫酸氢钠溶液，无水硫酸镁等。

【实验步骤】

1. 苯甲醇和苯甲酸的制备

往圆底烧瓶中加 9.0g（0.16mol）氢氧化钾和 9.0mL 水，放在可控温磁力搅拌器上搅拌，使氢氧化钾溶解并冷至室温。在搅拌的同时分批加入新蒸过的苯甲醛，每次加入 2～3mL，共加入 10.0mL（10.4g，0.098mol）。加后若圆底烧瓶内温度过高，需适时冷却。继续搅拌 60min，最后反应混合物变成白色蜡糊状。

2. 苯甲醇的分离提纯

向反应体系中加入大约 30mL 水，使反应混合物中的苯甲酸盐溶解，转移至分液漏斗中，用 30mL 乙醚分三次（每次 10mL）萃取苯甲醇，合并乙醚萃取液。保存水溶液备用。

依次用 10mL 25％亚硫酸氢钠溶液及 8mL 水洗涤乙醚溶液，用无水硫酸镁干燥。水浴蒸去乙醚后，换空气冷凝管继续蒸馏，收集产品，沸程 204～206℃，产率为 75％。

纯苯甲醇有苦杏仁味的无色透明液体。沸点 205.4℃，折射率 1.5463。

3. 苯甲酸的分离提纯

在不断搅拌下，往留下的水溶液中加入浓盐酸酸化，加入的酸量，以能使刚果红试纸由红变蓝（pH<3）为宜。充分冷却减压过滤，得粗产物。

粗产物用水重结晶后晾干，产率可达 80％。

纯苯甲酸为白色片状或针状晶体。熔点 122.4℃。

【注意事项】

1. 如果歧化反应不能充分搅拌，会影响后续反应的产率。如果混合充分，通常在瓶内混合物固化，苯甲醛气味消失。

2. 用分液漏斗分液时，水层从下面分出，乙醚层要从上面倒出，否则会影响后面的操作。

3. 用干燥剂干燥时，干燥剂的用量为每 10mL 液体有机物加 0.5～1.0g（至少加 1.0g），一定要澄清后才能倒在蒸馏瓶中蒸馏，否则残留的水会与产物形成低沸点共沸物，从而增加前馏分的量而影响产物的产率。

4. 热水浴蒸馏乙醚之前，一定要用过滤法或倾析法将干燥剂去掉，将滤液进行热水浴蒸馏除去乙醚后，再去掉水浴，用电热套直接加热蒸馏，收集 204～206℃ 的馏分（即为产品）。并注意在 179℃ 有无苯甲醛馏分。

5. 注意不能将乙醚萃取液装在圆底烧瓶或锥形瓶内敞口水浴加热，那是蒸发而不是蒸馏，是错误操作。

6. 水层如果酸化不完全，会使苯甲酸不能充分析出，导致产物损失。

【思考题】

1. 试比较发生 Cannizzaro 反应的醛与发生羟醛缩合反应的醛在结构上的差异。

2. 在利用 Cannizzaro 反应制备苯甲酸、苯甲醇的实验中，什么原因会导致苯甲醇产率过低？

3. 本实验中两种产物是根据什么原理分离提纯的？

4. 干燥乙醚溶液时能否用无水氯化钙代替无水硫酸镁？

实验 36 呋喃甲醇和呋喃甲酸的制备

【实验目的】

1. 学习通过 Cannizzaro 反应由呋喃甲醛制备呋喃甲醇和呋喃甲酸的原理和方法。

2. 进一步巩固洗涤、萃取、蒸馏、减压过滤和重结晶等操作技术。

【实验原理】

呋喃甲醇又称糠醇，为无色易流动液体，具有特殊的苦辣气味，沸点 171℃，相对密度 1.1296，遇空气变为黑色。呋喃甲醇水解得到乙酰丙酸（果酸），是营养药物果糖酸钙的中间体。由糠醇还可制得各种呋喃型树脂、糠醇-脲醛树脂及酚醛树脂等，同时糠醇又是呋喃树脂、清漆、颜料的良好溶剂和火箭燃料。由糠醇制得的增塑剂的耐寒性优于辛醇酯类。此外，糠醇还用于纤维、橡胶、农药和铸造工业等。

呋喃甲酸又称糠酸，为白色单斜长梭形结晶，熔点 133～134℃，加热易升华，易溶于乙醇和乙醚。糠酸用于合成糠酰胺、糠酸酯和糠酰氯等。在塑料工业中可用于增塑剂、热固性树脂等。在食品工业中用作防腐剂，也用作涂料添加剂、医药、香料等的中间体。

本实验是以呋喃甲醛（又称糠醛）和氢氧化钠通过 Cannizzaro 反应，制备呋喃甲醇与呋喃甲酸。

$$2 \underset{O}{\boxed{\quad}}\text{—CHO} + \text{NaOH} \longrightarrow \underset{O}{\boxed{\quad}}\text{—CH}_2\text{OH} + \underset{O}{\boxed{\quad}}\text{—COONa}$$

$$\text{(furan-COONa)} \xrightarrow{\text{HCl}} \text{(furan-COOH)}$$

【实验装置】

1. 控温-滴加装置（见2.1.2节）。
2. 萃取装置（见2.2.3节）。
3. 简单蒸馏装置（见2.2.4节）。
4. 减压过滤装置（见2.2.1节）。

【实验用品】

仪器：圆底烧瓶，温度计，球形冷凝管，量筒，直形冷凝管，蒸馏头，接液管，三口烧瓶，恒压滴液漏斗，分液漏斗，减压过滤瓶，布氏漏斗等。

试剂：43％氢氧化钠，聚乙二醇，呋喃甲醛，乙醚，无水碳酸镁，25％盐酸等。

【实验步骤】

方法一

准确量取9mL 43％的氢氧化钠（或氢氧化钾）溶液和2g聚乙二醇（分子量为400）于三口烧瓶中，充分搅匀，将烧杯置于冰水中冷却内容物至约5℃。在不断搅拌下从滴液漏斗慢慢滴入10mL新蒸馏过的呋喃甲醛（11.6g，0.12mol），反应温度保持在8～12℃，加完后（约15min）于室温下继续搅拌约25min，反应即可完全，得到淡黄色浆状物。

在搅拌下加入适量（约15mL）的水，至沉淀恰好完全溶解，此时溶液呈暗红色。将溶液转入分液漏斗中，用乙醚（每次用10mL）萃取溶液，重复4次，合并乙醚萃取液，加入约2g无水碳酸钠或无水硫酸镁干燥，塞紧，静置。水浴蒸馏除去乙醚，然后蒸馏呋喃甲醇，收集169～172℃的馏分，产量4～5g（产率68％～84％）。经乙醚萃取后的水溶液内主要含呋喃甲酸钠，在搅拌下用约18mL的25％盐酸酸化，至pH值为2～3，充分冷却，滤液析出呋喃甲酸，并用少量水洗涤1～2次。粗产品用约25mL水重结晶，得白色针状结晶的呋喃甲酸，产量约4.5g（产率约68％）。

纯呋喃甲酸的mp为133～134℃。

方法二

将6mL的43％氢氧化钠溶液置于小烧杯中，将小烧杯置于冰水浴中冷却内容物至5℃，不断搅拌下滴加6.6mL新蒸馏的呋喃甲醛（约用10min），把反应温度保持在8～12℃，滴加完毕，继续于冰水浴中搅拌约20min，反应即可完全，得奶黄色浆状物。

在搅拌下加入约10mL水至固体全溶，将溶液转入分液漏斗中，用乙醚分3次（15mL、10mL、5mL）萃取，合并萃取液，加2g无水硫酸镁干燥后，水浴蒸馏乙醚，然后蒸馏呋喃甲醇，收集169～172℃的馏分，产量约2.4g（产率约61％）。

经乙醚萃取后的水溶液（主要含呋喃甲酸钠）用约14mL 1∶1盐酸酸化至pH值为2～3，则析出结晶。充分冷却后滤集结晶并用少量水洗1～2次。粗产品用约30mL水重结晶，减压过滤，干燥（＜85℃），产量约3g（产率约56％）。

【注意事项】

1. 歧化反应速率由产生氢负离子一步决定，适当提高碱的浓度可以加速歧化反应，而碱的浓度升高则黏稠性增大，搅拌困难，采用反加法即将呋喃甲醛滴加到氢氧化钠溶液中，反应较易控制。

2. 呋喃甲醛存放过久会变成棕褐色甚至黑色，同时往往含有水分。因此，使用前需蒸馏提纯，收集 155~162℃ 的馏分。新蒸馏的呋喃甲醛为无色或淡黄色的液体。

3. 反应开始后很剧烈，同时大量放热，溶液颜色变暗。若反应温度高于 12℃ 时，则反应温度极易升高，难以控制，致使反应物呈深红色。若低于 8℃，则反应速率过慢，可能部分呋喃甲醛积累，一旦发生反应，反应就会过于猛烈而使温度升高，最终也使反应物变成深红色。

4. 反应过程中会有呋喃甲酸钠析出，加水溶解，可使奶油黄色的浆状物转为酒红色透明状的溶液，但若加水过多会导致损失一部分产品。酸化时要保证 pH 值为 2~3，使呋喃甲酸充分游离出来。

5. 从水中得到的呋喃甲酸呈叶状体，100℃ 时有部分升华，故呋喃甲酸应置于 80~85℃ 的烘箱内慢慢烘干或自然晾干。

【思考题】

1. 为什么要使用新鲜的呋喃甲醛呢？长期放置的呋喃甲醛含什么杂质？若不先除去，对本实验有何影响？

2. 酸化这一步为什么是影响产物收率的关键呢？应如何保证完成？

4.8 格氏反应

实验 37 2-甲基-2-己醇的制备

【实验目的】

1. 了解格氏试剂在有机合成中的应用，掌握其制备原理和方法。
2. 学习掌握格氏试剂的制备操作和使用方法。
3. 巩固回流、萃取、蒸馏等操作技术。

【实验原理】

2-甲基-2-己醇（2-methyl-2-hexanol）为无色液体，具特殊气味，沸点 143℃，折射率 1.4175，相对密度 0.8119，微溶于水，易溶于醚、酮的溶液中。2-甲基-2-己醇与水能形成共沸物（沸点 87.4℃，含水 27.5%）。

格氏试剂的化学性质非常活泼，能与含活泼氢的化合物、醛、酮、酯和二氧化碳等反应。在实验中，所用的仪器必须仔细干燥，所用的原料也都必须经过严格的干燥处理。

$$\text{\textasciitilde}\text{Br} + \text{Mg} \xrightarrow{\text{无水乙醚}} \text{\textasciitilde}\text{MgBr}$$

$$\underset{O}{\overset{\|}{\text{\textasciitilde}}} + \text{\textasciitilde}\text{MgBr} \xrightarrow{\text{无水乙醚}} \text{\textasciitilde}\text{OMgBr} \xrightarrow{H_2SO_4, H_2O} \text{\textasciitilde}\text{OH}$$

【实验装置】

1. 带干燥的控温-滴加-回流装置（见 2.1.4 节）。
2. 萃取装置（见 2.2.3 节）。
3. 简单蒸馏装置（见 2.2.4 节）。

【实验用品】

仪器：三口烧瓶，球形冷凝管，滴液漏斗，干燥管，细口瓶，分液漏斗等。

试剂：镁条，正溴丁烷，无水乙醚，碘，丙酮，浓硫酸，10%碳酸钠溶液，无水碳酸钾，氯化钙等。

【实验步骤】

在干燥的 50mL 三口烧瓶上，安装上球形冷凝管和滴液漏斗，球形冷凝管和滴液漏斗的口上装有氯化钙的干燥管。将 0.75g（0.06mol）洁净的镁条和 10mL 干燥的无水乙醚加到三口烧瓶中，在滴液漏斗中加入 5mL 干燥的无水乙醚和 3.2mL（4.1g，0.03mol）干燥的正溴丁烷。先从滴液漏斗中放出 1～2mL 混合液至反应瓶中，加入一小粒碘引发反应，并搅拌反应液，观察实验的现象，反应开始后，慢慢滴入其余的正溴丁烷溶液，滴加速度以保持反应液微微沸腾与回流为宜。混合物滴加完毕，用热水浴（禁止用明火）加热回流至镁屑全部作用完。

将 2.25mL（0.03mol）干燥的丙酮和 5mL 无水乙醚加到滴液漏斗中，反应在冰水浴冷却下滴加丙酮溶液，加入速度为保持反应液微沸，加完后移去冰水浴，在室温下放置 15min。反应液应呈灰白色黏稠状。

反应液在冰水浴冷却下，自滴液漏斗中慢慢加入 1.35mL 浓 H_2SO_4 和 17mL 水的混合液（反应较剧烈，注意滴加速度），使反应物分解，反应液移入细口瓶保存。

将反应液倒入分液漏斗，分出下面水层，醚层用 5mL10%碳酸钠溶液洗涤，分出的碱层与第一次分出的水层合并后，用 10mL 普通乙醚萃取两次。合并醚层，加入无水碳酸钾干燥。干燥后的乙醚溶液先用热水浴蒸出乙醚（回收），然后空气浴加热蒸馏（注意此时实验室里应无人蒸乙醚，并打开窗户 15min 后，才能用明火），收集 137～141℃的馏分。产品称重，测折射率。产量约 1.5～2g。

纯 2-甲基-2-己醇为无色液体，沸点 141～142℃，折射率 1.417，相对密度 0.812。

【注意事项】

1. 所用仪器及试剂必须充分干燥。

2. 镁屑不宜采用长期放置的。可用镁带代替镁屑，使用前用细砂纸将其表面擦亮，剪成小段。

3. 2-甲基-2-己醇与水能形成共沸物，因此，蒸馏产品 2-甲基-2-己醇前必须很好地干燥，否则前馏分会很多。

【思考题】

1. 在格氏试剂的合成和加成反应中，所有仪器和药品为什么必须干燥？

2. 反应开始前，加入大量正溴丁烷有什么不好？

3. 本实验可能有哪些副反应，应如何避免？

4. 讨论各种干燥剂的适用范围，此实验的粗产品为何不用氯化钙干燥？

5. 用 Grignard 试剂法制备 2-甲基-2-己醇，还可用什么原料？写出反应式并比较几种不同路线。

实验 38 三苯甲醇的制备

【实验目的】

1. 了解 Grignard 试剂的制备、应用和进行 Grignard 反应的条件。

2. 进一步巩固搅拌、回流、萃取、蒸馏（包括低沸点物蒸馏）等操作技术。

【实验原理】

三苯甲醇为片状晶体，熔点 164.2℃，相对密度 1.199。不溶于水和石油醚，溶于乙醇、乙醚、丙酮、苯，溶于浓硫酸时显黄色。三苯甲醇的多种衍生物是重要的有机染料。

三苯甲醇可在氯化铝存在下，通过苯与四氯化碳作用，再经酸化、水解而得。也可以通过溴化苯基镁（Grignard 试剂）与二苯甲酮（或苯甲酸乙酯）反应制备。

1. 二苯甲酮与苯基溴化镁的反应

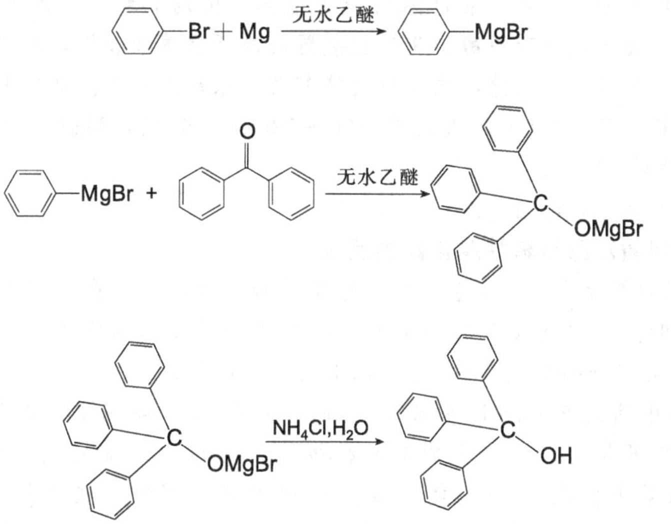

2. 苯甲酸乙酯与苯基溴化镁的反应

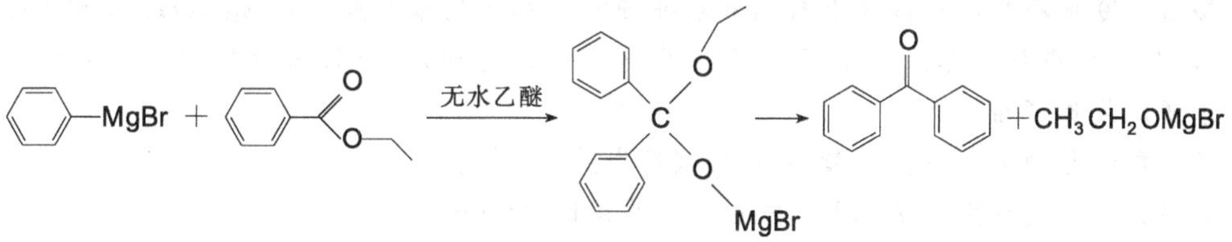

得到二苯甲酮后，再按二苯甲酮与苯基溴化镁的反应进行。

副反应：

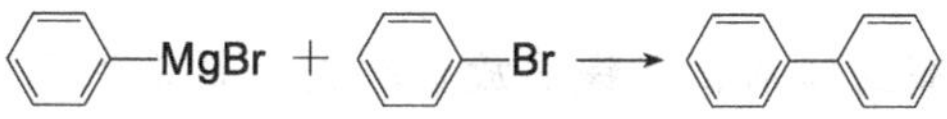

【实验装置】

控温-滴加-回流装置（见 2.1.4 节）。

【实验用品】

仪器：三口烧瓶，搅拌器，球形冷凝管，滴液漏斗，氯化钙干燥管等。

试剂：镁，碘，溴苯，二苯甲酮，氯化铵，无水乙醚，丙酮，5%碳酸钠溶液，无水碳酸钾等。

【实验步骤】

方法一：二苯甲酮与苯基溴化镁的反应

在 250mL 三口烧瓶上分别装置搅拌器、球形冷凝管和滴液漏斗，在冷凝管及滴液漏斗的上口装置氯化钙干燥管。向反应瓶内加入 1.4g（0.055mol）镁屑或去除氧化膜的镁条及一小粒碘。在滴液漏斗中加入 5.3mL（0.05mol）溴苯和 20mL 无水乙醚，混匀。从滴液漏斗中滴入约 5mL 混合液于三口烧瓶中，数分钟后即可见溶液呈微沸状，碘的颜色消失（若不消失，可用温水浴温热），开动搅拌器，继续滴加其余的混合液，控制滴加速度，维持反应液呈微沸状态。若发现反应物呈黏稠状，则补加适量的无水乙醚。滴加完毕，用温水浴回流搅拌 30min，使镁屑几乎作用完全。

将反应瓶置于冰水浴中，在搅拌下从滴液漏斗中缓慢加入 9g（0.05mol）二苯甲酮和 25mL 无水乙醚的混合液。观察反应液颜色的变化，加毕用温水浴回流 30min，使反应完全，这时反应物明显分为两层。在冰水浴中于搅拌下由滴液漏斗滴入 40mL 饱和氯化铵溶液，以分解加成物而生成三苯甲醇。将反应装置改成低沸蒸馏装置，在水浴上蒸去乙醚，再将残余物进行水蒸气蒸馏，以除去未反应的溴苯及联苯等副产物。瓶中剩余物冷却后凝为固体，减压过滤，粗产品用 2:1 的石油醚（90～120℃）-95% 乙醇进行重结晶。干燥后，产量为 4～5g（产率约 35%）。

三苯甲醇为白色片状结晶，mp 为 164.2℃。

方法二：苯甲酸乙酯与苯基溴化镁的反应

在 100mL 三口烧瓶上，分别装上球形冷凝管和滴液漏斗，在冷凝管及滴液漏斗的上口装置氯化钙干燥管。瓶内放入 0.4g（0.016mol）去除氧化膜的镁条及一小粒碘。在滴液漏斗中加入 2mL（0.019mol）溴苯和 7mL 无水乙醚，混匀。

从滴液漏斗中滴入 2～3mL 溴苯-乙醚混合液于三口烧瓶中（若不反应，可用温水浴温热），待反应开始后，把剩余的溶液缓缓滴入烧瓶中，维持反应液呈微沸状态，搅拌。加毕，在水浴上回流 0.5h，使镁条几乎作用完。稍冷，在振摇下自滴液漏斗中慢慢滴入 0.9mL（0.0064mol）苯甲酸乙酯和 2mL 无水乙醚的混合液，用温水浴回流 20min。

烧瓶用冷水冷却，在振摇下自滴液漏斗慢慢滴加氯化铵溶液（由 2g NH_4Cl 和 15mL 水配成），分解加成物。然后在水浴上蒸去乙醚，剩余物加入 5mL 石油醚（90～120℃），搅拌，过滤，收集产品。

产品重结晶同方法一，产量约 0.8g（产率约 48%）。

实验方法一大约用时 7～8h，方法二大约用时 3～4h。

【注意事项】

1. 所用仪器和药品必须经过严格的干燥处理，否则，反应很难进行，并可使生成的 Grignard 试剂分解。

2. 本实验采用表面光亮的镁屑，若镁屑放置较久，则采用下法处理：用 5% 的盐酸与镁屑作用数分钟，过滤除去酸液，然后依次用水、乙醇、乙醚洗涤，抽干后置于干燥器中备用；也可用镁条代替镁屑，使用前用细砂皮将其表面的氧化膜除去，剪成 0.5cm 左右的小碎条。

3. 卤化芳烃或卤代烃和镁的作用较难发生时，通常温热或用一小粒碘作催化剂，以促使反应开始。

4. 滴加速度太快，反应过于剧烈不易控制，并会增加副产物的生成。

5. 滴加饱和氯化铵溶液是使加成物水解成三苯甲醇，与此同时生成的 $Mg(OH)_2$ 在此可转变为可溶性的 $MgCl_2$，若仍见有絮状 $Mg(OH)_2$ 未完全溶解及未反应的金属镁，则可加入少许稀盐酸使之溶解。

6. 副产物易溶于石油醚而被除去，故也可在水浴上蒸去乙醚后，不必进行水蒸气蒸馏，而在剩余物中加入 20mL 石油醚（90～120℃），搅拌数分钟，过滤收集粗产品。

【思考题】

    1. 本实验的成败关键何在？为什么？为此采取了什么措施？

    2. 本实验中溴苯滴加太快或一次加入，有何影响？

    3. 苯基溴化镁的制备过程中应注意什么问题？试述碘在反应中的作用。

4.9　酯化反应

实验 39　乙酸异戊酯的制备

【实验目的】

    1. 熟悉酯化反应的原理，掌握乙酸异戊酯的制备方法。

    2. 学习分水器的使用原理和方法。

    3. 巩固回流、萃取、干燥、蒸馏等操作技术。

【实验原理】

    乙酸异戊酯又称香蕉油，无色透明液体，沸点143℃，相对密度为0.868～0.878，易溶于乙醇、乙醚、苯，难溶于水，不溶于甘油，易燃，毒性小，刺激眼睛和气管黏膜。乙酸异戊酯具有水果香气，是香蕉、生梨等果实的芳香成分，也存在于酒等饮料和酱油等调味品中。在许多水果型特别是梨和香蕉香精中，大量使用乙酸异戊酯。也常用于配制酒和烟叶用香精。在涂料、皮革等工业中可作为溶剂使用。

$$CH_3COOH + HO\!\!-\!\!\diagdown\!\!\diagup \xrightleftharpoons{H_2SO_4} \diagdown\!\!\diagup\!\!\overset{O}{\underset{}{\parallel}}\!\!C\!\!-\!\!O\!\!-\!\!\diagdown\!\!\diagup + H_2O$$

【实验装置】

    1. 分水-回流装置（见2.1.4节）。

    2. 萃取装置（见2.2.3节）。

    3. 简单蒸馏装置（见2.2.4节）。

【实验用品】

    仪器：圆底烧瓶，油水分离器，球形冷凝管，分液漏斗，锥形瓶，直形冷凝管，接液管，温度计，蒸馏头等。

    药品：异戊醇，冰醋酸，浓硫酸，沸石，碳酸氢钠，氯化钠，无水硫酸镁等。

【实验步骤】

    在干燥的圆底烧瓶中加入 18mL 异戊醇和 15mL 冰醋酸，在振摇和冷却下分次加入 1.5mL 浓硫酸，混合均匀后放入 2～3 粒沸石。安装带油水分离器的回流装置，分水器中事先充满水，然后放出 5mL 水。接通冷却水后油浴加热，温度不宜过高，热蒸汽不超过球形冷凝管的下端的第一个球泡。当球形冷凝管中不再有液体滴下或分水器基本充满水时，表示反应结束。

停止加热，冷却到室温后，将圆底烧瓶中的液体转入到分液漏斗中，烧瓶用15mL冷水洗涤，洗涤液转入分液漏斗中，萃取，分去水层后，再用冷水萃取一遍，然后有机层用20mL 10％碳酸氢钠溶液洗涤两次。然后用15mL饱和食盐水洗涤一次，有机相转入干燥的锥形瓶中。用无水硫酸镁干燥。有机相再蒸馏，收集138～142℃的馏分。

【注意事项】

1. 实验前应先检查装置的气密性。

2. 浓硫酸要分次慢慢地加入并混合均匀，回流温度不宜过高，防止副反应发生。

3. 碳酸氢钠碱洗时放出大量热并有二氧化碳产生，因此洗涤时要不断放气，防止分液漏斗中的液体冲出来。

4. 冰醋酸具有强烈的刺激性，要在通风橱内取用。

【思考题】

1. 制备乙酸异戊酯时，回流和蒸馏为什么必须使用干燥的仪器？

2. 在分液漏斗中进行洗涤操作时，粗产品始终在哪一层？

3. 酯化反应时，可能会发生哪些副反应？其副产物是如何除去的？

4. 酯化反应时，若实际出水量超过理论出水量，可能是什么原因造成的？

实验 40　乙酰水杨酸的制备

【实验目的】

1. 通过本实验了解乙酰水杨酸的制备原理和方法。

2. 进一步熟悉重结晶、熔点测定、减压过滤等基本操作。

【实验原理】

乙酰水杨酸又称阿司匹林，白色结晶性粉末，无臭，微带酸味，熔点136℃，是应用最广泛的消炎、解热、镇痛药物之一，也是作为比较和评价其他药物的标准制剂。

合成阿司匹林可用乙酸酐和水杨酸为原料，但反应速率慢和转化率较低，生成的产物中存在乙酸单体，分离提纯较困难。而乙酰氯为原料可以克服以上缺点，且原料易得。本实验以乙酰氯为乙酰化试剂，与水杨酸的酚羟基发生酰化作用合成阿司匹林。

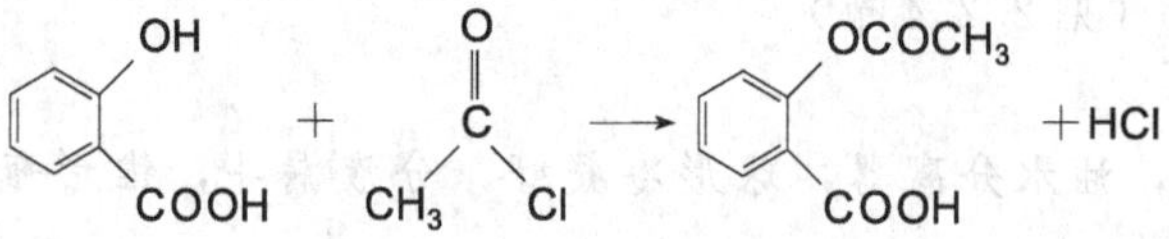

其主要副反应如下：

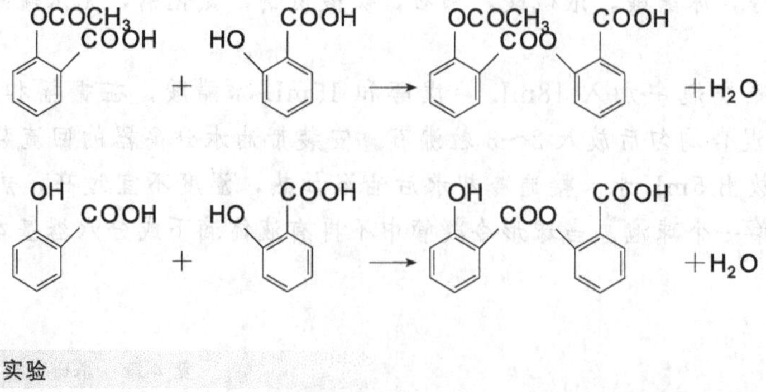

【实验装置】

1. 带干燥管和尾气吸收的控温-滴加-回流装置（见 2.1.4 节）。
2. 减压过滤装置（见 2.2.1 节）。
3. 重结晶装置（见 2.2.1 节）。

【试剂与仪器】

仪器：电热套，三口烧瓶，恒压滴液漏斗，球形冷凝管，干燥管，导气管，三角漏斗，烧杯，布氏漏斗，减压过滤瓶，圆底烧瓶等。

试剂：水杨酸，乙酰氯，碳酸氢钠等。

【实验步骤】

称取水杨酸 3.0g（0.022mol）于 100mL 三口烧瓶中，在通风条件下用吸管取 7mL（约 7.8g，0.098mol）乙酰氯，加入烧瓶，摇匀后，接上球形冷凝管，球形冷凝管上口接导气管，连接好尾气吸收装置。开始水浴微热，使固体完全溶解，然后慢慢加热至 75℃，保持回流 30min。

将三口烧瓶从热源上取下来，使其慢慢冷却至室温，在冷却过程中，阿司匹林渐渐从溶液中析出，待结晶形成后再加入 50mL 水，并将该溶液放入冰浴中冷却 20min，晶体完全析出。减压过滤得到固体，用冰水洗涤几次，并压紧抽干，固体转移至表面皿，干燥，得阿司匹林粗品。

欲得更纯的产品，需用乙醇-水或苯-石油醚（60～90℃）重结晶。

【注意事项】

1. 反应前，仪器、药品均要干燥处理。
2. 本实验要注意控制好温度。
3. 为了检验产品中是否还有水杨酸，利用水杨酸属酚类物质可与氯化铁发生颜色反应的特点，取几粒结晶加入盛有 3mL 水的试管中，加入 1～2 滴 1% $FeCl_3$ 溶液，观察有无颜色反应（紫色）。
4. 产品乙酰水杨酸易受热分解，因此熔点不明显，它的分解温度为 128～135℃。因此，重结晶时不宜长时间加热，控制水温，产品采取自然晾干。用毛细管测熔点时宜先将溶液加热至 120℃左右，再放入样品管测定。

【思考题】

1. 加入浓硫酸的目的是什么？
2. 减压过滤时怎样洗涤产品？
3. 乙酰水杨酸还可以使用什么溶剂进行重结晶？重结晶时需要注意什么？

实验 41 邻苯二甲酸二丁酯的制备

【实验目的】

1. 学习邻苯二甲酸二丁酯的制备原理和方法。
2. 学习分水器的使用方法。
3. 掌握减压蒸馏等操作技术。

【实验原理】

邻苯二甲酸二丁酯为无色油状液体，可燃，有芳香气味，易溶于乙醇、乙醚、丙酮和苯。邻苯二甲酸二丁酯是聚氯乙烯、醇酸树脂、硝基纤维素、乙基纤维素、氯丁橡胶、丁腈橡胶等的优良增塑剂，凝胶化能力强，用于硝基纤维素涂料，有良好的软化作用，其稳定性、耐挠曲性、黏结性和防水性均优于其他增塑剂。

邻苯二甲酸二丁酯一般是以苯酐为原料制备的。

反应的第一步进行得迅速而完全，第二步是可逆反应，为使反应向生成二丁酯的方向进行，需利用分水器将反应过程中生成的水不断地从反应体系中移去。

【实验装置】

1. 控温-分水-回流装置（见2.1.4节）。

2. 萃取装置（见2.2.3节）。

3. 减压蒸馏装置（见2.2.6节）。

【实验用品】

仪器：三口烧瓶，温度计，分水器，球形冷凝管，电热套，磁力搅拌器，圆底烧瓶，蒸馏头，尾接管，分液漏斗，圆底烧瓶，克氏蒸馏头，直形冷凝管，毛细管，燕尾管，缓冲瓶，冷阱，压力计，干燥塔，水泵，油泵等。

试剂：邻苯二甲酸酐，正丁醇，浓硫酸，饱和食盐水等。

【实验步骤】

在 100mL 三口烧瓶侧口插入一支温度计，它的水银球应位于离烧瓶底 0.5～1cm 处。在烧瓶的中间一口通过分水器与球形冷凝管相接。从烧瓶的另一侧口加入 3g（0.02mol）邻苯二甲酸酐、6.5mL（0.07mol）正丁醇和 0.1mL 浓硫酸的混合溶液，封闭侧口并在分水器中加入正丁醇，直至与支管口相平，然后用小火加热。

待邻苯二甲酸酐固体消失后，很快就有正丁醇-水的共沸物蒸出，并可看到有小珠逐渐沉到分水器的底部。正丁醇则仍回到反应瓶中继续参与反应。随着反应的进行，瓶内的反应液温度缓慢地上升。当温度升高到 140℃ 时便可停止反应，反应时间约需 1.5h。

当反应液冷却到 70℃ 以下时，将其移入分液漏斗中，用 5～10mL 5% 碳酸钠溶液中和。然后用 10～15mL 温热的饱和食盐水洗涤 2～3 次，使之呈中性。将洗涤过的油层先用水泵减压蒸馏蒸去过量的正丁醇，最后在油泵减压下蒸馏收集产品，产量约 3.5g（产率 63%）。

纯邻苯二甲酸二丁酯为无色油状液体，bp 为 340℃，n_D^{20} 为 1.4911。

【注意事项】

1. 可根据从分水器中分出的水量（注意其中含正丁醇 7.7%）来判断反应进行的程度。

2. 邻苯二甲酸二丁酯在酸性条件下，当温度超过 180℃ 时易发生分解反应：

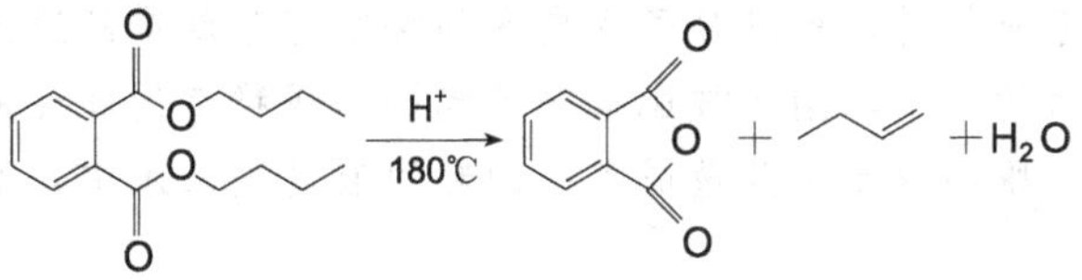

3. 中和时温度不宜超过70℃，碱的浓度也不宜过高，也不宜使用氢氧化钠。否则，易发生酯的皂化反应。用饱和食盐水代替水来洗涤有机层，一方面是为了尽可能地减少酯的损失，同时也是为了防止在洗涤过程中发生乳化现象，而且这样处理后，不必进行干燥即可接着进行下一步的操作。

【思考题】

1. 正丁醇在硫酸存在下加热至高温时，可能有哪些反应？若硫酸过多会有什么不良影响？

2. 该反应在加热时必须用小火且缓慢进行，若加热过快过猛有何不良影响？

3. 为什么要用饱和食盐水洗涤反应混合液和粗产物？

4.10 水解反应

实验 42 肥皂的制备

【实验目的】

1. 巩固油脂的重要性质——皂化反应。
2. 掌握肥皂制备的原理和方法。
3. 了解肥皂的分类及其去污原理。

【实验原理】

制皂的基本化学反应是油脂在氢氧化钠或氢氧化钾碱性溶液存在下加热，水解为高级脂肪酸钠和甘油。

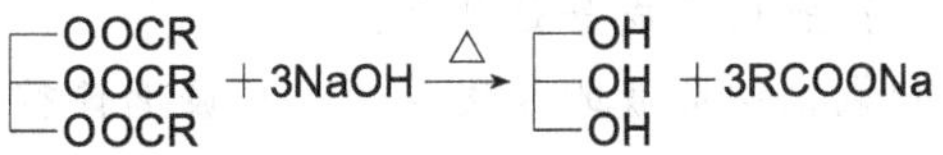

完全皂化1g油脂所需要KOH的质量称为皂化值。高级脂肪酸钠经盐析、洗涤、整理后，称为皂基，再继续加工而成为不同商品形式的肥皂。

高级脂肪酸钠的结构中含有非极性的憎水部分——烃基和极性的亲水部分——羧基负离子。

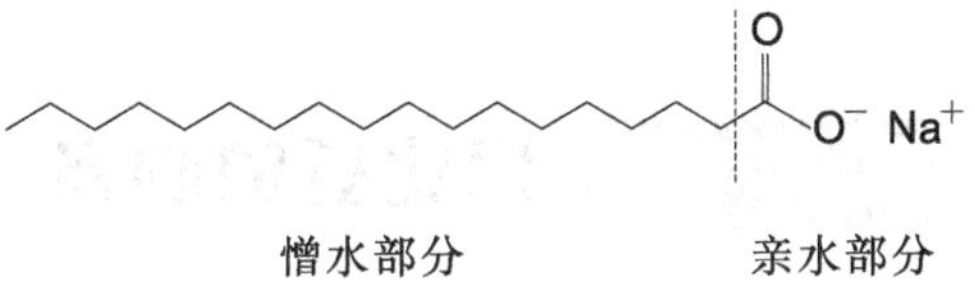

当肥皂溶于水时，在水面上，肥皂分子中亲水的羧基部分倾向于进入水中，而憎水的烃基部分则被排斥在水的外面，形成定向排列的肥皂分子。这种高级脂肪酸盐层的存在，削弱了水表面上水分子与水分子之间的引力，所以肥皂可以强烈地降低水的表面张力，因而是一

种表面活性剂。在洗涤衣物时，肥皂分子中憎水的烃基部分就溶解进入油污内，而亲水的羧基部分则伸在油污外面的水中，油污被肥皂分子包围形成稳定的乳浊液。通过机械搓揉和水的冲刷，油污等污物就脱离附着物分散成更小的乳浊液滴进入水中，随水漂洗而离去。这就是肥皂的洗涤原理。

肥皂虽然具有优良的洗涤作用，但也还有一些缺点。例如，肥皂不宜在酸性或硬水中使用，因在酸性水中能形成难溶于水的脂肪酸，而在硬水中能生成不溶于水的脂肪酸钙盐和镁盐，去污能力大大降低。另外，生产肥皂要消耗大量的食用油脂。所以近年来，根据肥皂的洗涤原理，合成了许多具有表面活性作用的物质，这些物质就叫做合成表面活性剂，它不仅可供洗涤用，而且还有其他方面的用途。

【实验用品】

仪器：烧杯，量筒，蒸发皿，玻璃棒，温度计，滴管，电热套等。

试剂：植物油，乙醇，40%氢氧化钠溶液，氯化钠饱和溶液，蒸馏水等。

【实验步骤】

在烧杯中加入 6g 植物油、5mL 乙醇和 10mL 40% 的氢氧化钠溶液，搅拌至溶液变成透明，边搅拌边加热至 75℃。在加热过程中，倘若酒精和水被蒸发而减少，应随时补充，以保持原有体积。为此可预先配制酒精和水的混合液（1∶1）20mL，以备添加。混合物慢慢变为黏稠状。直到取出一滴反应混合物加到 5～6mL 蒸馏水中时，在液体表面不再形成油滴为止。

把盛有混合物的烧杯放在冷水中冷却，然后加入 150mL 氯化钠饱和溶液，充分搅拌。静置后，肥皂便盐析上浮，待肥皂全部析出、凝固后可用玻璃棒取出，挤干，并把它压制成型，晾干，即制成皂坯，经打印、干燥可制成洗衣皂、香皂等产品。

【注意事项】

1. 油脂不易溶于碱水，加入乙醇为的是增加油脂在碱液中的溶解度，乙醇的高挥发性将水分快速带出，可以加快皂化反应的速率。

2. 加热时要用小火或热水浴，防止泡沫涌出。

3. 皂化反应时要保持混合液体积不变，不能让烧杯内的混合液蒸干或溅到外面。

【思考题】

1. 皂化过程中加入乙醇和氢氧化钠的作用分别是什么？

2. 植物油的成分是什么？肥皂的成分是什么？

3. 实验过程中加入饱和氯化钠溶液的作用是什么？玻璃棒搅拌的作用是什么？

4. 肥皂去污的原理是什么？

4.11 缩合反应

实验 43 巴比妥的制备

【实验目的】

1. 学习用丙二酸二乙酯与尿素缩合制备巴比妥的原理和方法。

2. 巩固回流、重结晶、熔点测定、无水反应等操作技术。

【实验原理】

5,5-二乙基巴比妥酸又称巴比妥，是第一个商品化的巴比妥类药物。巴比妥为无色针状结晶或白色粉末，熔点 $188\sim192℃$，无臭，味微苦，溶于热水、乙醇、乙醚、氯仿等，在氢氧化钠溶液或碳酸钠溶液中也能溶解。

通过丙二酸二乙酯或取代的丙二酸二乙酯与尿素或硫脲反应，可制备一系列巴比妥酸类的嘧啶衍生物。

【实验装置】

1. 带干燥的回流装置（见 2.1.4 节）。

2. 控温-滴加-回流装置（见 2.1.4 节）。

【实验用品】

仪器：圆底烧瓶，球形冷凝管，干燥管，温度计，恒压滴液漏斗，直形冷凝管，分液漏斗，量筒，锥形瓶，布氏漏斗，减压过滤瓶等。

试剂：无水乙醇，无水氯化钙，沸石，邻苯二甲酸二乙酯，金属钠，丙二酸二乙酯，溴乙烷，乙醚，无水硫酸钠等。

【实验步骤】

1. 绝对无水乙醇的制备

在装有球形冷凝管（冷凝管上口加一装有氯化钙的干燥管或套一个气球）的 250mL 圆底烧瓶中加入无水乙醇 180mL、金属钠 2g，加入 2～3 粒沸石，加热回流 30min，加入邻苯二甲酸二乙酯 6mL，再回流 10min，改为蒸馏装置蒸去前馏分，用干燥的圆底烧瓶接收无水乙醇，密封瓶口，放入干燥器中备用。

2. 二乙基丙二酸二乙酯的制备

在装有搅拌装置、恒压滴液漏斗和球形冷凝管（上口加一装有氯化钙的干燥管或套一个气球）的 250mL 三口烧瓶中加入 75mL 绝对无水乙醇，分次加入 6g 金属钠，待反应速率较慢时，开始搅拌，并油浴加热，控制温度不超过 90℃。金属钠消失后，通过恒压滴液漏斗缓慢滴加丙二酸二乙酯 18mL，滴加完毕继续回流 15min，停止加热。待反应体系冷却到 50℃ 以下时，再通过恒压滴液漏斗缓慢滴加溴乙烷 20mL，滴加完毕继续回流 2.5h。

将回流装置改为蒸馏装置蒸出乙醇，反应装置冷却后，加入 40～45mL 的水溶解反应瓶中的药渣，转入分液漏斗中，分去有机层，水层再用乙醚萃取 3 次，合并有机相，有机相再用水 10mL/次洗涤 2 次，有机相转入干燥的锥形瓶中，无水硫酸钠干燥，分出有机相进行蒸馏，沙浴加热，收集 218～222℃ 的馏分。

3. 巴比妥的制备

反应装置同上一步。加入绝对无水乙醇 50mL，分次加入金属钠 2.6g，待反应缓慢时，开始搅拌并油浴加热。金属钠消失后，加入 10g 二乙基丙二酸二乙酯、4.4g 尿素，加完后立即升温使体系温度达到 80～82℃，保温反应 80min。

改为蒸馏装置，蒸去乙醇，残渣用 80mL 水溶解后，倾入 18mL 稀盐酸中（1∶1），调节 pH＝3～4，析出晶体，减压过滤，得粗产品。

粗产品置于 150mL 锥形瓶中，加水溶解（16mL/g），活性炭脱色，热过滤，滤液冷却到室温，析出白色晶体，减压过滤，滤渣用少量的冷水洗涤，干燥，得产品。

【注意事项】

1. 本实验中所用仪器均需彻底干燥。制备绝对乙醇所用无水乙醇的水分不能超过 0.5%，制备和存放时必须防止水分侵入。

2. 制备绝对无水乙醇时，加入邻苯二甲酸二乙酯的目的是利用它和氢氧化钠反应，从而避免乙醇和氢氧化钠生成的乙醇钠再和水作用，这样制得的乙醇可达到极高的纯度。

3. 溴乙烷的用量要随室温而变。当室温 30℃ 左右时，应加 28mL 溴乙烷，滴加溴乙烷的时间应适当延长，若室温在 30℃ 以下，可按本实验投料。

4. 内温降到 50℃，再慢慢滴加溴乙烷，以避免溴乙烷的挥发及生成乙醚的副反应。

5. 砂浴传热慢，因此砂要铺得薄，也可用减压蒸馏的方法。

6. 尿素需在 60℃ 干燥 4h。

【思考题】

1. 制备无水试剂时应注意什么问题？为什么在加热回流和蒸馏时冷凝管的顶端和接收器支管上要装置氯化钙干燥管？

2. 工业上怎样制备无水乙醇（99.5%）？

3. 对于液体产物，通常如何精制？

实验 44　乙酰乙酸乙酯的制备

【实验目的】

1. 学习利用 Claisen 缩合反应制备乙酰乙酸乙酯的原理和方法。

2. 掌握无水操作、减压蒸馏等操作技术。

【实验原理】

乙酰乙酸乙酯为无色或微黄色透明液体，沸点 181℃，相对密度 1.03，是一种重要的有机合成原料，广泛用于医药、塑料、染料、香料、清漆及添加剂等行业。在医药上用于合成氨基吡啶、维生素 B 等，亦用于偶氮黄色染料的制备，还用于调合苹果香精及其他果香香精，还可以用于合成多种农药、杀菌剂、杀鼠剂及植物生长调节剂的中间体。

制备乙酰乙酸乙酯的方法有乙酸乙酯自缩合法（实验室制备方法）、双乙烯酮与乙醇酯化法以及乙酸乙酯与乙醇钠 Claisen 缩合法等。工业上普遍采用的制备方法是双乙烯酮和无水乙醇在浓硫酸催化下进行酯化，得乙酰乙酸乙酯粗品，再经减压精馏得成品。

本实验利用 Claisen 缩合反应，使两分子乙酸乙酯在醇钠的催化作用下进行酯缩合反应，得到乙酰乙酸乙酯。

乙酰乙酸乙酯与其烯醇式是互变异构体，室温时含92%的酮式和8%的烯醇式。单个异构体具有不同的性质并能分离为纯态，但在微量酸碱催化下，迅速转化为二者的平衡混合物。

【实验装置】

1. 回流装置（见2.1.4节）。
2. 萃取装置（见2.2.3节）。

【实验用品】

仪器：圆底烧瓶，球形冷凝管，分液漏斗，电热套等。

试剂：钠，二甲苯，乙酸乙酯，醋酸，氯化钙，饱和食盐水，无水硫酸钠等。

【实验步骤】

将0.9g（约0.04mol）清除掉表面氧化膜的金属钠放入一装有球形冷凝管的50mL圆底烧瓶中，立即加入5mL干燥的二甲苯，将混合物加热直至金属钠全部熔融，停止加热，拆下烧瓶，立即用塞子塞紧后包在毛巾中用力振荡，使钠分散成尽可能小而均匀的小珠。随着二甲苯逐渐冷却，钠珠迅速固化。待二甲苯冷却至室温后，将二甲苯倾去，立即加入10mL（约0.1mol）精制过的乙酸乙酯，迅速装上带有氯化钙干燥管的球形冷凝管，反应立即开始。反应液处于微沸状态。若反应不立即开始，可用小火直接加热，促进反应开始后即移去热源。若反应过于剧烈，则用冷水稍微冷却一下。待剧烈反应阶段过后，利用小火保持反应体系一直处于微沸状态，至金属钠全部作用完毕（约需2h）。反应结束时，整个体系为一红棕色的透明溶液（但有时也可能夹带有少量黄白色沉淀）。

待反应液稍冷后，将圆底烧瓶取下，然后一边振荡一边不断加入50%的醋酸，直至整个体系呈弱酸性（pH=5~6）为止。将反应液移入分液漏斗中，加入等体积的饱和食盐水，用力振荡后放置，分取有机层，水层用8mL苯萃取，萃取液和酯层合并后，用无水硫酸钠干燥。将干燥过的有机层转移入蒸馏烧瓶中，水浴蒸去苯和未作用的乙酸乙酯。当馏出液的温度升至95℃时停止蒸馏。将瓶内剩余液体进行减压蒸馏，收集54~55℃/931Pa（7mmHg）的馏分即为产品，产量约为1.8g（产率约35%）。

纯乙酰乙酸乙酯的bp为180.4℃（同时分解），n_D^{20}为1.4194。

实验用时大约8h。

【注意事项】

1. 虽然反应中使用金属钠作缩合试剂，但真正的催化剂是钠与乙酸乙酯中残留的少量乙醇作用产生的乙醇钠，一旦反应开始，乙醇就可以不断地生成并和金属钠继续作用。如果使用高纯度的乙酸乙酯和金属钠反而不能发生缩合反应。但作为原料的酯中含醇量过高又会影响产品的得率，故一般要求酯中含醇量在3%以下。

2. 缩合反应中要求金属钠全部消耗掉，但极少量未反应的金属钠并不妨碍进一步操作。

3. 这种黄色固体为部分析出的乙酰乙酸乙酯钠盐。

4. 醋酸酸化时，若液体已呈弱酸性，但尚有少量固体未完全溶解，可加入少量水使其溶解。并注意避免加入过量的醋酸，否则会增加酯在水层中的溶解度而降低产率。另外，当酸度过高时，会促进副产物"去水乙酸"的生成，因而降低产品的得率。

5. 乙酰乙酸乙酯在常压蒸馏下很易分解，其分解产物为"去水乙酸"，这样会影响产率，故应采用减压蒸馏法。

$$\text{(reaction scheme)} \quad H_3C-C(=\!O)-O\!-\!H\;C_2H_5\,O\;O\;C_2H_5 \quad + \; \text{OC}_2H_5 \quad CH_3 \longrightarrow H_3C \text{(ring)} O \; O \; CH_3 + 2CH_3CH_2OH$$

"去水乙酸" 通常溶解于酯内，随着过量的乙酸乙酯的蒸出，特别是最后减压蒸馏时随着部分乙酰乙酸乙酯的蒸出，"去水乙酸" 就呈棕黄色固体析出。

【思考题】

1. 本实验所用仪器未经干燥处理，对反应有何影响？

2. 缩合反应结束后得到的黄白色沉淀是什么？取 2～3 滴产品溶于 2mL 水中，加 1 滴 1% 的氧化铁溶液，会发生什么现象？如何解释？

3. 加入 50% 的醋酸及氯化钠饱和溶液的目的何在？

实验 45　肉桂酸的制备

【实验目的】

1. 学习利用 Perkin 反应制备肉桂酸的原理和方法。

2. 巩固回流、水蒸气蒸馏等操作技术。

【实验原理】

肉桂酸又称苯基丙烯酸，为白色单斜结晶，微有桂皮气味，难溶于水，稍溶于热水，易溶于苯、丙酮、乙醚、冰醋酸等有机溶剂。是香精香料、食品添加剂、美容、医药、农药工业中的重要中间体。

合成肉桂酸的方法主要有 Perkin 合成法、苯甲醛-丙酮法、亚苄基二氯-无水醋酸钠法以及肉桂醛氧化法等。

Perkin 反应是指芳香醛和酸酐在碱性催化剂的作用下，发生类似羟醛缩合的反应，生成 α,β-不饱和芳香醛。反应中常用的催化剂是相应酸酐的羧酸的钾或钠盐，也可以用碳酸钾或叔胺。本实验利用 Perkin 反应，使苯甲醛与乙酸酐在无水碳酸钾催化下进行加热缩合，得到肉桂酸。

$$\text{(benzaldehyde)} -CHO \;+\; \text{(acetic anhydride)} \xrightarrow[140\sim180℃]{CH_3COOK} \text{(cinnamic acid)} -COOH \;+\; CH_3COOH$$

【实验装置】

1. 控温-滴加-回流装置（见 2.1.4 节）。

2. 水蒸气蒸馏装置（见 2.2.7 节）。

3. 减压过滤装置（见 2.2.1 节）。

【实验用品】

仪器：圆底烧瓶，三口烧瓶，导气管，T 形管，直形冷凝管，尾接管，布氏漏斗，减压过滤瓶，球形冷凝管，烧杯，温度计，磁力搅拌器，分液漏斗等。

试剂：苯甲醛，醋酐，无水碳酸钾，10% 氢氧化钠，浓盐酸，刚果红试纸，乙醇等。

【实验步骤】

在 100mL 三口烧瓶中加入 1.5mL（0.015mol）新蒸馏过的苯甲醛、4mL（0.036mol）

新蒸馏过的醋酐以及研细的 2.2g（0.016mol）无水碳酸钾。加热回流 30min。由于有二氧化碳放出，初期有泡沫产生。

待反应物冷却后，加入 10mL 温水，改为水蒸气蒸馏装置蒸馏出未反应完的苯甲醛。再将烧瓶冷却，加入 10mL 10%氢氧化钠溶液，以保证所有的肉桂酸成钠盐而溶解。减压过滤，将滤液倾入 250mL 烧杯中，冷却至室温，在搅拌下用浓盐酸酸化至刚果红试纸变蓝。冷却，减压过滤，用少量水洗涤沉淀，抽干。粗产品在空气中晾干，产量约 1.5g（产率约 68%）。粗产品可用 5∶1 的水-乙醇重结晶。

纯肉桂酸的 mp 为 135～136℃

【注意事项】

1. 苯甲醛放久了，由于自动氧化而生成较多量的苯甲酸。这不但影响反应的进行，而且苯甲酸混在产品中不易除干净，将影响产品的质量。故本实验所需的苯甲醛要事先蒸馏。

2. 醋酐放久了，由于吸潮和水解将转变为乙酸，故本实验所需的醋酐必须在实验前进行重新蒸馏。

3. 肉桂酸有顺反异构体，通常制得的是其反式异构体，mp 为 135.6℃。

【思考题】

1. 苯甲醛和丙酸酐在无水碳酸钾的存在下相互作用后得到什么产物？

2. 用酸酸化时，能否用浓硫酸？

3. 具有何种结构的醛能进行 Perkin 反应？

4. 用水蒸气蒸馏除去什么？为什么能用水蒸气蒸馏法纯化产品

实验 46 二亚苄基丙酮的制备

【实验目的】

1. 掌握利用 Claisen-Schmidt 反应增长碳链的原理和方法。

2. 掌握利用反应物的投料比控制产物的生成。

3. 巩固冷却、减压过滤、重结晶等操作技术。

【实验原理】

二亚苄基丙酮又称二苯乙烯基丙酮，通常简写为 dba。其反-反式为结晶固体，熔点 110～111℃；顺-反式为淡黄色针状结晶，熔点 60℃；顺-顺式为黄色油状液体，沸点 130℃（2.7Pa），溶于乙醇、丙酮、氯仿，不溶于水。二亚苄基丙酮用作防晒油的添加剂，也是有机金属化学中的常用配体。

没有 α-H 的芳香醛与有 α-H 的醛、酮可以发生交叉羟醛缩合，得到 α,β-不饱和醛、酮，这种交叉的羟、醛缩合反应又称为 Claisen-Schmidt 反应。是合成侧链上含有两种官能团的芳香化合物以及含有多苯环脂肪化合物的重要方法。本实验利用苯甲醛与丙酮进行 Claisen-Schmidt 反应，通过控制反应物的投料比得到二亚苄基丙酮。

【实验装置】

1. 控温-滴加装置（见 2.1.2 节）。
2. 回流装置（见 2.1.4 节）。
3. 减压过滤装置（见 2.2.1 节）。

【实验用品】

仪器：三口烧瓶，布氏漏斗，减压过滤瓶，烧杯，圆底烧瓶，球形冷凝管等。

药品：苯甲醛，丙酮，95％乙醇，氢氧化钠，冰醋酸等。

【实验步骤】

将 5.3mL（0.05mol）新蒸的苯甲醛、1.8mL（0.025mol）丙酮、40mL 95％乙醇和 50mL 10％的氢氧化钠溶液加到 250mL 三口烧瓶中，搅拌反应 20min，冰水浴冷却后，减压过滤。

滤渣转移到小烧杯中，加入 1mL 冰醋酸和 25mL 95％乙醇搅拌浸泡后，减压过滤，水洗 2 次，得粗产品。

用无水乙醇重结晶，得到二亚苄基丙酮。

【注意事项】

1. 羟醛缩合时必须不断搅拌，以保证反应充分。
2. 苯甲醛和丙酮的量需要准确量取，以控制得到产物二亚苄基丙酮。

【思考题】

1. 实验中得到粗产物后需要用大量水洗，减压过滤。有同学在减压过滤后，用母液洗涤产物，请说明能否用减压过滤后的母液洗涤产物？
2. 实验中如果按照苯甲醛和丙酮投料比 1：1 投料时，应该主要得到什么产物？

4.12　重氮盐反应

实验 47　甲基橙的制备

【实验目的】

1. 通过甲基橙的制备学习重氮化反应和偶合反应的实验操作。
2. 巩固盐析和重结晶的原理和操作技术。

【实验原理】

甲基橙为橙黄色粉末或鳞片状结晶，熔点 300℃，是一种常用的水相酸碱指示剂，还可用于分光光度测定氯、溴和溴离子，并用于生物染色等。

甲基橙是由对氨基苯磺酸重氮盐与 N,N-二甲基苯胺的醋酸盐，在弱酸性介质中偶合得到的。偶合首先得到的是嫩红色的酸式甲基橙，称为酸性黄，在碱中酸性黄转变为橙黄色的钠盐，即甲基橙。

反应式：

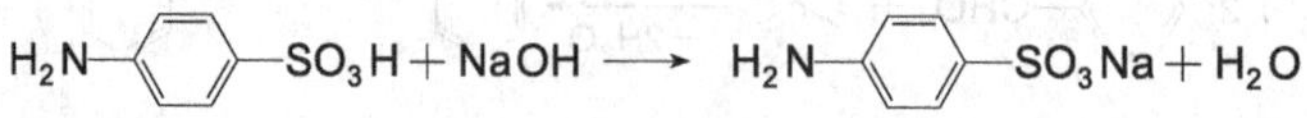

$$H_2N-\!\!\!\bigcirc\!\!\!-SO_3H + NaOH \longrightarrow H_2N-\!\!\!\bigcirc\!\!\!-SO_3Na + H_2O$$

$$_2N\!\!-\!\!\boxed{}\!\!-\!\!SO_3Na \xrightarrow[HCl]{NaNO_2} \left[HO_3S\!\!-\!\!\boxed{}\!\!-\!\!\overset{+}{N}\!\!=\!\!N \right] Cl^-$$

$$\left[HO_3S\!\!-\!\!\boxed{}\!\!-\!\!\overset{+}{N}\!\!=\!\!N \right] Cl^- + \boxed{}\!\!-\!\!N\!\!\overset{CH_3}{\underset{CH_3}{\diagdown\!\!\diagup}} \xrightarrow{HAc} \left[HO_3S\!\!-\!\!\boxed{}\!\!-\!\!N\!\!=\!\!N\!\!-\!\!\boxed{}\!\!-\!\!\overset{+}{N}H\!\!\overset{CH_3}{\underset{CH_3}{\diagdown\!\!\diagup}} \right]^{-} OHC$$

$$\xrightarrow{NaOH} HO_3S\!\!-\!\!\boxed{}\!\!-\!\!N\!\!=\!\!N\!\!-\!\!\boxed{}\!\!-\!\!N\!\!\overset{CH_3}{\underset{CH_3}{\diagdown\!\!\diagup}}$$

【实验装置】

1. 对氨基苯磺酸重氮盐的制备装置（见图 4-2）。

2. 回流装置（见 4.1.2 节）。

3. 减压过滤装置（见 2.2.1 节）。

【实验用品】

仪器：水槽，烧杯，温度计，搅拌棒，量筒，电热套，滴管，圆底烧瓶，球形冷凝管，布氏漏斗，减压过滤瓶，水泵等。

试剂：对氨基苯磺酸，5％氢氧化钠溶液，亚硝酸钠，浓盐酸，N,N-二甲苯胺，冰醋酸，10％氢氧化钠溶液，乙醇，乙醚，浓盐酸，饱和氯化钠溶液，淀粉-碘化钾试纸，乙醇，乙醚等。

图 4-2 甲基橙的制备装置

【实验步骤】

1. 对氨基苯磺酸重氮盐的制备

在 100mL 烧杯中，加入 2g 对氨基苯磺酸晶体，加 10mL 5％氢氧化钠溶液在热水浴中温热，使之溶解。冷至室温后，加 0.8g 亚硝酸钠，溶解后，在搅拌下将该混合物溶液分批滴入装有 13mL 冰冷的水和 2.5mL 浓盐酸的烧杯中，使温度保持在 5℃以下，很快就有对氨基苯磺酸重氮盐的细粒状白色沉淀，为了保证反应完全，继续在冰浴中放置 15min。

2. 偶合

在一支试管中加入 1.3mL N,N-二甲苯胺和 1mL 冰醋酸，振荡使之混合。在搅拌下将此溶液慢慢加到上述冷却的对氨基苯磺酸重氮盐溶液中，加完后，继续搅拌 10min，此时有红色的酸性黄沉淀，然后在冷却下搅拌，慢慢加入 15mL 10％氢氧化钠溶液。反应物变为橙色、粗的甲基橙细粒状沉淀析出。

将反应物加热至沸腾，使粗的甲基橙溶解后，稍冷，置于冰浴中冷却，待甲基橙全部重新结晶析出后，减压过滤收集结晶。用饱和氯化钠水溶液冲洗烧杯两次，每次用 10mL，并用这些冲洗液洗涤产品。

若要得到较纯的产品，可将滤饼连同滤纸移到装有 75mL 热水的烧瓶中，微微加热并且不断搅拌，滤饼几乎全溶后，取出滤纸让溶液冷却至室温，然后在冰浴中再冷却，待甲基橙结晶全部析出后，减压过滤。依次用少量乙醇、乙醚洗涤产品。产品干燥后，称重，产量为 2.5g（产率 75％）。

溶解少许产品于水中，加几滴稀盐酸，然后用稀氢氧化钠溶液中和，观察溶液的颜色有何变化。

【注意事项】

1. 对氨基苯磺酸是一种有机两性化合物，其酸性比碱性强，能形成酸性的内盐，它能与碱作用生成盐，难与酸作用成盐，所以不溶于酸。但是重氮化反应又要在酸性溶液中完成，因此，进行重氮化反应时，首先将对氨基苯磺酸与碱作用，变成水溶性较大的对氨基苯磺酸钠。

2. 在重氮化反应中，溶液酸化时生成亚硝酸。同时，对氨基苯磺酸钠亦变为对氨基苯磺酸从溶液中以细粒状沉淀析出，并立即与亚硝酸作用，发生重氮化反应，生成粉末状的重氮盐。为了使对氨基苯磺酸完全重氮化，反应过程必须不断搅拌。

$$H_2N-\!\!\!\bigcirc\!\!\!-SO_3Na \xrightarrow{HCl} H_3\overset{+}{N}-\!\!\!\bigcirc\!\!\!-SO_3^- \xrightarrow{NHO_2} HO_3S-\!\!\!\bigcirc\!\!\!-\overset{+}{N}\!=\!N$$

3. 重氮化反应过程中，控制温度很重要，反应温度若高于5℃，则生成的重氮盐易水解成酚类，降低产率。

4. 用淀粉-碘化钾试纸检验，若试纸显蓝色，表明亚硝酸过量。这时应加入少量尿素除去过多的亚硝酸，因为亚硝酸用量过多会引起氧化和亚硝基化等系列副反应。

$$H_2N-\overset{\overset{O}{\|}}{C}-NH_2 + 2HNO_2 \longrightarrow CO_2\uparrow + 2N_2\uparrow + 3H_2O$$

5. 粗产品呈碱性，温度稍高时易使产物变质，颜色变深，湿的甲基橙受日光照射亦会使颜色变深，通常可在65~75℃烘干。

6. 用乙醇、乙醚洗涤的目的是使产品迅速干燥。

【思考题】

1. 在本实验中，重氮盐的制备为什么要控制在0~5℃中进行？

2. 在制备重氮盐中加入氯化亚铜将出现什么样的结果？

3. N,N-二甲基苯胺与重氮盐偶合为什么总是在氨基的对位上发生？

实验 48　甲基红的制备

【实验目的】

1. 学习甲基红的制备原理，了解甲基红的用途。

2. 学习甲基红的制备方法，掌握重氮化和偶合反应的条件控制。

3. 巩固减压过滤、洗涤、重结晶等操作技术。

【实验原理】

甲基红，熔点183℃，有光泽的紫色结晶或红棕色粉末，溶于乙醇和乙酸，几乎不溶于水。用于原生动物活体染色，也是一种酸碱指示剂，pH值变色范围为4.4（红）~6.2（黄）。适于滴定氨、弱有机碱和生物碱，但不适用于除草酸和苦味酸以外的有机酸。可与溴甲酚绿和亚甲基蓝组成混合指示剂以缩短变色域和提高变色的敏锐性；还可用作沉淀滴定的吸附指示剂、检测游离氯、亚氯酸盐等氧化剂。

甲基红由邻氨基苯甲酸重氮化后，与N,N-二甲基苯胺偶合反应而得。

$$\underset{NH_2}{\overset{COOH}{\bigcirc}} \xrightarrow{HCl} \underset{NH_2\cdot HCl}{\overset{COOH}{\bigcirc}} \xrightarrow{NaNO_2} \underset{\overset{+}{N}\equiv N\,Cl^-}{\overset{COOH}{\bigcirc}}$$

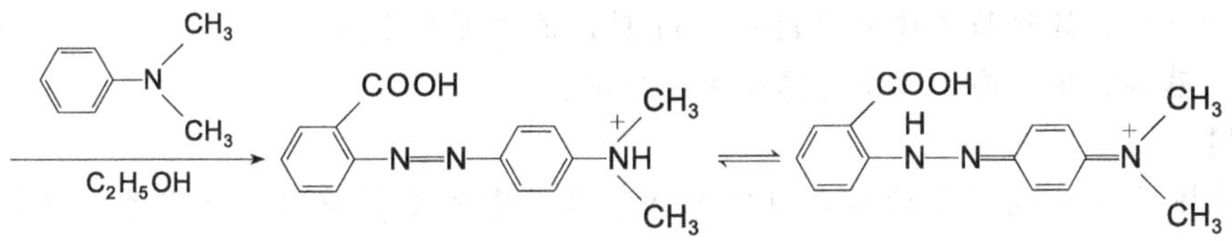

【实验装置】

1. 甲基红的制备装置（见图 4-2）。

2. 回流装置（见 4.1.2 节）。

3. 减压过滤装置（见 2.2.1 节）。

【实验用品】

仪器：烧杯，量筒，温度计，水槽，搅拌棒，圆底烧瓶，球形冷凝管，锥形瓶，布氏漏斗，减压过滤瓶等。

试剂：邻氨基苯甲酸，浓盐酸，亚硝酸钠，N,N-二甲基苯胺，95％乙醇，甲醇，甲苯等。

【实验步骤】

在 100mL 烧杯中加入 3g 邻氨基苯甲酸和 12mL 1∶1 的盐酸，加热使其溶解，冷却后析出白色针状晶体，减压过滤得邻氨基苯甲酸的盐酸盐，晾干备用。

取 1.7g 邻氨基苯甲酸的盐酸盐，加入 100mL 锥形瓶中，加 3.3mL 水使其溶解，溶液冰水浴冷却到 5～10℃，再加入 5mL 溶解有 0.7g 亚硝酸钠的水溶液。继续在冰水浴中冷却、搅拌，等反应完全后，得到重氮盐。

在另一个小锥形瓶中加入 1.2g N,N-二甲基苯胺和 12mL 95％的乙醇，混合均匀后倒入上述冷却的重氮盐溶液中，继续搅拌片刻，得到甲基红的粗品，以少量甲醇洗涤，干燥后，粗产物用甲苯重结晶得纯品。

取少量甲基红溶于水中，向其中加入几滴稀盐酸，接着用稀氢氧化钠溶液中和，观察颜色变化。

纯甲基红的熔点为 183℃。

【注意事项】

1. 邻氨基苯甲酸盐酸盐在水中溶解度很大，只能用少量水洗涤。

2. 为了得到较好的结晶，将趁热过滤下来的甲苯溶液再加热回流，然后加入热水中令其缓缓冷却。减压过滤收集后，可得到有光泽的片状结晶。

【思考题】

1. 什么叫偶联反应？试结合本实验讨论一下偶联反应的条件。

2. 试解释甲基红在酸碱介质中的变色原因，并用反应式表示。

4.13 Diels-Alder 反应

实验 49 环戊二烯和马来酸酐的 Diels-Alder 反应

【实验目的】

1. 学习双环戊二烯加热发生逆 Diels-Alder 反应解聚为环戊二烯的方法。

2. 掌握环戊二烯和马来酸酐 Diels-Alder 反应的原理和方法。

3. 巩固蒸馏、重结晶、减压过滤等操作技术。

【实验原理】

降冰片烯-5,6-顺式二羧酸酐，白色柱状结晶，微溶于石油醚，溶于苯、甲苯、丙酮、四氯化碳、氯仿、乙醇、乙酸乙酯。用作聚酯树脂、醇酸树脂的原料、农药原料，还可用作脲醛树脂、三聚氰胺树脂、松脂等的改性剂、橡胶硫化调节剂、树脂增塑剂、表面活性剂等。其二烯丙酯可作为不饱和聚酯树脂的耐热交联剂。

降冰片烯-5,6-顺式二羧酸酐是以环戊二烯和顺丁烯二酸酐为原料，经 Diels-Alder 反应制得的。双环戊二烯在加热时发生热分解（逆 Diels-Alder 反应），得到环戊二烯。环戊二烯在室温下与马来酸酐发生 Diels-Alder 反应，得到内型的降冰片烯-5,6-顺式二羧酸酐。

【实验装置】

1. 分馏装置（见 2.2.5 节）。

2. 控温-滴加装置（见 2.1.2 节）。

3. 回流装置（见 2.1.4 节）。

4. 减压过滤装置（见 2.2.1 节）。

【实验用品】

仪器：圆底烧瓶，蒸馏头，温度计，直形冷凝管，球形冷凝管，接液管，圆底烧瓶，锥形瓶等。

药品：环戊二烯二聚体，马来酸酐，乙酸乙酯等。

【实验步骤】

在 100mL 圆底烧瓶中加入 20mL 环戊二烯二聚体，在 170~190℃油浴中经逆 Diels-Alder 反应裂解，蒸馏，保持馏分的出口温度为 40~45℃，得到环戊二烯单体。

取 8mL 环戊二烯加入 100mL 圆底烧瓶中，将圆底烧瓶置于冰水浴中冷却。准确称取 7.64g 马来酸酐，加入 100mL 的锥形瓶中，加入 30mL 乙酸乙酯，使其溶解。将马来酸酐的乙酸乙酯溶液转移到含有环戊二烯的圆底烧瓶中，转移过程中要冰水浴，转移完毕，室温搅拌，直到不再析出白色沉淀为止。然后将圆底烧瓶放入 50℃的水浴中加热，沉淀完全溶解后，冷却到室温，析出白色针状晶体。减压过滤，干燥，得产品。

【注意事项】

1. 顺丁烯二酸酐及其加成产物都易水解成相应的二元羧酸，故所用全部仪器、试剂及溶剂均需干燥，并注意防止水或水汽进入反应系统。

2. 环戊二烯在室温下易聚合为环戊二烯的二聚体，市售环戊二烯都是二聚体。二聚体在 170℃以上可解聚为环戊二烯。如果这样分馏所得环戊二烯浑浊，则是因潮汽侵入所致，可用无水氯化钙干燥。馏出的环戊二烯应尽快使用。如确需短期存放，可密封放置于冰箱中。

3. 加成产物降冰片烯-5,6-顺式二羧酸酐分子中仍保留有双键，可使高锰酸钾溶液或溴的四氯化碳溶液褪色。该产物遇水或吸收空气中的水汽易水解成相应的二元羧酸，故应保存在干燥器中。

【思考题】

1. 环戊二烯为什么容易二聚和发生 Diels-Alder 反应?

2. 二聚环戊二烯解聚应注意些什么?

3. 写出下列 Diels-Alder 反应的产物:

(1) 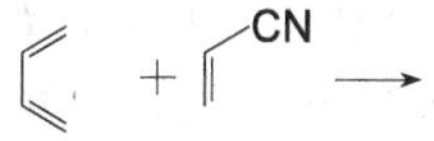 + CN →

(2) 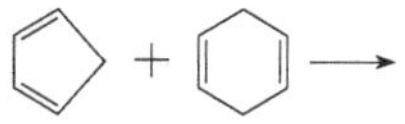 + →

(3) 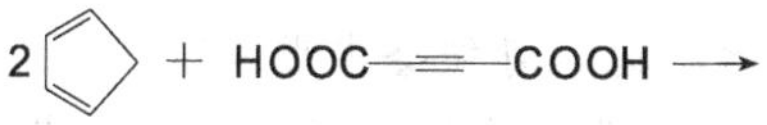 2 + HOOC≡COOH →

4.14 聚合反应

实验 50　酚醛树脂的制备

【实验目的】

1. 掌握酚醛树脂的制备原理和方法。

2. 学习物料比、温度、时间等反应条件对酚醛树脂结构的影响,合成线型酚醛树脂。

3. 掌握不同预聚体的交联方法。

【实验原理】

酚醛树脂也叫电木,又称电木粉,为无色液体,不溶于水,溶于丙酮、酒精等有机溶剂中。市场上销售的电木往往加着色剂而呈红、黄、黑、绿、棕、蓝等颜色。酚醛树脂耐弱酸和弱碱,遇强酸发生分解,遇强碱发生腐蚀。由于酚醛树脂具有良好的耐酸性能、力学性能、耐热性能,因而广泛应用于防腐蚀工程、胶黏剂、阻燃材料、砂轮片制造等行业。

酚醛树脂是由苯酚和甲醛在催化剂条件下缩聚、经中和、水洗而制成的。碱催化聚合得到的是体型树脂,酸催化得到的是线型树脂。线型酚醛树脂是甲醛和苯酚按物质的量比为 $0.75 \sim 0.85 : 1$ 聚合得到的,常以草酸、硫酸、盐酸等为催化剂,催化剂的用量为每 100 份苯酚加 $1 \sim 2$ 份草酸或不到 1 份的硫酸。由于加入的甲醛量较少,只能生成低分子量的线性聚合物。反应混合物在高温下脱水,冷却后粉碎,混合 $5\% \sim 15\%$ 的六亚甲基四胺,加热即迅速发生交联。

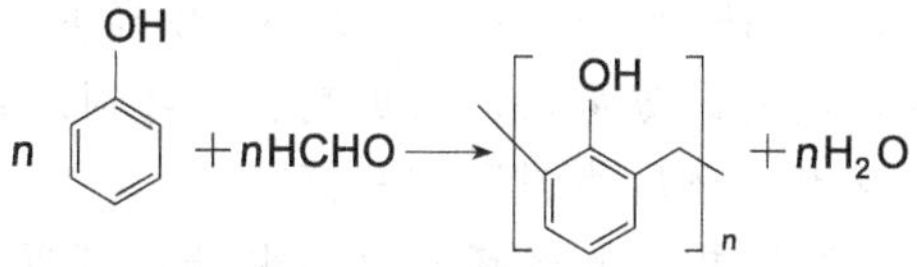

【实验装置】

1. 控温-回流装置(见 2.1.4 节)。

2. 萃取装置(见 2.2.3 节)。

【实验用品】

仪器：三口烧瓶，温度计，球形冷凝管，真空塞，可控温磁力搅拌器，分液漏斗等。

药品：苯酚，37%的甲醛，草酸，六亚甲基四胺等。

【实验步骤】

在三口烧瓶中加入18.5g苯酚和13.8g 37%的甲醛溶液，再加入2.5mL水和0.3g水合草酸，水浴加热，温度控制在90~96℃，反应过程中不断搅拌。回流1.5 h后，加入90mL水，混合均匀，冷却到室温后除去水相，有机相中加入六亚甲基四胺0.5g，搅拌固化，得到乳白色黏稠的浆状物。

【注意事项】

1. 加热要缓慢进行，因苯酚要充分溶解，升温过快时，可能会出现凝胶。

2. 苯酚在40℃下为固体，且在空气中易被氧化。因此在实验过程中，先将苯酚熔化后再加入到三口烧瓶中，加入苯酚时应快。

3. 甲醛具有毒性，反应需要在通风橱中进行。

4. 苯酚具有腐蚀性，在实验时注意不要碰到皮肤上。

5. 得到的产品要放在指定的容器内，切勿倒入水池，以免黏性造成水管堵塞。

【思考题】

1. 酸性和碱性条件下合成酚醛树脂的机理有何不同？

2. 反应结束后加入90mL蒸馏水的目的是什么？

3. 环氧树脂能否作为酚醛树脂的交联剂？为什么？

4. 试分析酚醛树脂制备的影响因素。

4.15 串联反应

实验 51 8-羟基喹啉的制备

【实验目的】

1. 学习利用Skraup反应合成8-羟基喹啉的原理和方法。

2. 巩固回流加热、水蒸气蒸馏等操作技术，掌握减压升华的实验方法。

【实验原理】

8-羟基喹啉为白色或淡黄色结晶或结晶性粉末，不溶于水和乙醚，溶于乙醇、丙酮、氯仿、苯或稀酸，能升华。作为两性化合物，8-羟基喹啉能溶于强酸、强碱，在碱中电离成负离子，在酸中能结合氢离子，在pH=7时溶解性最小。8-羟基喹啉常用作医药、染料和农药中间体，其硫酸盐和铜盐是优良的防腐剂、消毒剂和防霉剂。还可用作沉淀和分离金属离子的络合剂和萃取剂，并广泛用于金属的测定和分离。

8-羟基喹啉的制备可以由邻氨基苯酚经环合反应制得；可以通过邻氨基酚、邻硝基酚、甘油、冰乙酸在浓硫酸催化下的Skraup反应制得；还可以由喹啉经磺化得到8-磺酸基喹啉，再经过碱熔得到8-羟基喹啉碱，最后经酸化得到8-羟基喹啉。

本实验以邻氨基酚、邻硝基酚、无水甘油和浓硫酸为原料合成8-羟基喹啉。浓硫酸的作用是使甘油脱水生成丙烯醛，并使邻氨基酚与丙烯醛的加成物脱水成环。硝基酚为弱氧化剂，能将成环产物 8-羟基-1,2-二氢喹啉氧化成 8-羟基喹啉，邻硝基酚本身则还原成邻氨基酚，也可参与缩合反应。反应过程可能为：

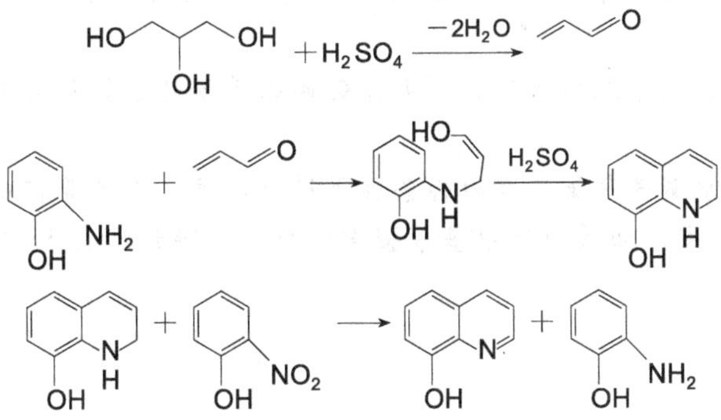

【实验装置】

1. 控温-滴加-回流装置（见 2.1.4 节）。

2. 水蒸气蒸馏装置（见 2.2.7 节）。

3. 减压过滤装置（见 2.2.1 节）。

【实验用品】

仪器：三口烧瓶，回流装置，石棉网，蒸馏装置，减压过滤瓶，布氏漏斗，水泵等。

试剂：邻硝基苯酚，邻氨基苯酚，无水甘油，浓硫酸，氢氧化钠，乙醇，饱和碳酸钠溶液等。

【实验步骤】

在 100mL 三口烧瓶中加入 1.8g（0.013 mol）邻硝基苯酚、2.8g（0.025 mol）邻氨基苯酚、7.5mL（9.5g，0.1 mol）无水甘油，剧烈振荡，使之混匀。在不断振荡下慢慢滴入 4.5mL 浓硫酸，于冷水浴上冷却。装上球形冷凝管，用小火在石棉网上加热，约 15min 溶液微沸，即移开火源。反应大量放热，待反应缓和后，继续小火加热，保持反应物微沸回流 1h。冷却后，加入 15mL 水，充分摇匀，进行简易水蒸气蒸馏，除去未反应的邻硝基苯酚（约 30min），直至馏分由浅黄色变为无色为止。待瓶内液体冷却后，慢慢滴加约 7mL 1：1（质量比）氢氧化钠溶液，于冷水中冷却，摇匀后，再小心滴入约 5mL 饱和碳酸钠溶液，使溶液呈中性。再加 20mL 水进行水蒸气蒸馏，蒸出 8-羟基喹啉（用时约 25min）。待馏出液充分冷却后，减压过滤收集析出物，洗涤，干燥，粗产物约为 3g。

粗产物用约 25mL 4：1（体积比）乙醇-水混合溶剂重结晶，得 8-羟基喹啉 2～2.5g（产率 54%～68%）。

纯 8-羟基喹啉的 mp 为 72～74℃。

【注意事项】

1. 仪器必须先干燥。

2. 本实验所用的甘油含水量必须少于 0.5%（相对密度 1.26）。如果含水量较大，则 8-羟基喹啉的产量不高。可将普通甘油在通风橱内置于瓷蒸发皿中加热至 180℃，冷至 100℃ 左右，即可放入盛有硫酸的干燥器中备用。甘油在常温下是黏稠状液体，若用量筒量取时应注意转移中的损失。

3. 反应混合物未加浓硫酸时十分黏稠，难以摇动，加入浓硫酸后，黏度大为减少。

4. 此反应为放热反应，溶液呈微沸时，表示反应已经开始；如继续加热，则反应过于激烈，会使溶液冲出容器。

5. 8-羟基喹啉既溶于碱又溶于酸而成盐，且成盐后不被水蒸气蒸馏出来，为此必须小心中和，严格控制 pH 值在 7～8。当中和恰当时，瓶内析出的 8-羟基喹啉沉淀最多。

6. 产物蒸出后，检查烧瓶中的 pH 值，必要时可少量水再蒸一次，确保产物析出。

7. 由于 8-羟基喹啉难溶于冷水，向滤液中慢慢滴入去离子水，即有 8-羟基喹啉不断结晶析出。

8. 反应的产率以邻氨基苯酚计算，不考虑邻硝基苯酚部分转化后参与反应的量。

【思考题】

1. 为什么第一次水蒸气蒸馏要在酸性条件下进行，第二次却要在中性条件下进行？

2. 在 Skraup 反应中，如果用对甲基苯胺作原料，应得到什么产物，硝基化合物应如何选择？

第5章

天然有机化合物的提取

实验52 从茶叶中提取咖啡因

【实验目的】

1. 学习从茶叶中提取咖啡因的原理和方法，了解咖啡因的特性。
2. 学习掌握用索氏提取器提取有机物的原理和方法。
3. 巩固萃取、蒸馏、升华等操作技术。

【实验原理】

咖啡因也叫咖啡碱，即 1,3,7-三甲基-2,6-二氧嘌呤，是一种黄嘌呤生物碱化合物，具有丝绢光泽的无色针状结晶，熔点 234.5℃，味苦，能溶于水、乙醇、氯仿等。在 100℃时即失去结晶水，并开始升华，126℃时升华相当显著，到 178℃时升华很快。咖啡因是一种中枢神经兴奋剂，临床上用于治疗神经衰弱和昏迷复苏。

咖啡因（1,3,7-三甲基-2,6-二氧嘌呤）

茶叶中含有多种生物碱，其中以咖啡因为主，约占 15%。另还有少量的茶碱和可可碱，以及茶多酚、单宁酸、色素、纤维素和蛋白质等。为了提取茶叶中的咖啡因，常利用适当的溶剂（氯仿、乙醇、苯等）在脂肪提取器中连续提取，然后蒸发溶剂，即得粗咖啡因。粗咖啡因中还含有其他一些生物碱和杂质，利用升华可进一步提纯。

【实验装置】

1. 固-液连续提取装置（见2.2.3节）。
2. 升华装置（见2.2.2节）。

【实验用品】

仪器：索氏提取器，圆底烧瓶，球形冷凝管，漏斗，表面皿等。

试剂及材料：95%乙醇，茶叶末，生石灰粉，滤纸等。

【实验步骤】

在 100mL 圆底烧瓶中加入 30mL 95%乙醇和沸石，装上索氏提取器。将装有 10g 茶叶末的滤纸套筒放入索氏提取器中，装上蛇形冷凝管，从其上口加乙醇到提取器中，至刚好虹吸下去为止（由于各索氏提取器的虹吸管位置高低不同，故乙醇用量亦不同）。加热回流提取，此时可发生多次的虹吸过程，直到提取液颜色较浅为止（约2h），待冷凝液刚刚虹吸下去时，立即停止加热。

拆除索氏提取器，放入沸石，改为蒸馏装置，进行蒸馏。待剩余液（20mL左右）呈糊状且可倒出为止，停止蒸馏。把剩余液趁热倒入蒸发皿中，烧瓶用少量的乙醇荡洗，一并倒入蒸发皿。在蒸发皿中加入 2~3g 生石灰粉（CaO），在蒸气浴上蒸干，除去水分。

把放有样品的蒸发皿放在预先加热的砂浴中，盖上一张已刺有许多小孔的滤纸（毛刺一面向上），再用一个合适的漏斗盖在滤纸上进行升华。漏斗颈应用一团棉花塞紧，以防升华的蒸气逸散到空气中，造成损失。升华发生时可发现有白雾从孔洞中冒出，继续加热，等到滤纸上出现大量白色针状晶体时，停止加热。冷却后用硬卡片把附在滤纸和漏斗上的晶体刮在一个干净的表面皿中。残渣经搅拌后，用较大的火再进行第二次升华。合并两次升华收集的咖啡因，产品约 50~150mg。

【注意事项】

1. 茶叶中的生物碱对人体具有一定程度的药理功能。咖啡因可兴奋神经中枢，消除疲劳，有强心作用。茶碱的功能与咖啡碱相似，兴奋神经中枢较咖啡碱弱，而强心作用则比咖啡碱强。可可碱功能也与咖啡碱类似，兴奋中枢作用较前两者弱，而强心作用介于前两者之间。

2. 滤纸套筒的大小既要紧贴器壁，又要方便取放，其高度不得超过虹吸管，滤纸包茶叶末时要严密，防止漏出堵塞虹吸管。纸套上面折成凹形，以保证回流液均匀地浸润被萃取物。脂肪提取器的虹吸管容易折断，搭装置时必须小心。

3. 生石灰起吸水和中和作用，用于除去部分杂质。在焙炒时，火不可太大，否则咖啡因将会损失。

4. 升华操作的好坏是本实验成败的关键。在升华过程中，始终都要用小火间接加热，温度太高会使滤纸炭化变黑，并把一些有色物质烘出来，使产品不纯。第二次升华时，火亦不能太大，否则会使被烘物大量冒烟，导致产物损失。

【思考题】

1. 索氏提取器的萃取原理，它与一般的浸泡萃取相比，有哪些优点？

2. 咖啡因为什么可以用升华法分离提纯？除了升华法，还可以用什么方法？

3. 试述咖啡因的药理作用。

实验 53 从黄连中提取黄连素

【实验目的】

1. 学习从中草药提取生物碱的原理和方法。

2. 学习减压蒸馏的操作技术。

3. 进一步掌握索氏提取器的使用方法，巩固减压过滤操作。

【实验原理】

黄连素也称小檗碱，黄色针状体，是一种异喹啉生物碱，熔点 145℃。溶于水，难溶于苯、乙醚和氯仿，具有季铵盐的特征。其盐类在水中的溶解度都比较小。常用的盐酸黄连素又叫盐酸小檗碱，为黄色结晶性粉末，易溶于沸水，微溶于冷水，几乎不溶于冷醇、氯仿和醚。黄连素有抗菌、消炎、止泻的功效，对急性菌痢、急性肠炎、百日咳、猩红热等各种急性化脓性感染和各种急性外眼炎症都有效。

黄连素可从黄连、黄柏、三颗针等植物中提取，其中黄连中的含量可达 4%～10%。由于盐酸黄连素难溶于冷水，易溶于热水，故可用水对其进行重结晶，从而达到纯化的目的。

从黄连中提取黄连素，往往采用适当的溶剂（如乙醇、水、硫酸等）。在索氏提取器中连续抽提，然后浓缩，再加乙酸进行酸化，得到相应的盐。粗产品可以采取重结晶等方法进一步提纯。

黄连素被硝酸等氧化剂氧化，转变为樱红色的氧化黄连素。

黄连素在强碱中部分转化为醛式黄连素，在此条件下，再加几滴丙酮，即可发生缩合反应，生成丙酮与醛式黄连素缩合产物的黄色沉淀。

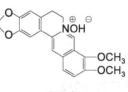

黄连素

【实验装置】

1. 固液连续提取装置（见 2.2.3 节）。

2. 减压过滤装置（见 2.2.1 节）。

3. 回流装置（见 2.1.4 节）。

【实验用品】

仪器：索氏提取器，圆底烧瓶，克氏蒸馏头，冷凝管，接引管，锥形瓶，烧杯，减压过滤瓶，布氏漏斗等。

试剂：95% 乙醇，1% 醋酸，浓盐酸，黄连等。

【实验步骤】

称取 10g 中药黄连，切碎磨烂，装入索氏提取器的滤纸套筒内，烧瓶内加入 100mL 95% 乙醇，加热萃取 2～3h，至回流液颜色很淡为止。进行减压蒸馏，回收大部分乙醇，至瓶内残留液体呈棕红色糖浆状，停止蒸馏。

浓缩液里加入 1% 的醋酸 30mL，加热溶解后趁热减压过滤去掉固体杂质，在滤液中滴加浓盐酸，至溶液浑浊为止（约需 10mL）。用冰水冷却上述溶液，降至室温下以后即有黄色针状的黄连素盐酸盐析出，减压过滤，所得结晶用冰水洗涤两次，可得黄连素盐酸盐的粗产品。

将粗产品放入 100mL 圆底烧瓶中，加入 30mL 水，加热至沸，搅拌沸腾几分钟，趁热减压过滤，滤液用盐酸调节 pH 值为 2～3，室温下放置几小时，有较多橙黄色结晶析出后减压过滤，滤渣用少量冷水洗涤两次，烘干即得成品。

【注意事项】

1. 黄连素的简单鉴定：取盐酸黄连素少许，加浓硫酸 2mL，溶解后加几滴浓硝酸，即呈樱红色溶液。也可取盐酸黄连素约 50mg，加蒸馏水 5mL，缓缓加热，溶解后加 20% 氢氧化钠溶液 2 滴，显橙色，冷却后过滤，滤液加丙酮 4 滴，即发生浑浊。放置后生成黄色的丙酮黄连素沉淀。

2. 得到纯净的黄连素晶体比较困难。可将黄连素盐酸盐加热水至刚好溶解煮沸，用石灰乳调节 pH＝8.5～9.8，冷却后滤去杂质，滤液继续冷却至室温以下，即有针状体的黄连素析出，减压过滤，将结晶在 50～60℃ 下干燥，熔点 145℃。

3. 本实验也可利用简单回流装置进行 2～3 次加热回流代替，每次约 30min，回流液体合并使用即可。

【思考题】

1. 用回流和浸泡的方法提取天然产物与用索氏提取器连续萃取，哪种方法效果更好？为什么？

2. 作为生物碱，黄连素具有哪些生理功能？

3. 蒸馏回收溶剂时，为什么不能蒸太干？

实验 54 银杏中黄酮类有效成分的提取及分离

【实验目的】

1. 了解银杏叶的主要有效成分，掌握植物中黄酮类有效成分的提取原理和方法。

2. 进一步熟悉索氏提取器的使用。

3. 掌握紫外分光光度计的应用，以及相关溶液的配制。

【实验原理】

黄酮类化合物具有2-苯基色原酮结构，其1-位上的氧原子具碱性，能与强酸成盐，其羟基衍生物多具黄色，故又称黄碱素或黄酮。黄酮类化合物在植物体中通常与糖结合成苷类，小部分以游离态（苷元）的形式存在。绝大多数植物体内都含有黄酮类化合物，它在植物的生长、发育、开花、结果以及抗菌防病等方面起着重要的作用。

银杏的果、叶、皮等具有很高的药用价值和保健价值。银杏叶的提取物对于治疗心脑血管病和周边血管疾病神经系统障碍、头晕、耳鸣、记忆损失等有显著效果。

银杏叶中的化学成分很多，主要有黄酮类、萜内酯类、聚戊烯醇类，此外还有酚类、生物碱和多糖等药用成分。目前银杏叶的开发主要是提取银杏内酯和黄酮类等药用成分。黄酮类化合物由黄酮醇及其苷、双黄酮、儿茶素三类组成，它们具有广泛的生理活性。黄酮类化合物的结构较复杂，其中黄酮醇及其苷的结构表示如下：

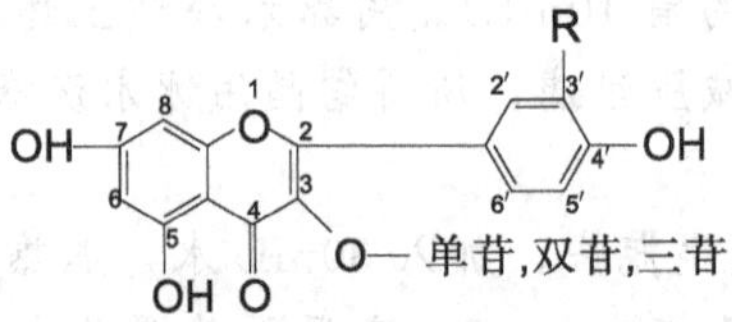

R＝H 莰非醇，R＝OH 戊羟黄酮，R＝OCH$_3$ 异鼠李亭衍生物

目前，提取银杏叶有效成分的方法主要有水蒸气蒸馏法、有机溶剂萃取法、超临界流体萃取法（SFE法）、高速逆流色谱技术提取法（HSCCC）、微波提取法、超声波提取法、酶提取法、分子烙印技术等。本实验采用溶剂萃取法。

【实验装置】

1. 固-液连续萃取装置（见2.2.3节）。

2. 柱色谱装置（见2.2.10节）。

【实验用品】

仪器：索氏提取器，圆底烧瓶，分液漏斗，容量瓶等。

试剂：银杏叶，95％乙醇，芦丁，亚硝酸钠，硝酸铝，氢氧化钠，D101大孔吸附树脂，盐酸，丙酮，氧化铝等。

【实验步骤】

1. 黄酮的提取

称取干燥的银杏粉末10g，放入索氏提取器的滤纸袋中，圆底烧瓶中加入80mL 60％的乙醇，连续提取 1.5 h，待银杏叶颜色变浅，停止提取。离心，真空过滤收集滤液。

滤渣用浓度为 60％乙醇溶液按 1∶8 混合均匀，进行二次醇提，方法同上。

合并两次滤液，减压蒸去部分溶剂，冷却。将滤液置于 100mL 容量瓶中，加入 60％乙醇溶液稀释至刻度。

2. 黄酮的纯化

准备 D101 大孔吸附树脂用丙酮浸泡过夜，再用水浴回流 8h，减压过滤，水洗至溶液不产生浑浊为止，浸泡在水中充分吸胀。将吸胀后的树脂与溶剂的混合物倒入色谱柱中，让其自行沉积，并在柱顶加少量氧化铝。

精密吸取样品 5mL 从柱上端上柱。用 100mL 水洗脱，洗液弃去。再用 30mL 无水乙醇分次洗脱，收集洗脱液，蒸干，残渣用无水乙醇溶解，定量转移至 5mL 容量瓶中，稀释至刻度，作为供试品溶液。

3. 黄酮含量的测定

精密量取 0.2mg·mL^{-1} 芦丁标准溶液 0.0mL、0.5mL、1.0mL、1.5mL、2.0mL、2.5mL、3.0mL，分别置于 10.0mL 容量瓶中，各加 30％乙醇至 5mL，加 5％亚硝酸钠溶液 0.3mL，摇匀；放置 6min 后加 10％硝酸铝溶液 0.3mL，摇匀；再放置 6min 后加 4％氢氧化钠溶液 2mL，加 30％乙醇至刻度，摇匀，放置 15min。以第 1 管作空白对照，在波长 510 nm 处测各试管中溶液的吸光度。以吸光度为纵坐标，浓度为横坐标，绘制出标准曲线，并得到回归方程。

取 1.0mL 样品液于 10.0mL 容量瓶中，加 30％乙醇至 5mL，加 5％亚硝酸钠溶液 0.3mL，摇匀；放置 6min，加 10％硝酸铝溶液 0.3mL，摇匀；再放置 6min，加 4％氢氧化钠溶液 2mL，加 30％乙醇至刻度，摇匀，放置 15min。在波长 510 nm 处测吸光度。代入线性回归方程，算出黄酮提取液中黄酮的质量浓度。

$$银杏叶总黄酮提取率（％）=\frac{提取物所含黄铜的质量（g）}{银杏叶质量（g）}\times100％$$

计算产率。

【注意事项】

1. D101 大孔吸附树脂的准备：首先将 D101 大孔吸附树脂用丙酮浸泡过夜，再用水浴回流 8 h，减压过滤，水洗至溶液不产生浑浊为止，浸泡在水中充分吸胀。

2. 样品上柱后水洗时，如果是含蔗糖样品需要用 300mL 水洗涤，洗液弃去。

【思考题】

1. 本实验中影响银杏叶中黄酮提取效率的因素有哪些？

2. 配制芦丁标准溶液及样品溶液时，为什么要加入亚硝酸钠、硝酸铝和氢氧化钠？

实验 55　从槐花米中提取芦丁

【实验目的】

1. 学习碱-酸法提取黄酮苷类化合物的原理及方法。

2. 熟悉芦丁、槲皮素的结构性质和检识方法。

3. 巩固重结晶提纯固体物质的操作技术。

【实验原理】

芦丁又称芸香苷，常含三分子结晶水，呈淡黄色针状结晶，熔点为174～178℃，无水物的熔点为188℃。芦丁在冷水中的溶解度为1：10000，沸水中为1：200；冷乙醇中为1：650，沸乙醇中为1：60；易溶于碱性水溶液，难溶于酸性水溶液，几乎不溶于苯、乙醚、氯仿等。芦丁有调节毛细血管壁渗透性的作用，临床上用作毛细血管止血药，也作为高血压症的辅助治疗药物。

芦丁广泛存在于植物中，其中槐花米和荞麦中含量最高，可达12％～16％。本实验是利用芦丁易溶于碱性水溶液，酸化后又析出的性质进行提取，并利用它在冷水和热水中溶解度相差较大的特性进行重结晶提纯。除此方法外，还可以采用沸水提取或醇提取法。

芦丁   R＝Rha-（6-1）-Glc
槲皮素   R＝H

芦丁是糖苷类化合物，其糖苷键在酸性条件下可水解产生对应的苷元——槲皮素，所以芦丁的分离鉴定可用纸色谱进行，常用乙酸乙酯：甲酸：水（6：1：3）或正丁醇：冰醋酸：水（4：1：5）作展开剂。

【实验装置】

1. 减压过滤装置（见2.2.1节）。
2. 回流装置（见2.1.4节）。

【实验用品】

仪器：烧杯，减压过滤瓶，布氏漏斗，滤纸，表面皿，毛细管，色谱滤纸，展开槽，烘箱，电炉，天平等。

试剂：槐花米，石灰乳，浓盐酸，95％乙醇，展开剂（乙酸乙酯：甲酸：水＝6：1：3），显色剂（质量分数为2％氯化铝），pH试纸，饱和芦丁标准品乙醇溶液，饱和槲皮素标准品乙醇溶液，镁粉，α-萘酚，浓硫酸，醋酸镁，甲醇等。

【实验步骤】

1. 芦丁的提取

取10g槐花米，置于250mL烧杯中，加入100mL水，煮沸，在搅拌下缓缓加入石灰乳至pH＝8～9，在此pH值下保持微沸20～30min，趁热减压过滤，残渣再加50mL水，同上法再煎一次，趁热减压过滤。合并滤液，在60～70℃下用浓HCl调至pH＝4～5，使沉淀完全，减压过滤，沉淀用少量蒸馏水洗涤，抽干，60℃干燥得粗芦丁。

2. 芦丁的提纯

将粗芦丁置于500mL圆底烧瓶中，加入适量蒸馏水，加热煮沸，趁热减压过滤。滤液静置，充分冷却，析出芦丁晶体，减压过滤，产品用蒸馏水洗涤，70～80℃烘干，称重，得芦丁精制品。

3. 芦丁的检验

取芦丁3～4mg，加乙醇5～6mL使其溶解，分成四份做以下实验。

① 盐酸-镁粉反应：取试样溶液1mL于试管中，加入镁粉少许，再加入盐酸数滴，观察并记录颜色变化。

② Molish 反应：取试样溶液各 1mL 于试管中，加 10%α-萘酚乙醇溶液 1mL，振摇后倾斜试管 45°，沿管壁滴加 0.5mL 浓硫酸，静置，观察并记录两液面交界处的颜色变化。

③ 醋酸镁反应：取一张滤纸条，分别滴加试样溶液后，加 1%醋酸镁甲醇溶液 2 滴，于紫外灯下观察荧光变化，并记录现象。

④ 氯化铝反应：取一张滤纸条，分别滴加试样溶液后，加 1%氯化铝乙醇溶液 2 滴，于紫外灯下观察荧光变化，并记录现象。

【注意事项】

1. 槐花米中含有大量黏液质，加入石灰乳使生成钙盐沉淀除去。pH 值应严格控制在 8～9，不得超过 10。因为在强碱性条件下煮沸，时间稍长可促使芸香苷水解而破坏，使得收率下降。酸沉淀时 pH 值应为 4～5，不宜过低，否则会使芸香苷形成锌盐而溶于水，也降低收率。

2. 若实验所需槐花米粉碎太细，会导致减压过滤十分缓慢，可用纱布代替滤纸。

3. 粗芦丁为土黄色粉末，精制后的芦丁产品为淡黄色粉末。

4. 若精制芦丁产率较低，可能是因为趁热减压过滤时溶液温度下降，芦丁析出留在滤纸上；或者还有部分芦丁未从槐花米中煮出；或者芦丁转移过程中损失等。

【思考题】

1. 芦丁的提取过程中 pH 值过高和长时间煮沸有何影响？

2. 石灰乳对芦丁的提取有何作用？

3. 试根据这个实验总结出用酸碱调节法提取中药活性成分的条件及一般原理。

实验 56　红辣椒中红色素的提取

【实验目的】

1. 学习用薄层色谱和柱色谱方法分离和提取天然产物的原理。

2. 练习柱色谱的操作方法。

【实验原理】

红辣椒中含有多种色泽鲜艳的天然色素，其中呈深红色素主要是由辣椒红脂肪酸酯和少量辣椒玉红素脂肪酸酯所组成，呈黄色的色素则是 β-胡萝卜素。

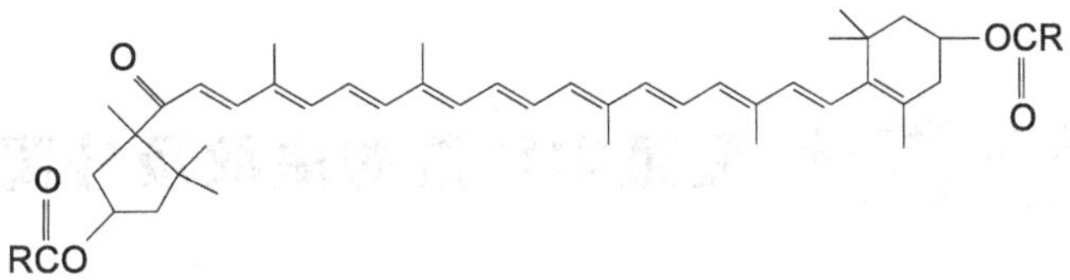

辣椒红脂肪酸酯

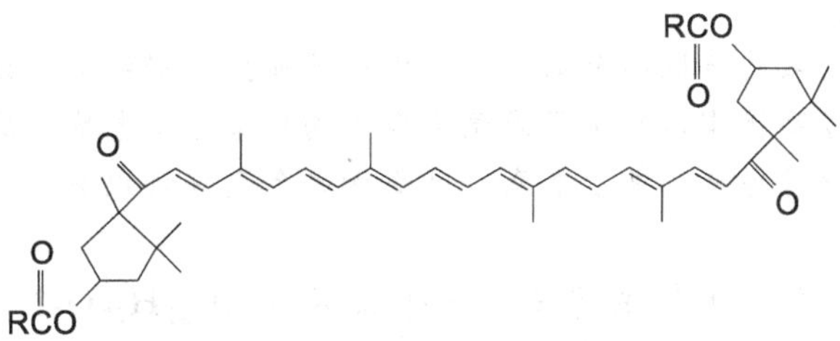

辣椒玉红素脂肪酸酯

这些色素可以通过色谱法加以分离。本实验以二氯甲烷作萃取剂，从红辣椒中提取红色素。然后采用薄层色谱分析，确定各组分的 R_f 值，经柱色谱分离，分段接收并蒸除溶剂，即可获得各个单组分。

【实验装置】

1. 回流装置（见 2.1.4 节）。
2. 减压过滤装置（见 2.2.1 节）。
3. 薄层色谱装置（见 2.2.9 节）。
4. 柱色谱装置（见 2.2.10 节）。

【实验用品】

仪器：圆底烧瓶，球形冷凝管，色谱柱，锥形瓶，布氏漏斗，吸滤瓶，广口瓶，3cm×8cm 薄板，点样毛细管等。

试剂：干燥红辣椒，二氯甲烷，硅胶 G（200～300 目），沸石。

【实验步骤】

在 50mL 圆底烧瓶中，放入 1g 干燥并研碎的红辣椒和 2 粒沸石，加入 10mL 二氯甲烷，装上球形冷凝管，加热回流 20min。待提取液冷却至室温，过滤，除去不溶物，蒸发滤液，收集色素混合物。

以 200mL 广口瓶作薄板色谱槽、二氯甲烷作展开剂。取极少量色素粗品置于小烧杯中，滴入 2～3 滴二氯甲烷使之溶解，并在一块硅胶 G 薄板上点样，然后置入色谱槽进行色谱分离。计算各种色素的 R_f 值。

在直径 1.5 cm 的色谱柱中，装入硅胶 G 吸附剂，用二氯甲烷作洗脱剂，将色素粗品进行柱色谱分离，收集各组分流出液，浓缩各组分，得到各组分产品。

【注意事项】

1. 红辣椒要干且研细。
2. 硅胶 G 薄板要铺得均匀，使用前活化充分。
3. 色谱柱要装结实，不能有断层。

【思考题】

1. 硅胶 G 薄板失活对结果有什么影响？
2. 点样时应该注意什么？点样毛细管太粗会有什么后果？
3. 如果样品不带颜色，如何确定斑点的位置？举 1～2 个例子说明。

实验 57 菠菜中色素的提取及分离

【实验目的】

1. 通过绿色植物色素的提取和分离，了解天然物质分离提纯的方法。
2. 通过薄层色谱分离操作，加深了解微量有机物色谱分离鉴定的原理。
3. 从菠菜中提取出叶绿素、胡萝卜素、叶黄素等色素并加以分离。

【实验原理】

叶绿素存在两种结构相似的形式——叶绿素 a（$C_{55}H_{72}O_5N_4Mg$）以及叶绿素 b（$C_{55}H_{70}O_6N_4Mg$），其差别仅是 a 中一个甲基被 b 中的甲酰基所取代。它们都是吡咯衍生物与金属镁的络合物，是植物进行光合作用所必需的催化剂。植物中叶绿素 a 的含量通常是 b 的 3 倍。尽管叶绿素分子中含有一些极性基团，但大的烃基结构使它易溶于醚、石油醚等一些非极性的溶剂。

胡萝卜素（$C_{40}H_{56}$）是具有长链结构的共轭多烯。它有三种异构体，即 α-、β-和 γ-胡萝卜素，其中 β-异构体含量最多，也最重要。在生物体内，β-胡萝卜素受酶催化氧化即形成维生素 A。目前 β-胡萝卜素已可进行工业生产，可作为维生素 A 使用，也可作为食品工业中的色素。

叶黄素（$C_{40}H_{56}O_2$）是胡萝卜素的羟基衍生物，它在绿叶中的含量通常是胡萝卜素的 2 倍。与胡萝卜素相比，叶黄素较易溶于醇而在石油醚中溶解度较小。

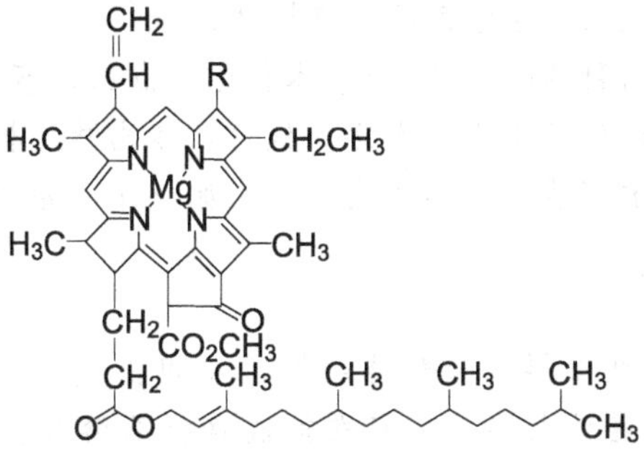

叶绿素 a（R＝CH₃）

叶绿素 b（R＝CHO）

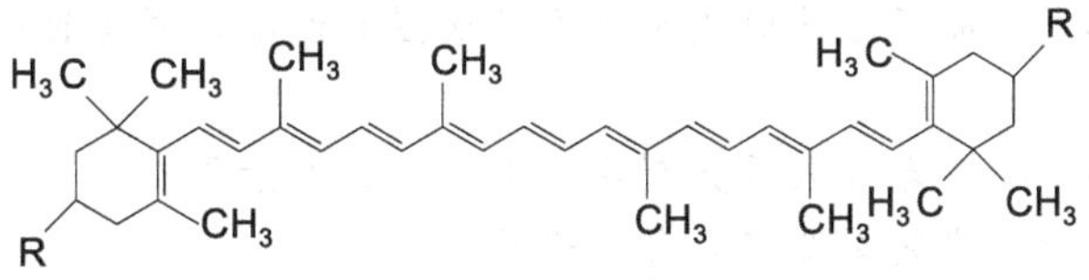

β-胡萝卜素（R＝H）　　　　叶黄素（R＝OH）

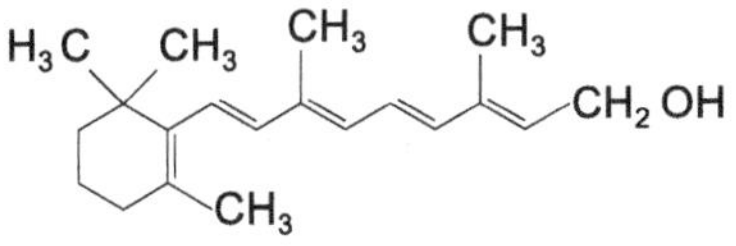

维生素 A

【实验装置】

1. 萃取装置（见 2.2.3 节）。

2. 简单蒸馏装置（见 2.2.4 节）。

3. 薄层色谱装置（见 2.2.9 节）。

【实验用品】

仪器：薄层硅胶板（或色谱纸），展开槽，研钵，分液漏斗，圆底烧瓶，蒸馏头，直形冷凝管等。

样品：菠菜叶，甲醇，石油醚（60～90℃），石油醚-甲醇（3：2）溶液，硅胶 G，0.5％羧甲基纤维素钠，无水硫酸钠，石油醚-丙酮（8：2），石油醚-乙酸乙酯（6：4）等。

【实验步骤】

1. 菠菜色素的提取

称取 20g 洗净用滤纸吸干的新鲜（或冷冻）的菠菜叶，用剪刀剪碎并与 20mL 甲醇拌匀，在研钵中研磨约 5min，然后用布氏漏斗减压过滤菠菜汁，弃去滤液。

将菠菜渣放回研钵，每次用 20mL 3：2（体积比）的石油醚-甲醇混合液萃取两次，每次需加以研磨充分并减压过滤。

合并滤液，用吸管取上层深绿色萃取液，转入分液漏斗，每次用 10mL 水洗涤两次，以除去萃取液中的甲醇。洗涤时要轻轻旋荡，以防止产生乳化。

弃去水-甲醇层，石油醚层用无水硫酸钠干燥 30min 后，滤入圆底烧瓶（勿将干燥剂滤入），在水浴上蒸去大部分石油醚至体积约 1mL 为止。石油醚回收。

2. 菠菜色素的分离

取活化后的薄层板，分别在距一端 1cm 处用铅笔轻轻划一横线作为起始线。另一端距约 1cm 处也划一横线作为终止线。取毛细管（直径 0.5mm）插入样品溶液中，在一块板的起点线上点两个点。样点间相距 1～1.5 cm。样点直径不应超过 2mm。

本次实验采用以下展开剂：①用石油醚-丙酮＝8：2（体积比）点三块板；②用石油醚-乙酸乙酯＝6：4（体积比）点一块板。待展开剂上升至终止线时，取出薄层板，在空气中晾干，用铅笔做出标记，并进行测量，记录溶质的最高浓度中心至原点中心距离和展开剂前沿至原点中心距离，分别计算出 R_f 值。

【注意事项】

1. 点样时手指捏住毛细管下端，垂直点样，轻触薄层板后立即抬起。点样要轻，不可刺破薄层。因溶液太稀或样点太小，可重复点样。但应在前次点样的溶剂挥发后，方可再点，以防样点被溶解掉。

2. 因石油醚易挥发，减压过滤时先倒少许清液浸润滤纸，减压过滤时真空度不要太大！

【思考题】

1. 若实验时不小心将斑点浸入展开剂中，会产生什么后果？

2. 样品斑点过大对分离效果会产生什么影响？

第6章

多步骤有机合成实验

复杂有机化合物的合成是有机化学的重要任务，要求实验者具备娴熟的实验技能和经验。在学生已经掌握有机合成实验基本理论与技术，并完成了一定量的经典基础有机合成实验的基础上，适当安排一些多步骤的有机合成实验，可以培养学生综合运用基础理论和基本技能解决实际问题的能力。本部分的实验内容突出应用性特色，以实验项目为导向，将科研成果引入实验教学，拓宽学生的知识面。通过连续性的多步骤合成实验培养学生连续性思维的形成，将单一的基本技能融合贯穿于解决实际问题中，有助于学生对有机化学知识的全面了解和掌握。

本部分列出了 6 个实验，以供选择。

实验58 植物生长调节剂 2,4-二氯苯氧乙酸的制备

【背景介绍】

2,4-二氯苯氧乙酸又称 2,4-D，为白色结晶，水中溶解度很小，易溶于乙醇、苯等有机溶剂，其钠盐、铵盐则极易溶于水。1941 年由美国人 R. 波科尼首次合成，1942 年 P. W. 齐默尔曼和 A. E. 希契科克首次报道 2,4-D 用作植物生长调节剂，1944 年美国农业部报道了 2,4-D 的除草效果。因其用量少、成本低而一直是世界主要除草剂品种之一。低于 $30\mu g \cdot mL^{-1}$ 的 2,4-二氯苯氧乙酸可作为植物生长调节剂，用于防治番茄、棉、菠萝等落花落果及形成无子果实等。

目前，常用的生产 2,4-二氯苯氧乙酸的方法有两种：一是苯酚在熔融状态下氯化，再将得到的二氯酚与氯乙酸缩合而得；二是苯酚与氯乙酸在碱性条件下缩合生成苯氧乙酸，再用氯气氯化而得。本实验按照先缩合、后氯代的合成思路，首先利用 Williamson 合成法由氯乙酸钠与苯酚钠反应，再经酸化，制得苯氧乙酸；然后采用浓盐酸/过氧化氢原位生成的氯气进行苯氧乙酸 4-位的氯化，再用次氯酸钠在酸性介质中进行苯氧乙酸 2-位的氯化，制备 2,4-二氯苯氧乙酸。合成路线如下：

实验 58-1　苯氧乙酸的制备

【实验目的】

1. 学习利用 Williamson 合成法合成醚的基本原理和方法。
2. 掌握固体酸性产品的纯化方法。
3. 进一步巩固回流、滴加、减压过滤等基本操作技术。

【实验原理】

反应式：

$$ClCH_2COOH \xrightarrow{Na_2CO_3} ClCH_2COONa \xrightarrow[NaOH]{} \text{（苯环）}OCH_2COONa \xrightarrow{HCl} \text{（苯环）}OCH_2COOH$$

副反应：

$$ClCH_2COOH + NaOH \longrightarrow HOCH_2COOH + NaCl$$

【实验装置】

1. 控温-滴加-回流装置（见 2.1.4 节）。
2. 减压过滤装置（见 2.2.1 节）。

【实验用品】

仪器：三口烧瓶，磁力搅拌器，球形冷凝管，恒压滴液漏斗，温度计套管，温度计，磁子，圆底烧瓶，砂芯漏斗，减压过滤瓶等。

试剂：氯乙酸，苯酚，乙醇，浓盐酸，35％氢氧化钠溶液，饱和碳酸钠溶液等。

【实验步骤】

1. 氯乙酸钠的制备。在 100mL 三口烧瓶中，加入 2.40mL（0.04mol）氯乙酸和 5.00mL 水，搭建控温-滴加-回流装置。边搅拌边滴加饱和碳酸钠溶液至体系 pH 值为 7～8（记录用量），得氯乙酸钠。

2. Williamson 反应合成醚。在上述反应体系中加入 2.50g（0.027mol）苯酚和 5.00mL 乙醇，在恒压滴液漏斗中加入 35％的氢氧化钠溶液，边搅拌边滴加至体系 pH 值为 12，回流 0.5h 后冷却至室温。

3. 酸化、提纯。在上述体系中缓慢滴加浓盐酸至 pH 值为 3，冰水冷却，减压过滤，水洗，得苯氧乙酸粗品。干燥，称重，得产品 3.51g（0.023mol），产率 87.1％，熔点 97～99℃（文献值 98～99℃）。

【注意事项】

1. 制备氯乙酸钠时，为防止氯乙酸水解，采用饱和碳酸钠溶液，不宜用氢氧化钠溶液。

2. 成醚反应时，为防止氯乙酸水解，氢氧化钠溶液的滴加速度不宜过快。

3. 酸化反应 pH 值应控制在 3～3.5 为佳，pH 值过大酸化不完全，pH 值过小醚键易成盐，均会造成产率降低。

【思考题】

1. 醚化反应中加入乙醇的目的是什么？

2. 本实验中醚化反应为非均相反应，提高非均相反应产率的措施除了快速搅拌外，还有哪些？

3. 用酚钠和氯乙酸制苯氧乙酸时，为何要先将氯乙酸制成钠盐？能否直接用酚钠和氯乙酸制苯氧乙酸？

实验 58-2　2,4-二氯苯氧乙酸的制备

【实验目的】

1. 学习 $FeCl_3$ 催化氯化法制备 4-氯苯氧乙酸的原理和方法。

2. 学习次氯酸钠酸性介质氯化法制备 2,4-二氯苯氧乙酸的原理及方法。

3. 进一步巩固固体酸产品的纯化方法和回流、滴加、萃取、重结晶等基本操作技术。

【实验原理】

反应式：

$$2HCl + H_2O_2 \longrightarrow Cl_2 + 2H_2O$$

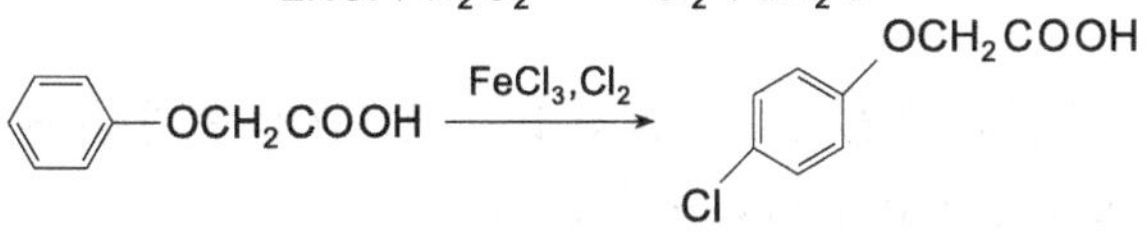

2,4-二氯苯氧乙酸中第一个氯原子的引入不是直接通氯气，而是通过双氧水氧化盐酸生成氯气。

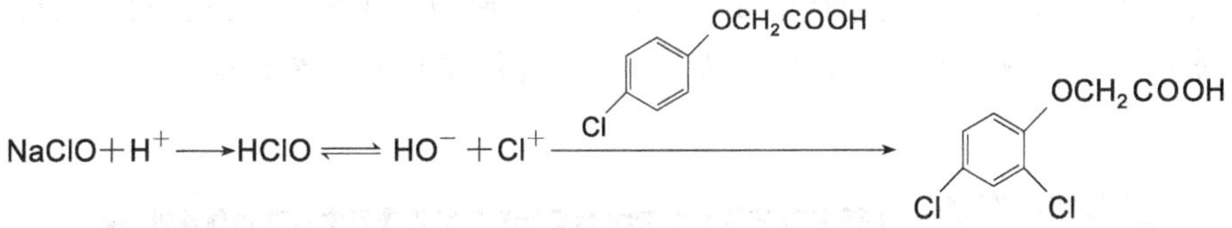

$$NaClO + H^+ \longrightarrow HClO \Longleftrightarrow HO^- + Cl^+$$

第二个氯原子的引入，是通过次氯酸钠在酸性介质中产生次氯酸，从而产生氯化剂 Cl^+，引起苯环上的亲电取代。

【实验装置】

1. 控温-滴加-回流装置（见 2.1.4 节）。

2. 减压过滤装置（见 2.2.1 节）。

3. 萃取装置（见 2.2.3 节）。

【实验用品】

仪器：三口烧瓶，磁力搅拌器，球形冷凝管，恒压滴液漏斗，温度计套管，温度计，磁子，圆底烧瓶，砂芯漏斗，分液漏斗，锥形瓶等。

试剂：苯氧乙酸，冰醋酸，氯化铁，盐酸，33%过氧化氢溶液，乙醇，5%次氯酸钠溶液，乙醚，四氯化碳，10%碳酸氢钠溶液，刚果红试纸等。

【实验步骤】

1. 4-氯苯氧乙酸的制备

在 100mL 三口烧瓶中，加入 3.00g（0.02mol）苯氧乙酸和 10.00mL 冰醋酸，搭建控温-滴加-回流装置。在搅拌下加热至 55℃，加入少量氯化铁和 10.00mL 盐酸，在 10min 内边搅拌边滴加 33% 的过氧化氢溶液 3.00mL。滴完后保持温度 55℃反应 20min，然后升温至反应体系中的固体全部溶解，冷却，减压过滤，水洗 3 次，得粗产品。然后用乙醇-水混合溶剂（1∶3）重结晶，干燥，称重，得 4-氯苯氧乙酸 2.82g，产率 75.6%，熔点 157～159℃（文献值 158～159℃）。

2. 2,4-二氯苯氧乙酸的制备

在 100mL 锥形瓶中，加入 1.00g（0.0053mol）4-氯苯氧乙酸和 12.00mL 冰醋酸，振荡使其溶解。置于冰水浴中，边振荡边分批加入 5％的次氯酸钠溶液 19.00mL。加完后撤掉冰水浴，自然升至室温放置 5min，反应体系颜色变深。加入 50.00mL 水，然后用 6.00mol·L^{-1} 的盐酸酸化至刚果红试纸变蓝色，再用乙醚萃取反应物 15.00mL×3 次，合并乙醚相。用 15.00mL 水洗，再用 10％的碳酸氢钠水溶液 20.00mL 萃取乙醚相，所得碱性水相转移至烧杯中，加入 25.00mL 水后用盐酸酸化至刚果红试纸变蓝色，冷却，减压过滤，冷水洗涤 3 次，得粗产品。用四氯化碳重结晶，得 2,4-二氯苯氧乙酸产品 0.77g，产率 65.7％，熔点 137～139℃（文献值 139～141℃）。

【注意事项】

1. 第一次氯代时，盐酸切勿过量，刚加盐酸时，$FeCl_3$ 水解会有 $Fe(OH)_3$ 沉淀生成，继续加盐酸又会溶解。

2. 滴加 H_2O_2 速度要慢，严格控制温度，让生成的 Cl_2 充分参与亲电取代反应。

3. Cl_2 有刺激性，应注意防止逸出，并开窗通风。

4. 第二次氯代时，要控制 NaOCl 用量，并使反应保持在室温以下。

5. 将碳酸钠溶液倒入醚层后有二氧化碳生成，要注意放气。

【思考题】

1. 在合成 2,4-二氯苯氧乙酸的后处理过程中，乙醚和碳酸钠水溶液分别萃取的是什么？

2. 从亲电取代反应的要求，说明本实验中调节 pH 值的目的是什么？

实验 59　磺胺药物对氨基苯磺酰胺的制备

【背景介绍】

磺胺类药物是含有对氨基苯磺酰胺结构抗菌药的总称，能够抑制多种细菌和病菌的繁殖，主要用于预防和治疗感染性疾病，具有抗菌谱广、性质稳定、生产时不耗用粮食等优点。特别是抗菌增效剂——甲氧苄氨嘧啶（TMP）发现后，磺胺类药物与 TMP 联用可增强其抗菌作用，扩大其治疗范围。因此即便在大量抗生素问世的今天，磺胺类药仍作为重要的化学治疗药物用于某些治疗中。对氨基苯磺酰胺又名磺胺，白色颗粒或粉末状晶体，熔点 164～166℃，味微苦，无臭，微溶于水、乙醇和丙酮，易溶于沸水、丙三醇和盐酸，不溶于苯和氯仿，是结构最简单的磺胺类化合物。

制备对氨基苯磺酰胺的常用方法有苯胺法、氯苯法和二苯脲法。本实验采用苯胺法，以苯胺为原料，先经氨基酰化得到乙酰苯胺，再依次经氯磺酰化、氨解、水解系列反应，得到对氨基苯磺酰胺。反应方程式如下：

实验 59-1　乙酰苯胺的制备

【实验目的】

1. 学习苯胺乙酰化反应的原理和实验操作方法。

2. 进一步巩固分馏、重结晶（脱色）等基本操作。

【实验原理】

反应式：

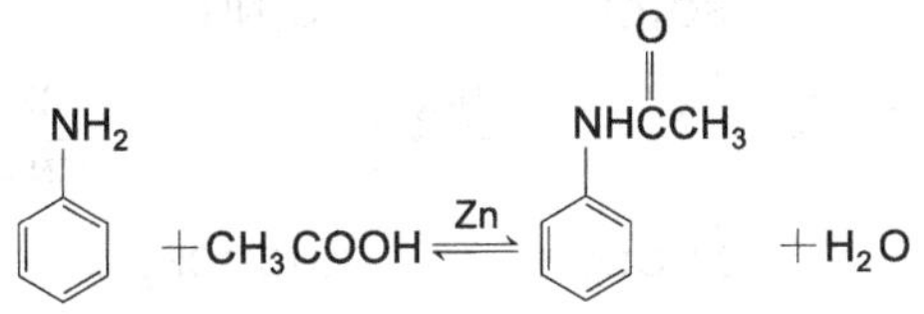

【实验装置】

1. 分馏装置（见 2.2.5 节）。

2. 回流装置（见 2.1.4 节）。

3. 减压过滤装置（见 2.2.1 节）。

【实验用品】

仪器：圆底烧瓶，磁力搅拌器，分馏柱，蒸馏头，温度计套管，温度计，直形冷凝管，磁子，接引管，砂芯漏斗，球形冷凝管等。

试剂：苯胺，冰醋酸，锌粉，活性炭等。

【实验步骤】

1. 分馏

在 50mL 圆底烧瓶中，加入 10mL（0.11mol）苯胺、15mL（0.26mol）冰醋酸和 0.10g（0.0015mol）锌粉，安装分馏装置。先缓缓加热，保持微沸 30min。然后逐渐升高温度分馏，将反应体系中的水和少量乙酸缓慢、稳定地馏出（馏出温度 104～105℃），约 1 h 后反应生成的水及大部分乙酸已馏出，柱顶温度下降，停止加热。

2. 分离精制

在不断搅拌下，将反应混合物趁热倒入盛有冰水的烧杯中，冷却结晶，减压过滤，得乙酰苯胺粗产品。用水进行重结晶、活性炭（约 0.50g）脱色，趁热减压过滤，冷却结晶，减压过滤，干燥，称重，得对甲基乙酰苯胺 9.85g，产率 66.3%，熔点 113～114℃（文献值 114℃）。

【注意事项】

1. 久置的苯胺由于氧化而常常有黄色，会影响产品的品质，所以在使用前应重蒸。

2. 锌粉的作用是防止苯胺氧化。锌粉不能加得太多，否则不仅会消耗乙酸生成乙酸锌，而且乙酸锌还会在精制过程中水解成氢氧化锌，很难从乙酰苯胺中分离出来。

3. 分馏时要尽量减少分馏柱上的热量损失及温度波动，如有必要应包裹分馏柱进行保温。

4. 精制产品时，切勿将活性炭加入沸腾的溶液中，防止溶液溢出。

【思考题】

1. 本实验为可逆反应，是通过怎样的手段来提高反应产率的？

2. 用苯胺作原料进行苯环上的取代反应时，为什么常常需要先进行酰化？

实验 59-2 对乙酰氨基苯磺酰胺的制备

【实验目的】

1. 学习掌握乙酰苯胺氯磺酰化、氨解、水解的原理和方法。
2. 进一步巩固气体捕集器操作和回流、脱色、重结晶等基本操作技术。

【实验原理】

反应式：

【实验装置】

1. 氯磺酰化反应装置（见图6-1）。
2. 回流装置（见2.1.4节）。
3. 减压过滤装置（见2.2.1节）。

【实验用品】

仪器：锥形瓶，橡胶塞，导气管，烧杯，玻璃棒，磁力搅拌器，水浴锅，圆底烧瓶，球形冷凝管，砂芯漏斗，减压过滤瓶等。

试剂：乙酰苯胺，氯磺酸，浓氨水，10%盐酸，活性炭，碳酸钠等。

图 6-1 氯磺酰化反应装置

【实验步骤】

1. 对乙酰氨基苯磺酰氯的制备

在100mL干燥锥形瓶中，加入5.00g（0.037mol）乙酰苯胺，微热熔融后转动锥形瓶，使其在瓶底形成薄膜，用橡胶塞塞好瓶口，水浴冷却备用。用干燥的量筒量取氯磺酸13mL，迅速倒入乙酰苯胺中，塞上带有导气管的塞子（见图6-1），并不断振摇锥形瓶使反应物充分接触，并保持反应温度在15℃以下。当大部分乙酰苯胺溶解后，将锥形瓶置于水浴上加热至60～70℃，待固体全部消失后，再保温10min，撤出水浴，冷却。然后将反应混合物慢慢倒入盛有80～100g碎冰块的烧杯中，搅拌，冷却，减压过滤，少量冷水洗涤3次，抽干，得对乙酰氨基苯磺酰氯粗产品。

2. 对乙酰氨基苯磺酰胺的制备

将制得的对乙酰氨基苯磺酰氯粗产品移入50mL烧杯中，在不断搅拌下慢慢加入25mL浓氨水（在通风橱内），立即放热反应生成白色糊状物，加完氨水后继续搅拌10min，再在70℃水浴中加热10min，并不断搅拌以除去多余的氨。冷却，减压过滤，冷水洗涤，抽干，得对乙酰氨基苯磺酰胺粗品。

3. 对氨基苯磺酰胺的制备

将上述对乙酰氨基苯磺酰胺加入50mL圆底烧瓶中，加入20mL 10%的盐酸，安装回流装置如图6-1，边搅拌边缓慢加热至回流，待全部产品溶解（约0.5h）。若溶液呈黄色，则加入少量活性炭脱色。冷却后加入固体碳酸钠（约 4g）中和至 pH 值为 7～8，冰水冷却，减压过滤，少量水洗涤，抽干，得对氨基苯磺酰胺粗品。粗品经水重结晶（每克约需 12mL 水），减压过滤，干燥，称重，得对氨基苯磺酰胺 4.12g，产率 64.8％，熔点 163～165℃（文献值 164～166℃）。

【注意事项】

1. 氯磺酸具有强腐蚀性，取用时需小心。

2. 氯磺酰化反应时要防止局部过热，可将锥形瓶置于冰水浴中冷却下滴加氯磺酸。

3. 对乙酰氨基苯磺酰胺可溶于过量的浓氨水，冷却后可加入稀硫酸至刚果红试纸变蓝色，使对乙酰氨基苯磺酰胺沉淀完全。

4. 用碳酸钠中和时必须严格控制 pH 值，防止生成的对氨基苯磺酰胺溶于强酸或强碱中造成产品损失。

5. 对氨基苯磺酰胺可用水或乙醇作为重结晶溶剂。

【思考题】

1. 对乙酰氨基苯磺酰胺分子中既含有羧酰胺，又含有磺酰胺，水解时羧酰胺优先，为什么？

2. 为什么苯胺要乙酰化后再氯磺化？

实验 60　染料中间体对硝基苯胺的制备

【背景介绍】

对硝基苯胺，黄色针状结晶，高毒，易升华。微溶于冷水，溶于沸水、乙醇、乙醚、苯和酸溶液。是染料工业中重要的人工合成化合物，也是多种印染及医药化工品的中间体，还可用作分析试剂来检测空气中的氮。

工业上生产对硝基苯胺可采用乙酰苯胺硝化、水解的方法，也可以采用对硝基氯苯氨解的方法。本实验采用乙酰苯胺硝化水解的方法，以乙酰苯胺为原料，先经硝化生成对硝基乙酰苯胺主要产物和少量的邻硝基乙酰苯胺副产物；然后乙酰氨基水解得到硝基苯胺。通过柱色谱，可以有效分离邻、对位产物，得到纯度很高的对硝基苯胺和邻硝基苯胺。

反应方程式如下：

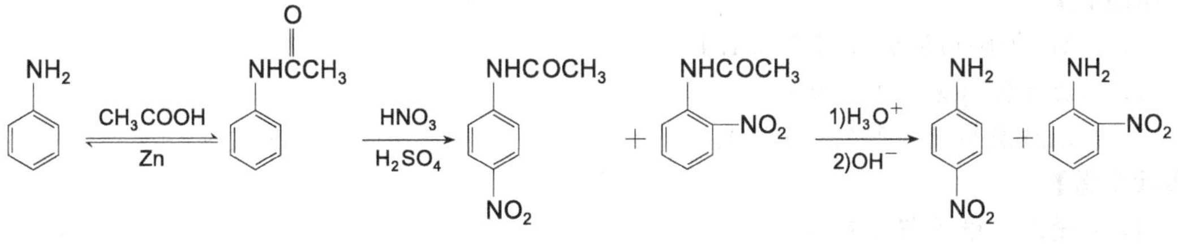

实验 60-1　乙酰苯胺的制备

见实验 59-1 部分。

实验60-2 对硝基苯胺的制备

【实验目的】

1. 学习由乙酰苯胺制备对硝基乙酰苯胺的原理和方法。
2. 掌握酰胺水解的原理和操作。
3. 进一步巩固回流、重结晶、减压过滤和熔点的测定等基本操作技术。

【实验原理】

反应式：

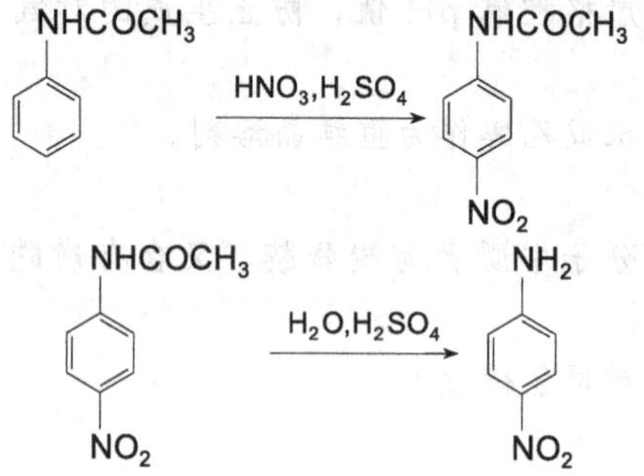

副反应：

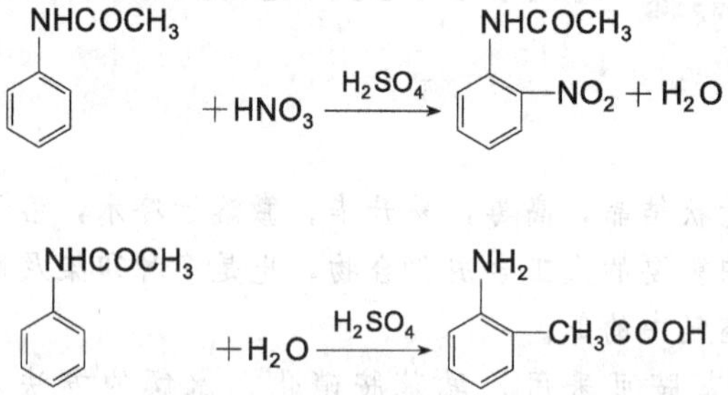

【实验用品】

仪器：三口烧瓶，可控温磁力搅拌器，水浴锅，球形冷凝管，恒压滴液漏斗，温度计套管，温度计，磁子，圆底烧瓶，砂芯漏斗等。

试剂：乙酰苯胺，冰醋酸，浓硫酸，浓硝酸，40%硫酸溶液，20%氢氧化钠溶液，粗盐等。

【实验装置】

1. 控温-滴加-回流装置（见2.1.4节）。
2. 回流装置（见2.1.4节）。
3. 减压过滤装置（见2.2.1节）。

【实验步骤】

1. 对硝基乙酰苯胺的制备

在100mL三口烧瓶内，放入5.00g乙酰苯胺和5mL冰醋酸。用冷水冷却，边搅拌边慢慢地加入10mL浓硫酸。乙酰苯胺逐渐溶解。将所得溶液放在冰盐浴中冷却到0~2℃。在冰盐浴中，用2.2mL浓硝酸和1.4mL浓硫酸配制混酸。边搅拌边慢慢地滴加此混酸，保持反应温度不超过5℃。加完后保持5℃以下反应20min，然后再在室温下搅拌30min。

搅拌下把反应混合物以细流慢慢倒入 20mL 水和 20g 碎冰的混合物中，对硝基乙酰苯胺立刻呈固体析出。放置约 10min，减压过滤，尽量挤压掉粗产品中的酸液用冰水洗涤 10mL×3 次，得粗产品对硝基乙酰苯胺。

2. 对硝基乙酰苯胺的酸性水解

将上述对硝基乙酰苯胺粗产品移入 50mL 圆底烧瓶中，加入 20mL 40%硫酸，安装回流装置，加热回流 10～20min，水解完全。将透明的热溶液倒入 100mL 冷水中，加入过量的20%氢氧化钠溶液，使对硝基苯胺沉淀。

冷却，减压过滤，滤饼用冷水洗涤除去碱液。粗产品在水中进行重结晶，减压过滤，干燥，得对硝基苯胺黄色针状晶体 1.93g，产率 56.2%，熔点 147.5℃（文献值 148.5℃）。

【注意事项】

1. 乙酰苯胺在低温下溶解于浓硫酸中的速率较慢，加入冰醋酸可以加速其溶解。

2. 乙酰苯胺与混酸在 5℃下作用，主要产物是对硝基乙酰苯胺；在 40℃作用，则生成约 25%的邻硝基乙酰苯胺。

3. 对硝基苯胺粗产品不经提纯可以直接用于水解，也可先提纯后水解，本实验采取先水解后提纯的方法。

对硝基苯胺的提纯可采用 95%乙醇进行重结晶，除去溶解度较大的邻硝基乙酰苯胺。也可将粗产物在碳酸钠碱性水溶液中加热至沸腾，这时邻硝基乙酰苯胺则水解为邻硝基苯胺，而对硝基乙酰苯胺不水解。冷却到 50℃时趁热减压过滤，除去溶于碱液中的邻硝基苯胺。

4. 对硝基苯胺水解时选用 40%～50%的硫酸。若硫酸浓度过低，水解无法进行；若硫酸浓度过高，反应物易磺化或碳化。

5. 水解反应完全的判断：可取 1mL 反应液加到 2～3mL 水中，如溶液仍清澈透明，表示水解反应已完全。

6. 对硝基苯胺在 100g 水中的溶解度：18.5℃，0.08g；100℃，2.2g。

【思考题】

1. 对硝基苯胺是否可从苯胺直接硝化来制备？为什么？

2. 如何除去对硝基乙酰苯胺粗产物中的邻硝基乙酰苯胺？

3. 在酸性或碱性介质中都可以进行对硝基乙酰苯胺的水解反应，试讨论各有何优缺点？

实验 61　麻醉剂苯佐卡因的制备

【背景介绍】

苯佐卡因，又名对氨基苯甲酸乙酯，白色粉末状晶体，熔点 88～90℃，易溶于醇、醚、氯仿，能溶于杏仁油、橄榄油、稀酸，微溶于水。苯佐卡因晶体性质稳定，但水溶液易分解和被氧化。苯佐卡因具有麻醉作用，以此为原料可以合成奥索仿、奥索卡因和新奥索仿等麻醉药和普鲁卡因等对氨基苯甲酸酯类局部麻醉药，用于手术后创伤止痛、溃疡痛等。苯佐卡因对皮肤安全，也可作为紫外线吸收剂用于防晒类化妆品中。

苯佐卡因常用的合成原料包括对硝基甲苯、对甲基苯胺等。以对硝基甲苯为原料合成时，先经氧化得到对硝基苯甲酸，再依次经乙酯化、硝基还原得到苯佐卡因。以对甲基苯胺为原料时，依次经酰化、氧化、水解、酯化系列反应合成苯佐卡因。其中第一条合成路线比较经济合理，第二条合成路线则原料易得、操作方便。本实验以对甲基苯胺为原料设计合成苯佐卡因，反应方程式如下：

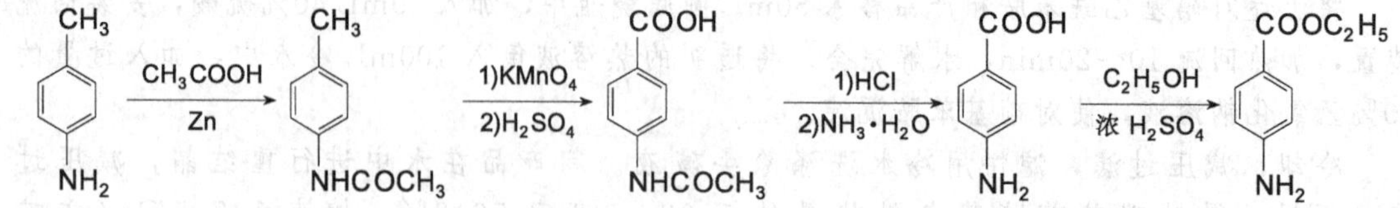

实验 61-1　对甲基乙酰苯胺的制备

【实验目的】

1. 学习以对甲基苯胺为原料，制取对甲基乙酰苯胺的原理、方法和应用。
2. 进一步巩固分馏、重结晶（脱色）、减压过滤、熔点的测定等基本操作技术。

【实验原理】

反应式：

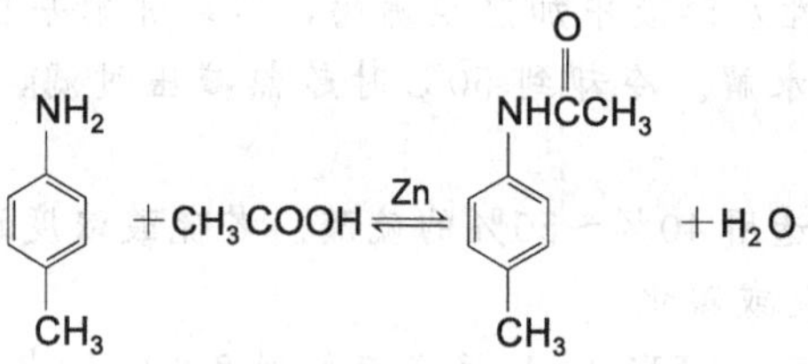

【实验用品】

仪器：圆底烧瓶，磁力搅拌器，分馏柱，蒸馏头，温度计套管，温度计，磁子，直形冷凝管，接引管，锥形瓶，球形冷凝管，砂芯漏斗等。

试剂：对甲基苯胺，冰醋酸，锌粉，乙醇，活性炭等。

【实验装置】

1. 分馏装置（见 2.2.5 节）。
2. 回流装置（见 2.1.4 节）。
3. 减压过滤装置（见 2.2.1 节）。

【实验步骤】

1. 分馏

在 50mL 圆底烧瓶中，加入 10.7g（0.1mol）对甲基苯胺、14.8mL（0.26mol）冰醋酸和 0.1g（0.0015mol）锌粉，安装分馏装置。先缓缓加热，保持微沸腾 30min。然后逐渐升高温度分馏，将反应体系中的水、少量乙酸缓慢、稳定地馏出（馏出温度 104～105℃），约 1h 后反应生成的水及大部分乙酸已馏出，柱顶温度下降，停止加热。

2. 分离精制

在不断搅拌下，趁热倒入盛有冰水的烧杯中，冷却结晶，减压过滤，得对甲基乙酰苯胺粗产品。用乙醇-水混合溶液（2:1）进行重结晶，0.5g 活性炭脱色，趁热减压过滤，冷却结晶。减压过滤，干燥，称重，得白色晶体对甲基乙酰苯胺 9.16g，产率 61.5%，熔点

148～149℃（文献值149～150℃）。

【注意事项】

1. 久置的对甲基苯胺由于氧化而常常带有黄色，会影响产品的品质，所以在使用前应重结晶。

2. 锌粉的作用是防止对甲基苯胺氧化。锌粉不能加得太多，否则不仅会消耗乙酸生成乙酸锌，而且乙酸锌还会在精制过程中水解成氢氧化锌，很难从乙酰苯胺中分离出来。

3. 分馏时要尽量减少分馏柱上热量的损失及温度波动，如有必要应包裹分馏柱进行保温。

4. 产品精制时，不要将活性炭加入沸腾的溶液中，防止溶液溢出。

【思考题】

1. 本实验为可逆反应，是通过怎样的手段来提高反应产率的？

2. 用苯胺作原料进行苯环上的取代反应时，为什么常常需要先进行酰化？

实验 61-2　对氨基苯甲酸的制备

【实验目的】

1. 学习以对甲基乙酰苯胺为原料，经高锰酸钾氧化反应制备对乙酰氨基苯甲酸的原理及实验方法。

2. 学习以乙酰氨基苯甲酸为原料，经脱保护制备对氨基苯甲酸的原理及方法。

3. 进一步巩固固体酸、碱的提纯及减压过滤、回流等基本操作技术。

【实验原理】

反应式：

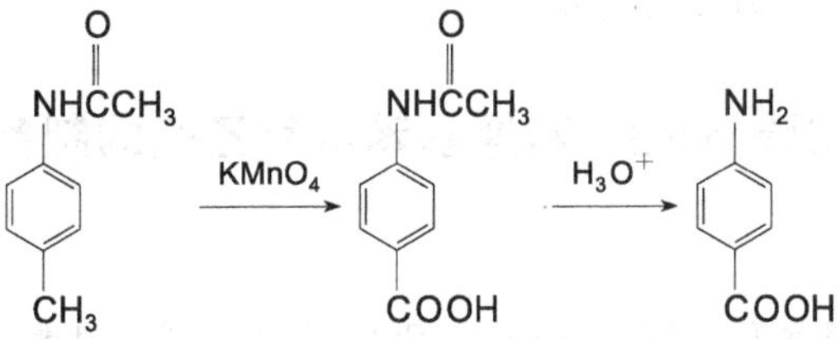

【实验用品】

仪器：三口烧瓶，磁力搅拌器，水浴锅，球形冷凝管，恒压滴液漏斗，温度计套管，温度计，磁子，圆底烧瓶，砂芯漏斗等。

试剂：对甲基乙酰苯胺，硫酸镁，高锰酸钾，乙醇，盐酸，10％氨水溶液，冰醋酸等。

【实验装置】

1. 控温-滴加-回流装置（见2.1.4节）。

2. 回流装置（见2.1.4节）。

3. 减压过滤装置（见2.2.1节）。

【实验步骤】

1. 对乙酰氨基苯甲酸的制备

在500mL三口烧杯中加入7.5g（0.05mol）对甲基乙酰苯胺、20g硫酸镁晶体和300mL水，混合均匀。在200mL烧杯中加入20.00g高锰酸钾和水（约70mL），加热至沸腾，使其溶解。

将对甲基乙酰苯胺混合物加热到85℃，在搅拌下分批加入上述配制好的高锰酸钾水溶液（约需30min）中，控制体系温度约为85℃，加完后保持85℃反应约30min，混合物变为深棕色。趁热减压过滤除去二氧化锰，若滤液呈紫色，可加入少量乙醇并加热至沸腾，直至紫色消失，再减压过滤。滤液冷却，加入盐酸至溶液呈酸性，生成大量白色沉淀，减压过滤，洗涤，干燥，称重，得对乙酰氨基苯甲酸粗品。

2. 对氨基苯甲酸的制备

在100mL圆底烧瓶中加入上述对乙酰氨基苯甲酸粗品和20mL 18%的盐酸溶液，缓慢回流30min。冷却，加入30mL水，用10%的氨水溶液调节体系pH值恰好呈碱性，切勿过量。每30mL溶液加1mL冰醋酸，充分振荡后置于冰水浴中骤冷，以引发结晶，待结晶完全，减压过滤，干燥，得淡黄色针状晶体对氨基苯甲酸2.96g，产率43.2%，熔点186～187℃（文献值187～189℃）。

【注意事项】

1. 由于氧化体系中有氢氧根生成，故要加入少量硫酸镁作为缓冲剂，使溶液碱性不致变得太强而使酰氨键水解。

2. 高锰酸钾氧化时加热温度要逐渐升高，并控制氧化剂的加入速度，以免局部过热。

3. 该反应为非均相反应，可加入少量相转移催化剂，提高反应转化率。

4. 酸化反应要彻底，防止产品损失。

5. 对氨基苯甲酸不必重结晶，对产物重结晶的各种尝试均未获得满意的结果，粗产物可直接用于合成苯佐卡因。

【思考题】

1. 在氧化步骤中，若滤液有色，需加入少量乙醇煮沸，发生了什么反应？

2. 在最后的水解步骤中，用氢氧化钠溶液代替氨水中和可以吗？

3. 氨水中和后加入醋酸的目的何在？

实验61-3 对氨基苯甲酸乙酯的制备

【实验目的】

1. 学习以对氨基苯甲酸和乙醇，在浓 H_2SO_4 催化下制备对氨基苯甲酸乙酯的实验原理和方法。

2. 进一步巩固回流、减压过滤、重结晶、熔点的测定等基本操作技术。

【实验原理】

反应式：

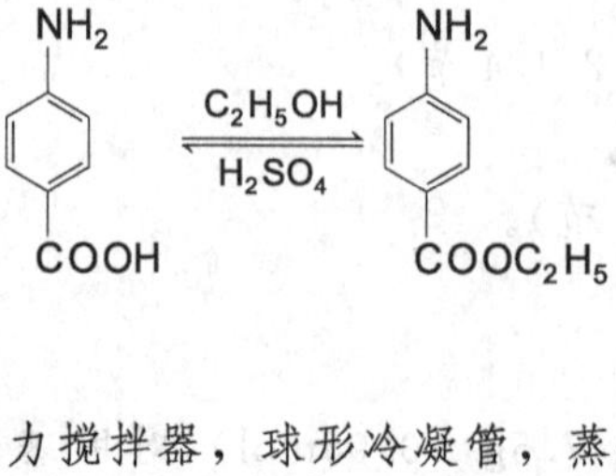

【实验用品】

仪器：圆底烧瓶，磁子，磁力搅拌器，球形冷凝管，蒸馏头，温度计套管，温度计，直形冷凝管，接引管，导气管，砂芯漏斗等。

试剂：对氨基苯甲酸，乙醇，浓硫酸，10%碳酸钠溶液，乙醚，无水硫酸镁，50%乙醇溶液，活性炭等。

【实验装置】

1. 回流装置（见 2.1.4 节）。

2. 带尾气吸收的蒸馏装置（见 2.2.4 节）。

3. 减压过滤装置（见 2.2.1 节）。

【实验步骤】

1. 酯化

在 100mL 圆底烧瓶中加入 2.18g（0.016mol）对氨基苯甲酸、30.00mL 95％的乙醇溶液，搅拌使大部分固体溶解。然后在冰水下冷却，加入 1.00mL 浓硫酸，立即生成沉淀，加热回流 40min（沉淀溶解）。

2. 分离提纯

将反应混合物趁热转入烧杯中，加入 10％碳酸钠至无气体产生，继续加入 10％碳酸钠至 pH 值为 9（约需 12.00mL），减压过滤，将溶液转入分液漏斗，沉淀用乙醚洗涤 5.00mL×3 次，并将洗涤液并入分液漏斗中分液，水相用乙醚萃取 15.00mL×3 次，合并乙醚层，无水硫酸镁干燥。干燥液转入 100.00mL 圆底烧瓶中，搭建蒸馏装置，回收反应混合物中的乙醚和乙醇。再在烧瓶中加入约 15.00mL50％乙醇溶液和适量活性炭，加热回流 5min，然后热滤，滤液在冰水中冷却结晶，再减压过滤，干燥，得无色晶体对氨基苯甲酸乙酯（苯佐卡因）1.26g，产率 47.9％，熔点 88～90℃（文献值 91～92℃）。

【注意事项】

1. 对氨基苯甲酸是两性物质，碱化或酸化时都要小心控制酸、碱用量，须小心慢慢滴加，避免过量，形成内盐或过热引起碳化。

2. 酯化反应中，仪器需干燥。酯化反应结束时，反应液要趁热倒出，冷却后可能有苯佐卡因硫酸盐析出。

3. 碳酸钠的用量要适宜，太少产品不析出，太多则可能使酯水解。碳酸钠中和后生成的硫酸钠沉淀中可能夹杂产物，需用乙醚洗涤溶出产物。

【思考题】

1. 本实验中加入浓硫酸的量远多于催化量，为什么？加入浓硫酸时产生的沉淀是什么物质？试解释之。

2. 反应混合物中加入 10％碳酸钠溶液后有气体逸出，并产生泡沫，为什么？

实验 62 昆虫信息素 2-庚酮的制备

【背景介绍】

2-庚酮又称甲基戊基酮，无色液体，发现于成年工蜂的颈腺中，是工蜂的一种警戒信息素，同时也是小黄蚁的警戒信息素。丁香油、肉桂油、椰子油中也存在微量的 2-庚酮，具有强烈的水果香气，可以用作香精。另外，2-庚酮还可以用作硝化纤维素的溶剂和涂料、惰性反应介质。

2-庚酮的合成可采用格氏试剂法、乙酰乙酸乙酯法和丙二酸乙酯法等。本实验采用乙酰乙酸乙酯法制备 2-庚酮。以乙酸乙酯为原料，先经 Claisen 缩合反应制备乙酰乙酸乙酯，然后乙酰乙酸乙酯在碱性条件下与正溴丁烷进行 S_N2 烷基化制备正丁基乙酰乙酸乙酯，最后正丁基乙酰乙酸乙酯依次经水解、酸化、脱羧系列反应制备 2-庚酮。反应方程式如下：

$$2CH_3COOC_2H_5 \xrightarrow{C_2H_5ONa} CH_3COCH_2COOC_2H_5 \xrightarrow[\text{2)}CH_3CH_2CH_2CH_2Br]{\text{1)}C_2H_5ONa} CH_3COCHCOOC_2H_5$$
$$\underset{CH_2CH_2CH_2CH_3}{|}$$

$$\xrightarrow[\text{2)}H_2SO_4]{\text{1)}NaOH/H_2O} CH_3COCHCOOH \xrightarrow{\triangle} CH_3COCH_2CH_2CH_2CH_2CH_3$$
$$\underset{CH_2CH_2CH_2CH_3}{|}$$

实验 62-1　乙酰乙酸乙酯的制备

【实验目的】

1. 学习利用 Claisen 缩合反应制备乙酰乙酸乙酯的原理和方法。

2. 进一步巩固无水操作、减压蒸馏等基本操作技术。

【实验原理】

反应式：

$$2CH_3COOC_2H_5 \xrightarrow{C_2H_5ONa} CH_3COCH_2COOC_2H_5 + C_2H_5OH$$

【实验用品】

仪器：圆底烧瓶，磁子，磁力搅拌器，水浴锅，球形冷凝管，干燥管，分液漏斗，锥形瓶，克氏蒸馏头，温度计套管，温度计，直形冷凝管，三叉燕尾管，缓冲瓶，冷却阱，压力计，干燥塔，油泵等。

试剂：乙酸乙酯，钠丝，50%醋酸溶液，氯化钠等，无水硫酸钠。

【实验装置】

1. 带干燥的回流装置（见 2.1.4 节）。

2. 萃取装置（见 2.1.3 节）。

3. 简单蒸馏装置（见 2.2.4 节）。

4. 减压蒸馏装置（见 2.2.6 节）。

【实验步骤】

1. 回流缩合

在 100mL 圆底烧瓶中，加入 25mL（0.25mol）乙酸乙酯和 2.5g（0.11mol）金属钠丝，迅速安装带干燥的回流装置，反应立即开始，反应液处于微沸状态。若反应不立即开始，可微热促进反应开始后立即移去热源；若反应过于剧烈，则用冷水稍作冷却。待剧烈反应阶段过后，加热保持反应体系一直处于微沸腾状态，直到金属钠全部反应完毕（约 2 h）。反应结束后，体系呈红棕色透明溶液，冷却。

2. 分离精制

在不断搅拌下，向反应体系中滴加 50%的醋酸（约 16mL），直至整个体系 pH 值为 5～6。将混合液用氯化钠饱和，移入分液漏斗中，静置，分出有机相，水相用乙酸乙酯萃取 10mL×2 次，合并有机相，无水硫酸钠干燥。

将干燥过的有机相转移到蒸馏烧瓶中，搭建蒸馏装置，蒸去乙酸乙酯。当馏出液温度达到 95℃时停止蒸馏。改为减压蒸馏装置，收集 54～55℃ /931Pa（7mmHg）的馏分，得产品 5.00g，无色液体，产率 35.4%。

【注意事项】

1. 本实验中利用乙酸乙酯中含有的少量醇与金属钠反应生成醇钠，进而随着反应的进行，不断生成醇，因而反应可以不断进行下去，直至金属钠消耗完毕。

2. 缩合反应结束时，红棕色透明溶液体系中有时可能夹杂有少量乙酰乙酸乙酯钠盐，呈黄白色沉淀。

3. 由于乙酰乙酸乙酯中亚甲基上的氢活性较强，可与醇钠反应生成乙酰乙酸乙酯钠盐，所以需要用 50% 的醋酸后处理，使其转化为乙酰乙酸乙酯。

4. 乙酰乙酸乙酯在常压蒸馏时易分解，生成"去水乙酸"副产物，因此需要减压蒸馏提纯。

【思考题】

1. 本实验仪器若未经干燥，对反应有何影响？

2. 取 2～3 滴产品溶于 2mL 水中，加 1 滴 1% 的氯化铁溶液，会发生什么现象？如何解释？

实验 62-2　2-庚酮的制备

【实验目的】

1. 学习和掌握乙酰乙酸乙酯在合成中的应用原理。

2. 学习乙酰乙酸乙酯的钠代、烃基取代、碱性水解和酸化脱羧的原理及实验操作。

3. 进一步巩固蒸馏、减压蒸馏、萃取的基本操作。

【实验原理】

反应式：

$$CH_3COCH_2COOC_2H_5 \xrightarrow[\text{2)}CH_3CH_2CH_2CH_2Br]{\text{1)}C_2H_5ONa} \underset{CH_2CH_2CH_2CH_3}{CH_3COCHCOOC_2H_5} \xrightarrow[\text{2)}H_2SO_4]{\text{1)}NaOH/H_2O}$$

$$\underset{CH_2CH_2CH_2CH_3}{CH_3COCHCOOH} \xrightarrow{\triangle} CH_3COCH_2CH_2CH_2CH_3$$

副反应：

$$CH_3COCH_2COOC_2H_5 + 2CH_3CH_2CH_2CH_2Br \xrightarrow{C_2H_5ONa} \underset{CH_2CH_2CH_2CH_3}{\overset{CH_2CH_2CH_2CH_3}{CH_3COCCOOC_2H_5}}$$

【实验用品】

仪器：三口烧瓶，磁子，磁力搅拌器，恒压滴液漏斗，球形冷凝管，干燥管，分液漏斗，锥形瓶，圆底烧瓶，温度计套管，温度计，蒸馏头，直形冷凝管，接引管等。

试剂：钠丝，无水乙醇，碘化钾，乙酰乙酸乙酯，正溴丁烷，红色石蕊试纸，1% 盐酸溶液，二氯甲烷，5% 氢氧化钠溶液，20% 硫酸溶液，颗粒状氢氧化钠等。

【实验装置】

1. 带干燥的控温-滴加-回流装置（见 2.1.4 节）。

2. 萃取装置（见 2.2.3 节）。

3. 简易水蒸气蒸馏装置（见 2.2.7 节）。

【实验步骤】

1. 正丁基乙酰乙酸乙酯的制备

在干燥的 100mL 三口烧瓶中，放置金属钠丝 1.15g（0.05mol），搭建带干燥的控温-滴加-回流装置。由恒压漏斗逐滴滴加无水乙醇 25mL，控制滴加速度，保持反应液呈微沸状态，待金属钠全部反应完后，加入 0.6g 碘化钾粉末，加热至沸腾，使固体溶解。冷却，室温下边搅拌边滴加 6.3mL（0.05mol）乙酰乙酸乙酯，加完后继续搅拌回流 10min。然后，在回流下慢慢滴加 6.0mL（0.055mol）正溴丁烷，加完后继续回流 3～4 h 至反应完成。此时，反应液呈橘红色，并有白色沉淀析出。为检验反应是否完成，可取 1 滴反应液点在湿润的红色石蕊试纸上，如果仍呈红色，说明反应已经完成。

反应体系冷却至室温后，减压过滤除去溴化钠晶体，用无水乙醇洗涤 2.5mL×2 次。合并滤液，蒸馏除去乙醇。然后冷至室温，加入 1% 的盐酸 5mL 洗涤，分出有机相，水相用二氯甲烷萃取 5mL×2 次，合并有机层。有机相用 4mL 水洗涤，分液待用。

2. 昆虫信息素 2-庚酮的制备

将上述有机相转移至 100mL 三口烧瓶中，加入 30mL 5% 的氢氧化钠溶液，室温剧烈搅拌 2.5 h。然后边搅拌边慢慢滴加 20% 的硫酸调节 pH 值为 2～3（约 8mL），此时有大量二氧化碳气泡放出。当二氧化碳气泡不再逸出时，停止搅拌，改成蒸馏装置进行简易水蒸气蒸馏，使产物和水一起蒸出，直至无油状物蒸出为止。在馏出液中溶解颗粒状氢氧化钠，直至红色石蕊试纸刚呈碱性为止，分出有机相，水相用二氯甲烷萃取 5mL×2 次，合并有机相，干燥，蒸馏除去二氯甲烷，收集 145～152℃ 的馏分 3.28g，即 2-庚醇，无色液体，产率 57.6 %。

纯 2-庚酮的沸点为 151.4℃，折射率 n_D^{20} 为 1.4088。

【注意事项】

1. 乙酰乙酸乙酯久置会部分分解，用前需要减压蒸馏重新纯化。

2. 正溴丁烷使用前需用氯化钙干燥，然后重新蒸馏提纯。

3. 制备正丁基乙酰乙酸乙酯回流时，由于溴化钠的生成会出现剧烈的爆沸现象，需快速搅拌。

4. 2-庚酮制备用硫酸酸化时需缓慢滴加，防止大量二氧化碳生成，造成冲料。

5. 为防止二烷基乙酰乙酸乙酯副产物的生成，正溴丁烷不易过量太多。

【思考题】

1. 乙酰乙酸乙酯类化合物在稀碱和浓碱存在条件下分解产物有何不同？

2. 为什么用碘化钾可以催化乙酰乙酸乙酯亚甲基上的烷基化反应？

实验 63 抗癫痫药物 5,5-二苯基乙内酰脲的制备

【背景介绍】

5,5-二苯基乙内酰脲即苯妥英，英文名 Phenytoin，是一种抗癫痫药。适用于治疗全身性强直阵挛性发作、复杂部分性发作（精神运动性发作、颞叶癫痫）、单纯部分性发作（局

限性发作）和癫痫持续状态。另外，5,5-二苯基乙内酰脲还具有抗心律失常和降压作用，还可有效地减轻和缓解坐骨神经和三叉神经的疼痛。

苯妥英的制备一般采用苯甲醛为原料，先依次经缩合、氧化反应得到联苯甲酰，然后与尿素重排、环合得到产品。本实验以苯甲醛为起始原料合成 5,5-二苯基乙内酰脲，实验分三部分：安息香的辅酶合成、安息香氧化制备二苯基乙二酮、抗癫痫药物 5,5-二苯基乙内酰脲的合成。反应方程式如下：

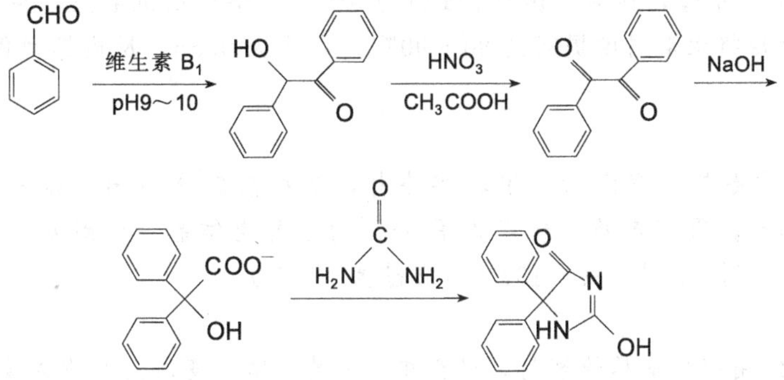

实验 63-1　辅酶催化法制备安息香

【实验目的】

1. 学习利用维生素 B_1 催化制备安息香的原理和实验方法。

2. 巩固低温反应的控制、pH 值的控制以及搅拌、滴加-回流、重结晶、熔点测定等基本操作。

【实验原理】

反应式：

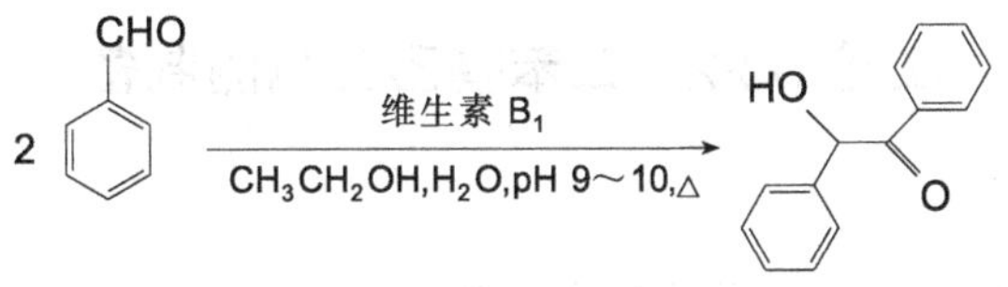

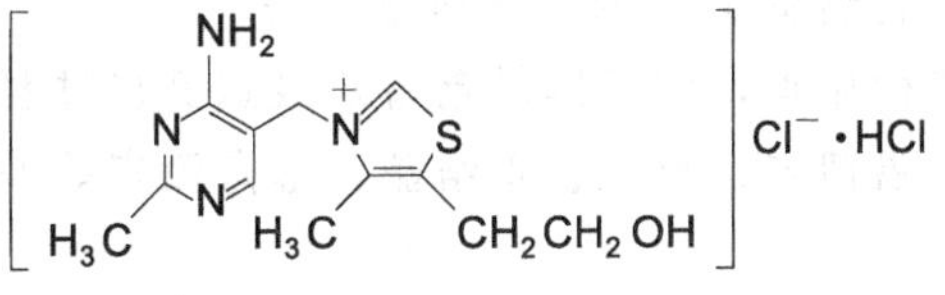

【实验用品】

仪器：三口烧瓶，磁子，磁力搅拌器，恒压滴液漏斗，球形冷凝管，圆底烧瓶，砂芯漏斗等。

试剂：维生素 B_1，95%的乙醇，10%氢氧化钠溶液，苯甲醛等。

【实验装置】

1. 控温-滴加-回流装置（见 2.1.4 节）。

2. 回流装置（见 2.1.4 节）。

3. 减压过滤装置（见 2.2.1 节）。

【实验步骤】

1. 安息香（苯偶姻）的制备

在 50mL 圆底烧瓶中加入维生素 B_1（盐酸硫胺素）1.75g（0.005mol）、蒸馏水 3.5mL 和 95％的乙醇 15mL，摇匀溶解后置于冰水浴中充分冷却。同时，取 5mL10％的氢氧化钠溶液于试管中，也置于冰水浴中冷却。在冰水浴中，将冷却的氢氧化钠溶液逐滴滴加到盛有维生素 B_1 的乙醇溶液中，调节 pH 值为 9～10，此时溶液呈黄色。分批加入 10mL（0.1mol）新蒸的苯甲醛，摇匀，调节 pH 值为 9～10。搭建回流装置，在 60～70℃的水浴中反应 1.0h，然后将水浴温度提高到 80～90℃，再反应 0.5h，反应期间保持反应体系 pH 值为 9～10。

2. 分离提纯

等反应混合物冷却到室温后，用冰浴冷却，使结晶完全析出，减压过滤，冰水洗涤 20mL×2 次，抽干，得粗产物。粗产物用 95％的乙醇重结晶，得到安息香白色针状晶体 6.55g，产率 61.8 ％，熔点 136～137℃（文献值 137℃）。

【注意事项】

1. 维生素 B_1 用完后需尽快密封，保存在阴凉处，防止变质后影响继续使用。

2. 维生素 B_1 溶液和氢氧化钠溶液反应前需要在冰水中充分冷却，防止维生素 B_1 中的噻唑环在碱性条件下开环失效。

3. 反应中可以适当补加氢氧化钠溶液，严格控制反应体系的 pH 值。

4. 反应结束后应先缓慢冷至室温，然后再冰水浴冷却，防止冷却过快造成产物呈油状析出。必要时可用玻璃棒摩擦瓶壁，诱发结晶。

【思考题】

1. 安息香缩合、羟醛缩合和歧化反应有何不同？

2. 本实验为什么要用新蒸馏出的苯甲醛？为什么加入苯甲醛后反应液的 pH 值要保持在 9～10？

实验 63-2　二苯基乙二酮的制备

【实验目的】

1. 学习安息香氧化制备 α-二酮的原理与方法。

2. 掌握薄层色谱的原理，学习薄层色谱法跟踪反应进程。

3. 进一步巩固控温回流、搅拌、重结晶、熔点测定等基本操作。

【实验原理】

反应式：

$$\text{HO}\underset{\text{O}}{\overset{}{\diagup}}\ +2FeCl_3 \longrightarrow \ +2FeCl_2+2HCl$$

安息香氧化法制备二苯基乙二酮时，常用的氧化剂有硝酸、醋酸铜/硝酸铵、氯化铁等，但前者在反应过程中生成二氧化氮，环境污染严重，本实验采用氯化铁作为氧化剂进行制备，反应收率高，操作方便安全。

【实验用品】

仪器：圆底烧瓶，磁子，可控温磁力搅拌器，球形冷凝管，展开槽，砂芯漏斗等。

试剂：冰醋酸，六水合三氯化铁，安息香，二氯甲烷，75％乙醇溶液等。

【实验装置】

1. 回流装置（见2.1.4节）。

2. 薄层色谱装置（见2.2.9节）。

3. 减压过滤装置（见2.2.1节）。

【实验步骤】

1. 二苯基乙二酮的制备

在250mL圆底烧瓶中加入20mL冰醋酸、20mL水和18.00g（0.066mol）六水合三氯化铁，搭建回流装置。边搅拌边加热回流5min。冷却，待反应液不再沸腾后，加入安息香4.20g（0.02mol），继续加热回流，并用薄层色谱法（展开剂二氯甲烷）跟踪监测反应进程，回流45～60min后反应结束，停止加热。加入80mL水，再次加热至沸腾，边搅拌边冷却。

2. 分离提纯

等反应混合物冷却到室温后，用冰浴冷却，使结晶完全析出，减压过滤，冰水洗涤15mL×3次，抽干，得粗产物。粗产物用75％的乙醇重结晶，得到二苯基乙二酮淡黄色针状晶体3.76g，产率90.4％，熔点94～95℃（文献值95℃）。

【注意事项】

1. 注意记录薄层色谱板跟踪反应的变化情况。

2. 冷却时需要充分搅拌，防止晶体结块，包裹杂质。

3. 重结晶时尽量控制溶剂用量，防止产品损失。

【思考题】

1. 薄层色谱法跟踪反应进程时，板上的两个点分别对应原料安息香和产物二苯基乙二酮，计算出二者的 R_f 值，为什么产物的 R_f 值大于反应物的？

2. 原料安息香为白色晶体，产物二苯基乙二酮为黄色晶体，试从结构特点分析二者颜色变化的原因是什么？

实验63-3　抗癫痫药物5,5-二苯基乙内酰脲的制备

【实验目的】

1. 学习二苯乙二酮与尿素制备5,5-二苯基乙内酰脲的原理及实验方法。

2. 进一步巩固滴加-回流、减压过滤、重结晶、熔点测定等基本操作。

【实验原理】

反应式：

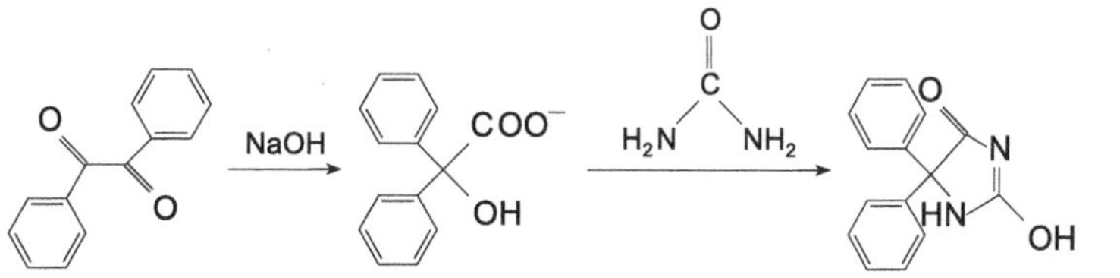

二苯基乙二酮是一个不能烯醇化的 α-二酮，因此用碱处理时会发生重排，得到二苯基

乙醇酸。该反应由羟基负离子进攻二苯基乙二酮分子中的羰基加成形成活性中间体引发，然后另一个羰基相连的苯基带着一对电子重排，反应的动力是所生成羰基负离子的稳定性。反应生成的二苯基乙醇酸继而与尿素缩合，生成5,5-二苯基乙内酰脲。

【实验用品】

仪器：三口烧瓶，磁子，磁力搅拌器，球形冷凝管，温度计套管，温度计，圆底烧瓶，砂芯漏斗等。

试剂：二苯乙二酮，尿素，95%乙醇，30%氢氧化钠溶液，10%盐酸溶液等。

【实验装置】

1. 控温-滴加-回流装置（见2.1.4节）。

2. 回流装置（见2.1.4节）。

3. 减压过滤装置（见2.2.1节）。

【实验步骤】

1. 5,5-二苯基乙内酰脲的制备

在100mL圆底烧瓶中加入2.10g（0.01mol）二苯乙二酮、1.22g（0.02mol）尿素、30mL 95%乙醇，搭建滴加-回流装置，边搅拌边缓慢滴加30%的氢氧化钠溶液6mL，出现黄白色浑浊。加完后在90℃水浴中加热回流1.5h。冷却，将反应物倒入盛有50mL水的烧杯中，滤除固体杂质。向滤液中滴加10%盐酸至体系pH值为5～6（石蕊试纸呈红色）为止。

2. 分离提纯

冷却，减压过滤，用冷水洗涤固体10mL×2次，抽干，得粗产品，乳白色固体。用95%的乙醇重结晶，干燥，得白色晶体5,5-二苯基乙内酰脲1.42g，产率56.3%，熔点293～295℃。

【注意事项】

1. 氢氧化钠溶液滴加太快，会导致副反应的发生，使反应物严重变色，并有二苯乙炔二脲沉淀生成。

2. 酸化时盐酸滴加速度不宜过快，防止酸性过大导致产率下降。

3. 重结晶时尽量控制溶剂用量，防止产品损失。若粗产品颜色较深，重结晶时可加入一定量活性炭脱色。

【思考题】

1. 盐酸酸化时为什么要严格控制pH值为5～6?

2. 试用反应方程式描述在氢氧化钠碱性条件下，二苯基乙二酮重排生成二苯基乙醇酸的过程。

第7章
设计实验

设计实验指学生根据实验指导方案中的提示，通过查阅文献、设计合成路线、拟定实验步骤等写出实验方案，经教师检查批准后独立完成的实验。设计实验的开设一方面可以培养学生查阅中外文文献的能力；另一方面由于原始文献中记载的实验步骤和注意事项往往没有实验教材中的普通实验详细，因此设计实验中涉及的原料纯化、试剂配制、仪器装置和实验步骤和操作注意事项等，都需要学生灵活运用以往所学知识和技能独立处理和操作。因此，设计实验的开设对培养和锻炼学生独立分析问题和解决问题的能力培养具有重要意义，可以为日后从事科学研究打下基础。

本部分列出了 10 个实验，以供选择。

实验 64　由对甲基苯胺设计合成对氯甲苯

【产品介绍】

对氯甲苯（简称 PCT），无色油状液体，微溶于水，可溶于乙醇、乙醚、丙酮、苯和氯仿，是一种重要的有机化工原料和中间体，在农药、染料、医药等方面应用广泛。如对氯甲苯是制造氰戊菊酯、烯效唑、氟乐灵、禾草丹和杀草隆等农药的中间体；也可以制造对氯苯甲醛，用作染料和医药中间体；制造对氯苯甲酰氯，是医药消炎通的中间体；制造对氯苯甲酸，作为染料和纺织整理剂的原料。

【实验分析】

对氯甲苯的生产方法有两种：一种是通过甲苯芳环上的氯代制得，但该方法会同时得到近等量的邻、对位两种氯代异构体，产率不高，分离纯化过程繁琐，一般用于工业生产；另一种是采用芳香重氮盐氯代法制备。本实验以对甲基苯胺为原料设计合成对氯甲苯，反应方程式如下：

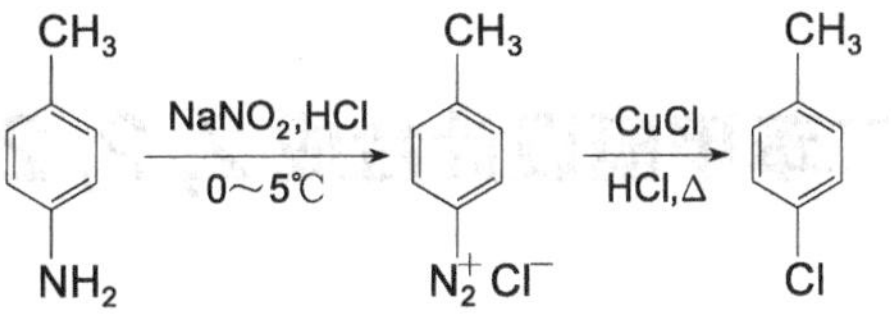

首先是芳香伯胺在强酸性介质中与亚硝酸发生重氮化反应，得到芳香重氮盐。然后，芳香重氮盐在新制备的氯化亚铜存在下发生 Sandmeyer 反应，生成芳香族氯化物。

【参考文献】

[1]　张培毅. 氯甲苯合成技术进展与应用 [J]. 化工进展，2005，24 (8)：869-872，934.

[2]　石绍军，吴卫. 氯甲苯的生产技术及应用 [J]. 化工设计通讯，2006，32 (4)：56-58.

[3]　罗智军. 对氯甲苯的合成 [J]. 宁波化工，2003 (2)：27-29.

【设计要求】

通过查阅文献进行实验方案设计，形成包括实验目的、实验原理、实验装置、实验仪器和试剂、实验步骤、注意事项等在内的实验方案，经教师检查批准后独立完成实验。本实验中所用氯化亚铜需要新鲜制备（自制）。

实验 65　微波辐射相转移催化法设计合成查尔酮

【产品介绍】

查尔酮是一种黄酮类化合物，具有两端连接芳环的不饱和羰基化合物结构，广泛存在于自然界多种植物中。研究表明查尔酮具有良好的抗氧化、抗肿瘤、抗炎症、抗疟疾等药物活性，并具有抵抗艾滋病病毒（HIV）的能力。查尔酮及其杂环类似物是天然生物活性化合物、医药和功能材料的重要官能团，也是合成手性化合物的一种重要的中间体。

【实验分析】

查尔酮的传统合成方法是采用芳香醛和酮在强碱下发生羟醛缩合，但是该方法产率低、副反应多。金属催化合成法虽具有产率高、时间短、易提纯等优点，但是催化剂价格昂贵、反应条件苛刻。本实验设计采用芳香醛及苯乙酮为原料，经微波辐射相转移催化合成查尔酮，反应方程式如下：

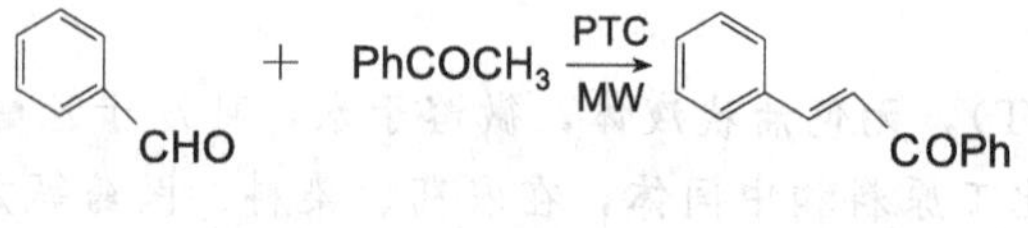

【参考文献】

[1]　周建峰. 微波辐射相转移催化下水相合成查尔酮 [J]. 淮阴师范学院学报（自然科学版），2004，3 (3)：215-217.

[2]　姬广军，杨金凤，刘红等. 微波-相转移催化合成含杂环查尔酮衍生物的研究 [J]. 石河子大学学报（自然科学版），2014，32 (4)：108-112.

【设计要求】

通过查阅文献进行实验方案设计，考察原料配比、反应时间和反应温度等条件，经教师检查批准后独立完成实验。

实验 66　由二苯甲酮设计合成 2, 2, 2-三苯基苯乙酮

【产品介绍】

2,2,2-三苯基苯乙酮，又名苯频哪醇酮，白色固体，熔点 182～184℃，易溶于沸热的

冰乙酸（1份溶于11.5份）、沸苯（1份溶于26份），极易溶于乙醚、二硫化碳、氯仿，不溶于水，是重要的有机合成中间体。

【实验分析】

2,2,2-三苯基苯乙酮可以通过苯频哪醇重排得到。而苯频哪醇的合成，一般是由两分子二苯基甲酮还原偶联制得。该还原偶联过程既可以通过化学还原的方法进行，也可以通过光化学还原来进行。本实验采用光化学法还原代替化学还原合成苯频哪醇，进而制备2,2,2-三苯基苯乙酮，具有绿色化学的特点。其反应方程式如下：

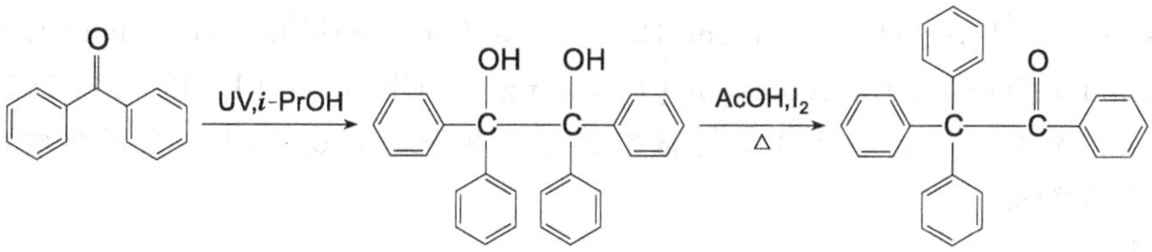

二苯甲酮的光化学还原是目前研究得较清楚的光化学反应之一。一般将二苯甲酮溶于质子性溶剂如异丙醇中，然后在光激发波长为300~350nm的紫外线照射下，就会发生光还原偶联得到不溶的二聚体苯频哪醇。

【参考文献】

[1] 罗一鸣，唐瑞仁. 有机化学实验与指导[M]. 长沙：中南大学出版社，2008.

[2] 徐家宁. 基础化学实验（中册）：有机化学实验[M]. 北京：高等教育出版社，2006.

[3] 郭丽萍，杨信实，杜小弟，等. 采用中压汞光灯化学合成苯频哪醇实验的研究[J]. 化学世界，2008，49（5）：310-311.

[4] Pitts J, Letsinger J N, Taylor R L, et al. Photochemical Reactions of Benzophenone in Alcohols[J]. J. Am. Chem. Soc.，1959，81（5）：1068-1077.

【设计要求】

通过查阅文献进行实验方案设计，考察光照强度、溶液的酸碱性和反应时间的影响，经教师检查批准后独立完成实验。实验中光还原偶联一步为自由基反应，因此在设计实验时需要密封反应器，防止空气进入消耗反应中产生的自由基。

实验 67　多组分反应：Hanztsch 反应合成尼群地平

【产品介绍】

1,4-二氢吡啶类化合物（DHP）是19世纪70年代以来开发的一种高效钙离子拮抗剂，它不仅用于治疗高血压、心绞痛和动脉粥样硬化等心脑血管疾病，还可以用于肠胃疾病、雷诺病的治疗，并且可以作为肺动脉高压和癫痫病治疗的辅助药物，因此国内外对该类化合物的研发较为活跃。尼群地平（Nifedipin）是一种具有治疗高血压及心血管疾病的新药，即2,6-二甲基-4-(3-硝基苯基)-3,5-二乙氧羰基-1,4-二氢吡啶。

【实验分析】

1,4-二氢吡啶类化合物（DHP）一般由Hanztsch合成法制备，即以氨、醛和乙酰乙酸甲酯为原料进行多组分反应得到。尼群地平（Nifedipin）即2,6-二甲基-4-(3-硝基苯基)-3,5-二乙氧羰基-1,4-二氢吡啶，是由德国Bayer公司在1984年经Hantzsch多组分缩合反应合成的。其反应方程式如下：

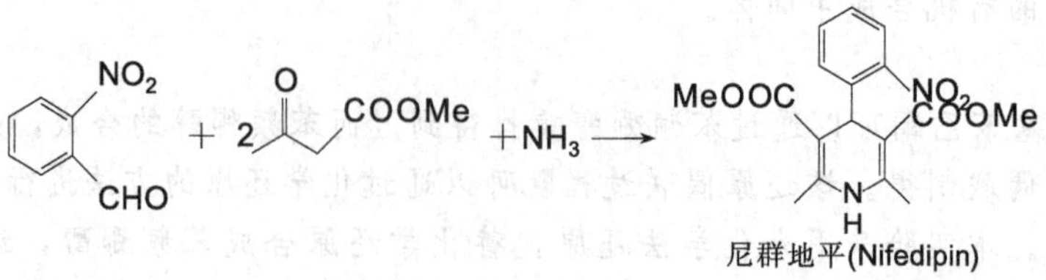

尼群地平(Nifedipin)

【参考文献】

[1] Bossert F，Meyer H，Wehinger R. 4-Aryldihydropyridine，eine neue Klasse hoch-wirksamer Calcium-Antagonisten [J]. Angew. Chem. 1981，93（9）：755-763.

[2] 伍小云，胡艾希. 离子液体中钙拮抗剂尼群地平的合成 [J]. 应用化学，2009，26（6）：746-748.

【设计要求】

通过查阅文献进行实验方案设计，考察氨化试剂、催化剂、反应温度等因素对产物的影响，经教师检查批准后独立完成实验，确定最佳反应条件。

实验 68 微波干介质合成茉莉醛

【产品介绍】

茉莉醛，又称α-戊基肉桂醛，黄色油状液体，沸点287～288℃。是一种人工合成香料，具有强烈的茉莉花香味，广泛应用于各类化妆品、洗涤剂、空气清新剂等日用化学品中。也用于调配茉莉、铃兰、紫丁香等，用作茉莉香型香精的重要成分和紫丁香、风信子等的调和香料。

【实验分析】

茉莉醛可以由苯甲醛与正庚醛在碱性条件下经羟醛缩合反应合成。但在该条件下存在严重的副反应——正庚醛自身缩合及苯甲醛的Cannizzaro反应。因此文献报道该产品的合成方法改进较多，包括相转移催化法、固体碱法等。其中，采用微波辐射下的干介质反应，不仅可以提高反应的产率和选择性，同时反应时间可以大大缩短，是一个成功的绿色合成反应。反应方程式如下：

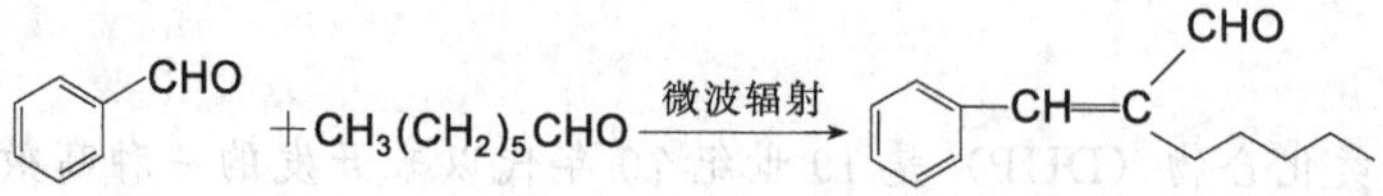

【参考文献】

[1] David A，Chu P N S，Andre L，et al. Synthesis of jasminaldehyde by solid-liquid phase transfer catalysis without solvent under microwave irradiation [J]. Synth. Commun.，1994，24（9）：1199-1205.

[2] 王宏青，夏黎明. KF/Al$_2$O$_3$ 催化下茉莉醛的合成 [J]. 精细化工，1998（5）：18-21.

[3] 王崇. 固体碱催化合成茉莉醛 [M]. 长春工业大学硕士论文，2014.

【设计要求】

通过查阅文献进行实验方案设计，考察投料比、微波辐射强度和反应温度的影响，经教师检查批准后独立完成实验。

实验 69 由邻苯二甲酸酐设计合成化学发光剂鲁米诺

【产品介绍】

鲁米诺（Luminol）化学名为 3-氨基苯二甲酰肼，黄色晶体或者米黄色粉末，是一种化学发光剂，不仅可用于检测多种化合物，而且用于医药中检测血红素类化合物，灵敏度极高。尤其是 20 世纪 70 年代用鲁米诺作为标记物建立的化学发光免疫分析法，有逐步取代放射免疫法的趋势，广泛应用于刑事侦查、生物工程、化学示踪等领域。

【实验分析】

鲁米诺的合成一般采用邻苯二甲酸酐为原料，经混酸硝化得到 3-硝基邻苯二甲酸和 4-硝基邻苯二甲酸的混合物，分离得到 3-硝基邻苯二甲酸；然后用乙酸酐脱水得到 3-硝基邻苯二甲酸酐；3-硝基邻苯二甲酸酐再与水合肼反应得到 3-硝基邻苯二甲酰肼；最后经保险粉还原得到鲁米诺。反应方程式如下：

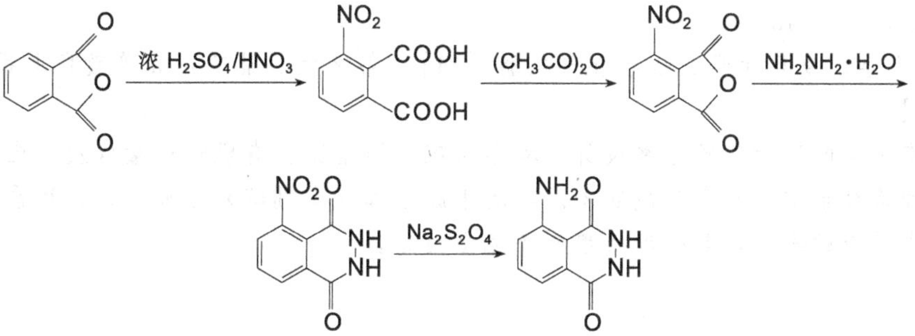

【参考文献】

[1] 沈建民，孙铁民，陈荣谅等．化学发光试剂——鲁米诺、异鲁米诺、光泽精及 ABEI 的合成 [J]．化学试剂，1988，10（3）：178-179.

[2] 苏宇，钟增培．化学发光剂鲁米诺的合成及其发光试验 [J]．川北医学院学报，1993，8（1）：15-17.

【设计要求】

通过查阅文献进行实验方案设计，考察硝化反应中酸的用量比、反应时间、反应温度以及硝酸滴加速度等的影响，经教师检查批准后独立完成实验。实验中随着浓硝酸的加入会有少量氮氧化物逸出，因此在设计实验时需要注意控制滴加速度和通风。

实验 70 由水杨醛设计合成香豆素-3-甲酸

【产品介绍】

香豆素，又名 1,2-苯并吡喃酮，是一种重要的定香剂。香豆素-3-甲酸，白色晶体，熔点 191～192℃，是香豆素的重要衍生物。香豆素衍生物是一类重要的生物活性天然产物，在染料、农药、医药及功能材料领域具有广泛应用。

【实验分析】

天然植物中的香豆素含量很少，因此多数香豆素类化合物是通过人工合成获得的。最早的合成方法，也是目前工业上一直使用的方法，是采用水杨醛与乙酸酐经 Perkin 反应来制备，该法具有反应时间长、温度高、产率偏低等缺点。本实验设计采用可循环利用的蒙脱土 KSF 催化水杨醛、丙二酸经 Knoevenagel 反应，得到香豆素-3-甲酸。反应方程式如下：

若用丙二酸二乙酯代替丙二酸在无水条件下160℃反应，则可得香豆素-3-甲酸酯。

【参考文献】

[1] Bigi F, Chesini L, Maggi R, Sartori G, et al. Montmorillonite KSF as an Inorganic, Water Stable, and Reusable Catalyst for the Knoevenagel Synthesis of Coumarin-3-carboxylic Acids [J]. J. O. Chem., 1999, 64 (3): 1033-1035.

[2] 刘秀娟，厉连斌，王歌云. 香豆素-3-羧酸及其酯的合成研究 [J]. 化学试剂，2007，29 (1): 43~45.

[3] 兰州大学，复旦大学. 有机化学实验 [M]. 第 2 版. 北京：高等教育出版社，1992.

【设计要求】

通过查阅文献进行实验方案设计，考察反应物用量比、有机碱用量以及反应时间等的影响，经教师检查批准后独立完成实验。实验中除了加入有机碱六氢吡啶外，还需要加入少量冰醋酸促进反应的进行，其机理目前尚不完全清楚。

实验 71 室温离子液体[BMIM]BF₄ 的微波合成

【产品介绍】

室温离子液体，又称低温熔融盐，是一种在室温或室温附近温度下呈液态的由离子构成的物质。作为一种新型材料，离子液体具有无蒸气压、液体范围广、热稳定性和导电性好、溶解范围广等特点，并具有优越的结构可设计性和循环利用性，因而作为新型反应介质和催化剂被广泛用于有机及高分子合成中。[BMIM] BF₄ 即 1-丁基-3-甲基咪唑四氟硼酸盐，是一种典型的亲水型离子液体，结构如下：

【实验分析】

离子液体一般采用两步法合成：第一步是通过季铵化反应制备阳离子的卤盐；第二步则是通过离子交换反应置换出卤盐中的卤离子，得到目标离子液体。其中的季铵化反应一步一般需要在长时间的加热条件下才能完成。采用微波辅助法进行季铵化制备离子液体，则具有操作简单、反应温和、反应速率高等优点，可以大幅度缩短反应时间，提高反应效率，达到节能高效的效果，其反应方程式如下：

【参考文献】

[1] 郭玄, 于雪荣, 李士阔等. 离子液体 [BMIM] BF₄ 的微波合成及其在萃取头孢氨苄中的应用 [J]. 化学研究与应用, 2010, 22 (12): 1505-1509.

[2] 耿哲, 祁正兴, 李志强等. 离子液体 [Bmim] Cl 的微波合成及影响因素 [J]. 陕西理工学院学报 (自然科学版), 2014, 30 (4): 51-54, 60.

[3] 黄德英, 管国锋, 万辉等. 疏水性咪唑类离子液体的水浴微波合成 [J]. 南京工业大学学报, 2007, 29 (3): 47-50.

【设计要求】

通过查阅文献进行实验方案设计, 考察反应温度以及反应时间等对反应的影响, 明确中间体及产物的提纯方法, 经教师检查批准后独立完成实验。

实验 72 水杨醛乙二胺双 Schiff 碱金属配合物的合成

【产品介绍】

Sehiff 碱是一类重要的有机配体及分子构筑模块, 其配合物多具有良好的生物活性、药物活性和仿酶催化活性等, 且在分子设计中具有重要作用。Schiff 碱类化合物与金属离子作用时可以形成结构多样的金属配合物, 进而用于金属选择性分离和磁性材料、光学材料、生物活性研究。因此, Schiff 碱类金属配合物的研究一直备受关注, 水杨醛乙二胺双 Schiff 碱金属配合物即为其中的一类。

【实验分析】

Schiff 碱金属配合物的合成采用分步合成法, 即首先合成 Schiff 配体, 采用水杨醛与乙二胺进行缩合反应得到水杨醛乙二胺双 Schiff 碱; 然后该 Schiff 碱中 4 个可配位的供体原子与金属离子配位, 组装成金属配合物。反应方程式如下:

M=Ni, Cd, Mn, Cu

【参考文献】

[1] 李艳, 李军喜, 陆兰青. 乙二胺水杨醛双 Schiff 碱 Cr (Ⅲ) 配合物的合成与表征 [J]. 化学与生物工程, 2013, 30 (2): 58-60.

[2] 滕洪梅, 何民会, 张武等. 乙二胺双缩 5-甲基-3-羧基水杨醛镍 (Ⅱ) 配合物的合成与晶体结构 [J]. 化学研究, 2015, 23 (3): 72-75.

[3] 李艳, 吴鸣虎. 乙二胺水杨醛双 Schiff 碱金属配合物的合成与表征 [J]. 河南科学, 2013, 31 (1): 36-39.

[4] 蔡丽华, 张丹, 黄丽芬等. 水杨醛双 Schiff 碱与其铜配合物的合成与抗菌活性研究

[J]. 广东化工，2010，37（12）：212-215.

【设计要求】

通过查阅文献进行实验方案设计，考察反应条件，明确配体及产物的提纯方法，经教师检查批准后独立完成实验。

实验 73 牛乳中酪蛋白和乳糖的分离与鉴定

【知识介绍】

酪蛋白又称干酪素、酪朊、乳酪素，是牛乳中的主要蛋白质，是一种等电点为 pH4.8 的含磷、钙的两性结合蛋白质，为非结晶、非吸潮性物质，微溶于水和有机溶剂。酪蛋白可以防止龋齿、骨质疏松、佝偻病等，还具有调节血压、治疗缺铁性贫血、缺镁性神经炎等多种生理功效。乳糖存在于哺乳动物的乳汁中，是由一分子 β-D-半乳糖和一分子 α-D-葡萄糖经 β-1，4-位糖苷键相连形成的一种还原二糖，白色结晶性颗粒或粉末，易溶于水，甜度是蔗糖的六分之一。一分子乳糖消化可得一分子葡萄糖和一分子半乳糖，半乳糖能促进脑苷脂类和黏多糖类的生成，因而对幼儿智力发育非常重要。

【实验分析】

酪蛋白在牛奶中以磷酸二钙、磷酸三钙或两者的复合物形式存在，其等电点为 pH4.8，对酸敏感，因此脱脂牛奶在酸性条件下即可将酪蛋白沉淀下来。这时所得溶液即为乳清，乳清内含有的糖类物质主要是乳糖，乳糖易溶于水，但不溶于乙醇，因此在乳清中加入乙醇即可结晶析出乳糖。酪蛋白可以通过蛋白质电泳或茚三酮颜色反应来鉴别；乳糖则可以通过薄层色谱或糖脎的生成来鉴别。

【参考文献】

[1] 周夏衍，夏春兰，楚延锋等. 牛奶中酪蛋白和乳糖的分离及纯度测定 [J]. 大学化学，2006，21（3）：50-52.

[2] 原龙，王新，尤艳蓉. 牛奶中酪蛋白和乳糖的分离方法研究 [J]. 应用化工，2009，38（3）：389-391.

【设计要求】

通过查阅文献进行实验方案设计，考察提取温度、pH 值对酪蛋白提取效果的影响以及乙醇用量、结晶时间等对乳糖分离效果的影响，经教师检查批准后独立完成实验。

附 录

附录 1　化学试剂纯度的分级

纯度等级	优级纯	分析纯	化学纯	实验试剂
英文代号	G. R. Guarantee Reagent	A. R. Analytical Reagent	C. P. Chemical Pure	L. R. Laboratory Reagent
瓶签颜色	绿色	红色	蓝色	黄色
适用范围	用作基准物质,主要用于精密的科学研究和分析实验	用于一般科学研究和分析实验	用于要求较高的无机和有机化学实验,或要求不高的分析检验	用于一般的实验和要求不高的科学实验

附录 2　化学危险品的分类及保管

类　别		举　例	性　质	注意事项
1. 爆炸品		硝酸铵、苦味酸、三硝基甲苯	遇高热摩擦、撞击等,引起剧烈反应,放出大量气体和热量,产生猛烈爆炸	放于阴凉、低下处。轻拿、轻放
2.易燃品	易燃液体	丙酮、乙醚、甲醇、乙醇、苯等有机溶剂	沸点低、易挥发,遇火则燃烧,甚至引起爆炸	存放阴凉处,远离热源。使用时注意通风,不得有明火
	易燃固体	赤磷、硫、萘、硝化纤维	燃点低,受热、摩擦、撞击或遇氧化剂,起剧烈连续燃烧、爆炸	存放阴凉处,远离热源。使用时注意通风,不得有明火
	易燃气体	氢气、乙炔、甲烷	因撞击、受热引起燃烧。与空气按一定比例混合,则会爆炸	使用时注意通风。如为钢瓶气,不得在实验室存放
	遇水易燃品	钠、钾	遇水剧烈反应,产生可燃气体并放出热量,此反应热会引起自燃	保存于煤油中,切勿与水接触
	自燃物品	黄磷	在适当温度下被空气氧化、放热,达到燃点而引起自燃	保存于水中
3. 氧化剂		硝酸钾、氯酸钾、过氧化氢、过氧化钠、高锰酸钾	具有强氧化性,遇酸、受热,与有机物、易燃品、还原剂等混合时,因反应引起燃烧或爆炸	不得与易燃品、爆炸品、还原剂等一起存放
4. 剧毒品		氰化钾、三氧化二砷、升汞、氯化钡、六六六	剧毒,少量侵入人体(误食或接触伤口)引使中毒,甚至死亡	专人、专柜保管,现用现领,用后的剩余物,不论是固体或液体都应交回保管人,并应设有使用登记制度
5. 腐蚀性药品		强酸、氟化氢、强碱、溴、酚	具有强腐蚀性,触及物品造成腐蚀、破坏,触及人体皮肤,引起化学烧伤	不要与氧化剂、易燃品、爆炸品放在一起

　　注:中华人民共和国公安部 1993 年发布并实施了中华人民共和国公共安全行业标准 GA 58—93,将剧毒药品分为 A、B 两级。

附录 3　常用元素的相对原子质量(1997)

元素名称	元素符号	相对原子质量	元素名称	元素符号	相对原子质量
银	Ag	107.868 2	镁	Mg	24.305 0
铝	Al	26.981 538	锰	Mn	54.938 049
溴	Br	79.904	氮	N	14.006 74
碳	C	12.010 7	钠	Na	22.989 770
钙	Ca	40.078	镍	Ni	58.693 4
氯	Cl	35.452 7	氧	O	15.999 4
铬	Cr	51.996 1	磷	P	30.973 761
铜	Cu	63.546	铅	Pb	207.2
氟	F	18.998 4	钯	Pd	106.42
铁	Fe	55.845	铂	Pt	195.078
氢	H	1.007 94	硫	S	32.066
汞	Hg	200.59	硅	Si	28.085 5
碘	I	126.904 47	锡	Sn	118.710
钾	K	39.098 3	锌	Zn	65.39

附录 4　常用酸碱溶液的密度及百分组成

试剂名称	密度 /g·cm^{-3}	质量分数 /%	浓度 /mol·L^{-1}	试剂名称	密度 /g·cm^{-3}	质量分数 /%	浓度 /mol·L^{-1}
浓硫酸	1.84	98	18	氢溴酸	1.38	40	7
稀硫酸	1.1	9	2	氢碘酸	1.70	57	7.5
浓盐酸	1.19	38	12	冰醋酸①	1.05	99	17.5
稀盐酸	1.0	7	2	稀醋酸	1.04	30	5
浓硝酸	1.4	68	16	稀醋酸	1.0	12	2
稀硝酸	1.2	32	6	浓氢氧化钠	1.44	~41%	~14.4
稀硝酸	1.1	12	2	稀氢氧化钠	1.1	8	2
浓磷酸	1.7	85	14.7	浓氨水	0.91	~28	14.8
稀磷酸	1.05	9	1	稀氨水	1.0	3.5	2
浓高氯酸	1.67	70	11.6	氢氧化钙水溶液		0.15	
稀高氯酸	1.12	19	2	氢氧化钡水溶液		2	0.1
浓氢氟酸	1.13	40	23				

① 冰乙酸结晶点优级纯级≥16.0℃，分析纯级≥15.1℃，化学纯级≥14.8℃。

附录 5　常见的共沸混合物的组成及共沸点

　　共沸物，又称恒沸物，是指两组分或多组分的液体混合物，在恒定压力下沸腾时，其组分与沸点均保持不变，此时沸腾产生的蒸汽与液体本身有着完全相同的组成。共沸物是不可能通过常规的蒸馏或分馏手段分离的。并非所有的二元液体混合物都可形成共沸物，下列表格列出了一些常用共沸物的组成及其共沸点。这类混合物的温度-组分相图有着显著的特征，即其气相线（气液混合物和气态的交界）与液相线（液态和气液混合物的交界）有着共同的最高点或最低点。如此点为最高点，则称为正共沸物；如此点为最低点，则称为负共沸物。大多数共沸物都是负共沸物，即有最低沸点。值得注意的是：任一共沸物都是针对某一特定外压而言的。对于不同压力，其共沸组分和沸点都将有所不同；实践证明，沸点相差大于30K的两个组分，很难形成共（恒）沸物（如水与丙酮就不会形成共沸物）。

（1）与水形成的二元共沸物（水沸点100℃）

溶剂	沸点/℃	共沸点/℃	含水量/%	溶剂	沸点/℃	共沸点/℃	含水量/%
氯仿	61.2	56.1	2.5	甲苯	110.5	85.0	20
四氯化碳	77.0	66.0	4.0	正丙醇	97.2	87.7	28.8
苯	80.4	69.2	8.8	异丁醇	108.4	89.9	88.2
丙烯腈	78.0	70.0	13.0	二甲苯	137-40.5	92.0	37.5
二氯乙烷	83.7	72.0	19.5	正丁醇	117.7	92.2	37.5
乙腈	82.0	76.0	16.0	吡啶	115.5	94.0	42
乙醇	78.3	78.1	4.4	异戊醇	131.0	95.1	49.6
乙酸乙酯	77.1	70.4	8.0	正戊醇	138.3	95.4	44.7
异丙醇	82.4	80.4	12.1	氯乙醇	129.0	97.8	59.0
乙醚	35	34	1.0	二硫化碳	46	44	2.0
甲酸	101	107	26				

（2）常见有机溶剂间的共沸混合物

共沸混合物	组分的沸点/℃	共沸物的组成（质量比）	共沸物的沸点/℃
乙醇-乙酸乙酯	78.3,78.0	30：70	72.0
乙醇-苯	78.3,80.6	32：68	68.2
乙醇-氯仿	78.3,61.2	7：93	59.4
乙醇-四氯化碳	78.3,77.0	16：84	64.9
乙酸乙酯-四氯化碳	78.0,77.0	43：57	75.0
甲醇-四氯化碳	64.7,77.0	21：79	55.7
甲醇-苯	64.7,80.4	39：61	48.3
氯仿-丙酮	61.2,56.4	80：20	64.7
甲苯-乙酸	101.5,118.5	72：28	105.4
乙醇-苯-水	78.3,80.6,100	19：74：7	64.9

附录6 常用鉴定试剂的配制和应用

一、通用试剂

1. 碘试剂

检查一般有机化合物。

（1）碘蒸气 预先将盛有碘结晶的小杯置于密闭的玻璃容器内，使容器空间被碘蒸气饱和，将薄层置于容器内数分钟即显棕色斑点。有时，于容器中加放一小杯水，增加容器内的湿度，可提高显色的灵敏度。

（2）0.5%碘的氯仿溶液 喷洒试剂，置空气中待过量的碘挥发后，喷1%淀粉溶液，斑点由棕色转为蓝色。

2. 硫酸试剂

检查一般有机化合物。

5%硫酸乙醇溶液作为色谱显色剂用。喷洒后，置空气中干燥 15min，100℃烤至斑点呈色（不同化合物呈不同颜色）。

3. 重铬酸钾-硫酸试剂 检查一般有机化合物。

5g 重铬酸钾溶于 100mL 40%硫酸中。喷该试剂后，150℃加热至斑点出现（不同化合物呈不同颜色）。

4. 磷钼酸试剂 检查还原性成分。

5%磷钼酸乙醇溶液。喷洒后，120℃加热至呈蓝色斑点。

5. 磷钨酸试剂 检查还原性成分。

20%磷钨酸乙醇溶液。喷洒后，120℃烘烤，还原性物质呈蓝色斑点。

6. 硝酸银-氢氧化铵试剂 检查还原性成分。

溶液Ⅰ：$0.1mol \cdot L^{-1}$ 硝酸银溶液。溶液Ⅱ：10%氢氧化铵溶液。临用前溶液Ⅰ和Ⅱ以 1∶5 混合。喷洒后 105℃加热 5～10min，至深黑色斑点出现。

7. 中性高锰酸钾试剂 检查易还原性成分。

0.05%高锰酸钾溶液。喷洒后粉红色背景上显黄色斑点。

8. 碱性高锰酸钾试剂 检查还原性成分。

溶液Ⅰ：1%高锰酸钾溶液。溶液Ⅱ：5%碳酸钠溶液。溶液Ⅰ和Ⅱ等量混合使用，喷洒后，粉红色背景上显黄色斑点。

9. 四唑蓝试剂 检查还原性成分。

溶液Ⅰ：0.5%四唑蓝甲醇溶液。溶液Ⅱ：25%氢氧化钠溶液。临用前两液等量混合。喷洒后，微热或室温下放置显紫色斑点。

10. 荧光素-溴试剂 检查不饱和化合物。

溶液Ⅰ：0.1g 荧光素溶于 100mL 乙醇中。溶液Ⅱ：5g 溴溶于 100mL 四氯化碳中。先喷洒溶液Ⅰ，然后将薄层板放入盛有溶液Ⅱ的缸内，黄色斑点出现后，于紫外灯下检视，红色底板上显黄色荧光斑点。

11. 荧光显色试剂 检查一般有机化合物。

（1）0.2% 2,7-二氯荧光素乙醇溶液。（2）0.01%荧光素乙醇溶液。（3）0.1%桑色素乙醇溶液。（4）0.05%罗丹明 B 乙醇溶液。喷洒任一溶液，不同的化合物在荧光背景上可显黑色或其他荧光斑点。

二、苷类鉴定试剂

1. 糖鉴定试剂

（1）萘酚-硫酸试剂 检查还原糖。

① 溶液Ⅰ：10%萘酚乙醇溶液。溶液Ⅱ：硫酸。取 1mL 样品的稀乙醇溶液或水溶液，加入溶液Ⅰ2～3 滴，混匀，沿试管壁缓缓加入少量溶液Ⅱ，两液面交界处产生紫红色环为阳性反应。

② 15%萘酚乙醇溶液 21mL、硫酸 13mL、乙醇 87mL 及水 8mL，混匀后使用。喷洒于薄层板上，100℃烤 3～6min，多数糖显蓝色，鼠李糖显橙色，所显颜色于室温下可稳定 2～3 天。

（2）斐林试剂　检查还原糖。

溶液Ⅰ：6.93g 结晶硫酸铜溶于 100mL 水中。溶液Ⅱ：34.6g 酒石酸钾钠、10g 氢氧化钠溶于 100mL 水中。取 1mL 样品热水提取液，加入 4～5 滴用时配制的溶液Ⅰ、Ⅱ等量混合液，在沸水浴中加热数分钟，产生砖红色沉淀为阳性反应。如检查多糖和苷，取 1mL 样品水提液，加入 1mL 10％盐酸溶液，在沸水浴上加热 10min，过滤，再用 10％氢氧化钠溶液调至中性，按上述方法检查还原糖。

（3）氨性硝酸银试剂　检查还原糖。

硝酸银 1g，加水 20mL 溶解，小心滴加适量氨水，边加边搅拌，至开始产生的沉淀将近全部溶解为止，过滤。取 1mL 样品的水溶液，加入 1mL 试剂，混匀后，40℃微热数分钟，管壁析出银镜或产生黑色沉淀为阳性反应。本试剂也可作为色谱显色剂，喷洒后于 110℃加热数分钟，显棕黑色斑点为阳性反应。还原性物质如醛类、邻二酚类等有干扰。

（4）茴香醛-硫酸试剂　检查糖类化合物。

硫酸 1mL 加到含茴香醛 0.5mL 的乙酸溶液 50mL 中，需临用前配制。喷洒于薄层板上，105℃加热至显示色斑，不同糖显示不同颜色。

（5）苯胺-邻苯二甲酸试剂　检查糖类化合物。

苯胺 0.93g 和邻苯二甲酸 1.66g，溶于 100mL 水饱和的正丁醇中，作色谱显色剂用。喷后 105℃烤 5min，显红棕色斑点。

（6）1,3-二羟基萘酚-磷酸试剂　检查酮糖、醛糖。

0.2％ 1,3-二羟基萘酚乙醇溶液 50mL 与 85％磷酸 50mL 混合均匀后使用。喷后 105℃烤 5～10min，酮糖呈红色，醛糖显淡蓝色。

（7）苯胺-二苯胺-磷酸试剂检查糖类化合物。

苯胺 4mL、二苯胺 4g 及 85％磷酸 20mL 溶于 200mL 丙酮中。喷洒于薄层板上，85℃加热 10min，不同糖显示不同颜色。

（8）2,3,5-三苯基氯化四氮唑（T.T.C）试剂　检查还原糖。

溶液Ⅰ：4％T.T.C 甲醇溶液；溶液Ⅱ：4％氢氧化钠溶液。临用时将溶液Ⅰ和Ⅱ等体积混合。喷洒后，100℃加热 5～10min，显红色斑点为阳性反应（醛类无干扰）。

2. 酚类鉴定试剂

（1）氯化铁试剂　检查酚类化合物、鞣质。

1％～5％氯化铁水溶液或乙醇溶液，加盐酸酸化。取 1mL 样品的乙醇溶液，加入试剂 1～2 滴，显绿、蓝绿或暗紫色为阳性反应。作色谱显色剂用，喷洒后，显绿或蓝色斑点为阳性反应。

（2）4-氨基安替比林-铁氰化钾（Emerson）试剂　检查酚羟基对位无取代基的化合物。

溶液Ⅰ：2％4-氨基安替比林乙醇溶液。溶液Ⅱ：8％铁氰化钾溶液。作色谱显色剂用，先喷洒溶液Ⅰ，再喷洒溶液Ⅱ，用氨气熏，显橙红或深红色斑点为阳性反应。

附录 7　常用有机溶剂的相对极性及物理常数

序号	溶剂名称	实验极性参数	沸点/℃	熔点/℃	$n_D^{20}(g)$
（1）	水	1	100	0	1.333
（2）	甲酰胺	0.799	210.5	2.55	1.4475
（3）	乙二醇	0.79	197.5	−12.6	1.4318

序号	溶剂名称	实验极性参数	沸点/℃	熔点/℃	n_D^{20}(g)
(4)	甲醇	0.762	64.5	−97.7	1.3284
(5)	甲基甲酰胺	0.722	180～185	−3.8	1.4319
(6)	双乙二醇	0.713	245.7	−7.8	1.4475
(7)	三乙二醇	0.704	288	−4.3	1.4558
(8)	2-甲氧基乙醇	0.667	124.6	−85.1	1.4021
(9)	四乙二醇	0.664	327.3	−6.2	1.4577
(10)	甲基乙酰胺	0.657	206.7	30.6	1.4253(35℃)
(11)	乙醇	0.654	78.3	−114.5	1.3614
(12)	氨基乙醇	0.651	170.95	10.5	14545
(13)	乙酸	0.648	117.9	16.7	1.3719
(14)	丙醇	0.617	97.15	−126.2	1.3856
(15)	苄醇	0.608	205.45	−15.3	1.5404
(16)	丁醇	0.602	117.7	−88.6	1.3993
(17)	戊醇	0.568	138	−78.2	1.41
(18)	异戊醇	0.565	130.5	−117.2	1.4072
(19)	异丁醇	0.552	107.9	−108	1.3959
(20)	异丙醇	0.546	82.2	−88	1.3772
(21)	2-丁醇	0.506	99.5	−114.7	1.3971
(22)	环己醇	0.5	161.1	25.15	1.4648(25℃)
(23)	碳酸丙二酯	0.491	241.7	−54.5	1.4215
(24)	2-戊醇	0.488	119		1.4064
(25)	硝基甲烷	0.481	101.2	−28.55	1.3819
(26)	3-戊醇	0.463	115.3	−75	1.4104
(27)	乙腈	0.46	81.6	−43.8	1.3441
(28)	二甲亚砜	0.444	189	18.5	1.4793
(29)	苯胺	0.42	184.4	−6	1.5863
(30)	环丁砜	0.41	287.3 (dec.)	28.45	1.4816(30℃)
(31)	乙酸酐	0.407	140	−73.1	1.3904
(32)	二甲基甲酰胺	0.404	153	−60.4	1.4305
(33)	二甲基乙酰胺	0.401	166.1	−20	1.4384
(34)	丙腈	0.401	97.35	−92.8	1.3658
(35)	叔丁醇	0.389	82.3	25.6	1.3877
(36)	二甲基亚乙基脲	0.364	225.5	8.2	1.4707(25℃)
(37)	甲基吡咯烷酮	0.355	202	−24.4	1.47
(38)	丙酮	0.355	56.1	−94.7	1.3587
(39)	二甲基亚丙基脲	0.352	230	<−20	1.4881(25℃)
(40)	乙二胺	0.349	116.9	11.3	1.4568
(41)	氰基苯	0.333	191.1	−12.75	1.5282
(42)	1,2-二氯乙烷	0.327	83.5	−35.7	1.4448
(43)	丁酮，甲乙酮	0.327	79.6	−86.7	1.3788
(44)	硝基苯	0.324	210.8	5.8	1.5562
(45)	叔戊醇	0.321	102	−8.8	1.405
(46)	2-戊酮	0.321	102.3	−76.9	1.3908
(47)	四甲基脲	0.318	175.2	−1.2	1.4493(25℃)
(48)	吗啉	0.318	128.9	−4.8	1.4542
(49)	六甲基磷酰胺	0.315	233	7.2	14588
(50)	异戊酮	0.315	94.2	−92	1.388
(51)	二氯甲烷	0.309	39.6	−94.9	1.4242
(52)	苯乙酮	0.306	202	19.6	1.5342
(53)	吡啶	0.302	115.25	−41.55	1.5102

序号	溶剂名称	实验极性参数	沸点/℃	熔点/℃	n_D^{20}(g)
(54)	乙酸甲酯	0.287	56.9	−98.05	1.3614
(55)	环己酮	0.281	155.65	−32.1	1.451
(56)	4-甲基-2-戊酮	0.269	117.4	−84.7	1.3958
(57)	1,1-二氯乙烷	0.269	573	−97	1.4164
(58)	喹啉	0.269	237.1	−14.85	1.6273
(59)	3-戊酮	0.265	102	−39	1.3923
(60)	氯仿	0.259	61.2	−63.5	1.4459
(61)	3,3-二甲基-2-丁酮	0.256	106.3	−49.8	1.3952
(62)	三乙二醇二甲基醚	0.253	216	−45	1.4224
(63)	2,4-二甲基-3-戊酮	0.247	125.25	−69	1.3999
(64)	双乙二醇二甲基醚	0.244	159.8 (dec.)	−64	1.4078
(65)	乙二醇二甲基醚	0.231	84.5	−69	1.3796
(66)	乙酸乙酯	0.228	77.1	−83.55	1.3724
(67)	邻二氯苯	0.225	180.5	−17	1.5515
(68)	2,6-二甲基-4-庚酮	0.225	168.2	−46	1.4122
(69)	双乙二醇二乙基醚	0.21	188.9	−44.3	1.4115
(70)	四氢呋喃	0.207	66	−108.4	1.4072
(71)	苯甲醚	0.198	153.6	−37.5	1.517
(72)	碳酸二乙酯	0.194	126.8	−43	1.3837
(73)	氟苯	194	84.7	−42.2	1.4684(15℃)
(74)	1,1-二氯乙烯	0.194	31.6	−122.6	1.4247
(75)	氯苯	0.188	131.7	−45.6	1.5248
(76)	溴苯	0.182	155.9	−30.8	1.5568
(77)	苯乙醚	0.182	169.8	−29.5	1.5074
(78)	碘苯	0.17	188.3	−31.35	1.62
(79)	1,1,1-三氯乙烷	0.17	74.1	−30.4	1.438
(80)	二噁烷	0.164	101.3	11.8	1.4224
(81)	三氯乙烯	0.16	87.2	−86.4	1.4773
(82)	叔丁基甲醚	0.148	55.2	−108.6	1.369
(83)	哌啶	0.148	106.2	−10.5	1.4525
(84)	二乙基胺	0.145	55.55	−49.8	1.3846
(85)	二苯醚	0.142	258.1	26.9	1.5763(30℃)
(86)	乙醚	0.117	344	−116.3	1.3524
(87)	苯	0.111	801	5.5	1.5011
(88)	二丙醚	0.102	90.1	−123.2	1.3805
(89)	甲苯	0.099	110.6	−95	1.4969
(90)	对二甲苯	0.074	138.4	13.3	1.4958
(91)	二丁醚	0.071	140.3	−95.2	1.3992
(92)	二硫化碳	0.065	46.2	−111.6	1.6275
(93)	四氯甲烷	0.052	76.6	−22.8	14,602
(94)	三乙基胺	0.043	88.9	−114.7	1.401
(95)	三丁基胺	0.043	214	−70	1.4291
(96)	顺十氢萘	0.015	195.8	−43	1.481
(97)	正庚烷	0.012	98.4	−90.6	1.3876
(98)	正己烷	0.009	68.7	−95.3	1.3749
(99)	正戊烷	0.009	36.1	−129.7	1.3575
(100)	环己烷	0.006	80.7	6.7	1.4262

附录 8 常用有机溶剂的纯化

化学合成实验经常会用到溶剂，由于溶剂的用量总是比较大，即使溶剂中微量杂质也会对反应和产物的纯化带来一定的影响。一些有机反应（如 Grignard 反应等）对溶剂的要求更高，微量的水和醇都会使反应难以发生。因此，溶剂在使用前应检验其纯度，需要时将其纯化。下面介绍常用有机溶剂的纯化方法。

1. 石油醚

石油醚中含有少量不饱和烃，沸点和烷烃相近，用蒸馏法无法分离，必要时可用浓硫酸和高锰酸钾把它除去。通常将石油醚用其体积十分之一的浓硫酸洗涤两三次，再用 10％的硫酸加入高锰酸钾配成的饱和溶液洗涤，直至水层中的紫色不再消失为止，然后再用水洗，经无水氯化钙干燥后蒸馏。如要绝对干燥的石油醚，则再用金属钠进一步干燥。

2. 苯

普通的苯含有少量的水（20℃时，苯能溶解 0.06％的水），苯和水形成的共沸混合物在 69.25℃沸腾，含有 91.17％的苯。由煤焦油加工得到的苯还含有少量的噻吩（沸点 84℃）。欲除去水和噻吩，可用等体积的 15％硫酸洗涤，直至酸层为无色或浅黄色，或检查无噻吩为止（取 5 滴苯，加入 5 滴浓硫酸及 1～2 滴 1％ α, β-吲哚醌-浓硫酸溶液，振荡，如酸层呈墨绿色或蓝色，表示有噻吩存在）。苯层再依次用水、10％ Na_2CO_3 水溶液、水洗涤，无水氯化钙干燥过夜后，蒸馏。若要高度干燥，可加入金属钠进一步除水。

3. 甲苯

甲苯与水形成共沸混合物，在 84.1℃沸腾，含 81.4％的甲苯。一般甲苯中还可能含有少量甲基噻吩。用浓硫酸（甲苯∶酸＝10∶1）振荡 30min（温度不要超过 30℃），甲苯层依次用水、10％ Na_2CO_3 水溶液、水洗涤，无水 $CaCl_2$ 干燥过夜后，蒸馏。若要高度干燥，可加入金属钠进一步除水。

4. 二氯甲烷

二氯甲烷与水形成共沸混合物，在 38.1℃沸腾，含 98.5％的二氯甲烷。它与乙醚的沸点相近，溶解性能也很好，但它比水重和不燃性，有时代替乙醚使用。其主要杂质是醛类。先用浓硫酸洗至酸层不变色，水洗除去残留的酸，再用 5％～10％ NaOH（或 Na_2CO_3）溶液洗涤两次，水洗至中性，无水 $MgSO_4$ 干燥过夜，蒸馏。收集于棕色瓶中避光储存。

二氯甲烷（以及氯代烷类）不能与金属钠接触，否则有爆炸的危险。

5. 氯仿

氯仿在空气和光的作用下，分解生成剧毒的光气，一般加入 0.5％～1％的乙醇，以防止光气的生成。为了除去乙醇，将氯仿与少量浓硫酸（氯仿体积的 5％）洗涤两次，水洗至中性，经无水 $CaCl_2$（或无水 Na_2SO_4）干燥后蒸馏，收集于棕色瓶中避光储存。

6. 四氯化碳

四氯化碳与水形成共沸混合物，在 66℃沸腾，含 95.9％的四氯化碳。四氯化碳可直接蒸馏，水以共沸物而被除去。有时四氯化碳中含有少量 CS_2，在四氯化碳中加入 5％NaOH溶液回流 1～2h，水洗，干燥后蒸馏。

7. 1,2-二氯乙烷

1,2-二氯乙烷与水形成共沸混合物，在 72℃沸腾，含 81.5％的 1,2-二氯乙烷。1,2-二氯乙烷常含有少量酸性物质、水分及氯化物等。可依次用浓硫酸、水、5%NaOH 溶液和水洗涤，用无水 $CaCl_2$ 或 P_2O_5 干燥，然后蒸馏。

8. 甲醇

市售试剂级甲醇纯度能达 99.85%，含水量约为 0.1%，丙酮约为 0.02%，一般可满足应用。工业甲醇含水量为 0.5%～1%，含醛酮（以丙酮计）约 0.1%。由于甲醇和水不形成共沸混合物，因此可用高效精馏柱将少量水除去。精制甲醇中含水 0.1% 和丙酮 0.02%，一般也可应用。若需含水量低于 0.1%，可用 3A 分子筛干燥，也可用镁处理（见绝对乙醇的制备）。若要除去含有的羰基化合物，可在 500mL 甲醇中加入 25mL 糠醛和 60mL 10% NaOH 溶液，回流 6～12h，即可分馏出无丙酮的甲醇，丙酮与糠醛生成树脂状物留在瓶内。

9. 乙醇

（1）无水乙醇（含量 99.5%）的制备　在 500mL 圆底烧瓶中，加入 95% 乙醇 200mL 和生石灰 50g，放置过夜。然后在水浴上回流 3h，再将乙醇蒸出，得含量约为 99.5% 的无水乙醇。

另外，可利用苯、水和乙醇形成低共沸混合物的性质，将苯加入乙醇中进行分馏，在 64.9℃ 时蒸出苯、水、乙醇的三元恒沸混合物，多余的苯在 68.3℃ 与乙醇形成二元恒沸混合物被蒸出，最后蒸出乙醇。工业上多采用此法。

（2）绝对乙醇（含量 99.95%）的制备

① 用金属镁制备　在 250mL 圆底烧瓶中，放置 0.6g 干燥、洁净的镁条和几小粒碘，加入 10mL 99.5% 的乙醇，装上球形冷凝管。在冷凝管上端附加一只氯化钙干燥管，在水浴上加热，注意观察在碘周围的镁的反应，碘的棕色减退，镁周围变浑浊，并伴随着氢气的放出，至碘粒完全消失（如不起反应，可再补加数小粒碘）。然后继续加热，待镁条完全溶解后加入 100mL 99.5% 的乙醇和几粒沸石，继续加热回流 1h，改为蒸馏装置蒸出乙醇，所得乙醇纯度可超过 99.95%。

② 用金属钠制备　在 500mL 99.5% 乙醇中，加入 3.5g 金属钠，安装球形冷凝管和干燥管，加热回流 30min 后，再加入 14g 邻苯二甲酸二乙酯或 13g 草酸二乙酯，回流 2～3h，然后进行蒸馏。金属钠虽能与乙醇中的水作用，产生氢气和氢氧化钠，但所生成的氢氧化钠又与乙醇发生平衡反应，因此单独使用金属钠不能完全除去乙醇中的水，需加入过量的高沸点酯，如邻苯二甲酸二乙酯与生成的氢氧化钠作用，抑制上述反应，从而达到进一步脱水的目的。

10. 乙醚

在 15℃ 时乙醚中能溶解 1.2% 的水，与水形成的共沸混合物含水 1.26%，在 34.15℃ 沸腾。在空气中受光作用，乙醚容易形成爆炸性的过氧化物。制备无水乙醚时首先要检查有无过氧化物存在，其方法是：取少量乙醚和等体积的 2% 碘化钾溶液，加入几滴稀盐酸一起振摇，如能使淀粉溶液呈蓝色或紫色，即证明有过氧化物存在。除去过氧化物可在分液漏斗中加入乙醚和相当乙醚体积 1/5 的新配制的硫酸亚铁溶液（取 100mL 水，慢慢加入 6mL 浓硫酸，再加入 60g 硫酸亚铁溶解而成）。

制备无水乙醚时，将除去过氧化物的乙醚先用 $CaCl_2$ 干燥过夜，过滤、蒸馏，储于棕色瓶中，再用金属钠干燥至无气泡发生为止（可用无水硫酸铜检查脱水是否完全）。如需要纯度更高的乙醚时，用 0.5% 的 $KMnO_4$ 溶液共振摇，使其中的醛类氧化成酸，破坏不饱和化合物，然后依次用 5% NaOH 溶液、水洗涤，经干燥、蒸馏后再用金属钠干燥，至不再有气泡放出，同时钠的表面较好，则可储存备用。用前过滤蒸馏即可。

11. 二氧六环

二氧六环中含有少量乙酸、水、乙醚和乙二醇缩乙醛，久储的二氧六环还可能含有过氧化物。向二氧六环中加入 10% 的浓盐酸，回流 3h，同时缓慢通入氮气，以除去生成的乙醛。分去酸层，用粒状氢氧化钾干燥过夜，过滤，再加金属钠回流 1h，蒸馏，加钠丝储存。

12. 四氢呋喃

四氢呋喃与水混溶，与水的共沸混合物在 $63.2℃$ 沸腾，含四氢呋喃 94.6%。四氢呋喃特别容易自动氧化生成过氧化物。过氧化物可用酸化的碘化钾来检查（见"乙醚"）。如要制得无水无过氧化物的四氢呋喃，在氮气保护下将其与氢化铝锂回流（通常 1000mL 约需 2~4g 氢化铝锂），然后蒸馏。这样提纯的四氢呋喃一般应立即使用，如要保存，则要加入钠丝，瓶塞要附有氯化钙干燥管，以通大气。

13. 丙酮

普通丙酮中往往含有少量水及甲醇、乙醛等还原性杂质，可在 1000mL 丙酮中加入 5g 高锰酸钾回流，以除去还原性杂质，若高锰酸钾的紫色很快消失，需再加入少量高锰酸钾继续回流，至紫色不再消失为止。蒸出丙酮，用无水 K_2CO_3 或无水 $CaSO_4$ 干燥，过滤，蒸馏，收集 $55~56.5℃$ 的馏分。

14. 乙酸

乙酸与水混溶，可用反复冷冻的方法脱出其中的水分，但冷却温度不能过低，否则水和其他杂质也将结晶析出。用冷却的漏斗过滤，并充分压干，但不能洗涤。另一种纯化的方法是加入 $2\%~5\%$ $KMnO_4$ 溶液与其一起回流 2~6h，分馏，用 P_2O_5 除去微量的水分。

15. 乙酸乙酯

乙酸乙酯常含有少量水、乙醇和乙酸。可用下述方法精制：(1) 取 100mL 乙酸乙酯、10mL 乙酸酐和 1 滴浓硫酸，加热回流 4h，分馏。再用无水碳酸钾干燥，过滤后蒸馏。如此可得到纯度为 99.7% 的乙酸乙酯。(2) 将乙酸乙酯先用等体积的 5% 碳酸钠溶液洗涤，再用饱和氯化钙溶液洗涤，无水碳酸钾干燥后蒸馏。

16. N,N-二甲基甲酰胺

N,N-二甲基甲酰胺常含有少量的胺、氨、甲醛和水。在常压蒸馏时有些分解，生成二甲胺和一氧化碳。可用下述方法纯化：分馏由 250g N,N-二甲基甲酰胺、30g 苯和 12g 水所组成的混合物，首先蒸出的是苯、水、胺和氨，然后减压蒸馏，就可以得到纯的无色无臭的 N,N-二甲基甲酰胺。

17. 二甲亚砜

二甲亚砜中通常含有约 0.5% 的水和微量的甲硫醚和二甲砜，减压蒸馏一次即可应用。如果向 500g 二甲亚砜中加入氢化钙 2~5g，加热回流数小时，在氮气流下减压蒸馏，即可得到干燥的二甲亚砜。

18. 吡啶

吡啶有吸湿性，能与水、醇、醚任意混溶，与水形成共沸物（$94℃$ 沸腾）。工业吡啶中除含水和胺杂质外，还有甲基吡啶或二甲基吡啶。工业规模精制吡啶时，通常是加入苯进行共沸蒸馏。实验室精制时，可加入固体氢氧化钾或固体氢氧化钠。分析纯的吡啶中含有少量水分，但已可供一般应用。如要制得无水吡啶，可与粒状氢氧化钾或氢氧化钠先干燥数天，倾出上层清液，加入金属钠回流 3~4h，然后隔绝潮气蒸馏，可得无水吡啶。干燥的吡啶吸水性很强，储存时将瓶口用石蜡封好。如蒸馏前不加金属钠回流，则将馏出物通过装有 4A 分子筛的吸附柱，也可使吡啶中的水含量降到 0.01% 以下。

19. 二硫化碳

一般有机合成实验中对二硫化碳要求不高，可在普通二硫化碳中加入少量研碎的无水氯化钙，干燥后滤去干燥剂，然后在水浴中蒸馏收集。若要制得较纯的二硫化碳，则需将试剂级的二硫化碳用 0.5％高锰酸钾水溶液洗涤 3 次，除去硫化氢，再用汞不断振荡除去硫，最后用 2.5％硫酸汞溶液洗涤，除去所有恶臭（剩余的硫化氢），再经氯化钙干燥，蒸馏收集。

20. 正己烷

正己烷常含有一定量的苯和其他烃类，用下述方法进行纯化：加入少量的发烟硫酸进行振摇，分出酸，再加发烟硫酸振摇。如此反复，直至酸的颜色呈淡黄色。依次再用浓硫酸、水、2％氢氧化钠溶液洗涤，再用水洗涤，用氢氧化钾干燥后蒸馏。

附录 9　常见官能团的红外吸收特征频率

化合物类型	官能团	吸收频率/cm^{-1}					备注
		4000～2500	2500～2000	2000～1500	1500～900	900 以下	
烷烃	—CH$_3$ 中 C—H	2960(m)，尖 2870(m)，尖			1460(w) 1380(w)		1. 甲基与氧、氮原子相连时，2870 的吸收移向低波数 2. 偕二甲基使 1380 的吸收产生双峰
	—CH$_2$ 中 C—H	2925(m)，尖 2850(m)，尖			1470(w)	725～720(w)	1. 与氧、氮原子相连时，2850 的吸收移向低波数 2. (CH$_2$)$_n$ 中，$n>$4 时才有 725～720 的吸收
	三元碳环中 C—H	3000～3080，变化					
不饱和烃	=CH$_2$ 中 C—H	3080(m) 2975(m)					
	=CH 中 C—H	3020(m)					
	—C=C—			1675～1600 (m～w)			共轭烯烃移向低波数
	—CH=CH$_2$ 中 C—H					990(m)，尖 910(s)，尖	
	$\overset{\mid}{-}C=CH_2$ 中 C—H					895(s)，尖	
	$\underset{H}{\overset{R}{\diagdown}}C=C\underset{R'}{\overset{H}{\diagup}}$ 中 C—H				965(s)，尖		
	$\underset{H}{\overset{R}{\diagdown}}C=C\underset{H}{\overset{R'}{\diagup}}$ 中 C—H					800～650(s～m)	

化合物类型	官能团	吸收频率/cm⁻¹					备 注
		4000~2500	2500~2000	2000~1500	1500~900	900以下	
不饱和烃	R R' ＼／ C＝C ／＼ H R'' 中 C—H					840~800(m),尖	
	RC≡CH 中 C—H	3300(s),尖					
	—C≡C—			2140~2100(w) 2260~2190(w)			末端炔 中间炔
苯环及稠芳环	芳环 C＝C			1600(s), 1580(变), 1500(s)	1450(m)		
	芳环 C—H	3030(m)		2000~1600(w)		900~850(m)	苯环上孤立氢(如苯环上五取代)
						860~800(s),尖	苯环上两个相邻氢,常出现在820~800
						800~750(s),尖	苯环上三个相邻氢
						770~730(s),尖	苯环上四或五个相邻氢
						710~690(s),尖	单取代苯;1,3-二取代苯;1,3,5或1,2,3-三取代苯时附此峰
杂芳环	吡啶	3075~3020(s),尖		1620~1590(m) 1500(m)		920~720(s),尖	900 以下的吸收与取代苯相似
	呋喃	3165~3125(m)		1600 1500	1400		
	吡咯	3490(s),尖 3125~3100(w)		1600~1500(变), (两个吸收峰)		920~720(s),尖	N—H产生的吸收 ≡C—H 产生的吸收
	噻吩	3125~3050		1520	1410	750~690(s)	
醇和酚	游离态醇的 O—H	3640~3610(m),尖			1150~1050(s~m),尖		
	游离态酚的 O—H	3610(m),尖			1200(s~m),尖		
	分子间氢键的 O—H	3600~3500			1200(s~m),尖		
	分子内氢键多元醇的 O—H	3600~3500(s~m)					
	分子内氢键 π-氢键的 O—H	3600~3500					
	分子内氢键螯合键的 O—H	3200~2500(w),宽					
醚	C—O—C				1150~1070(s)		
	＝C—O—C				1275~1200(s) 1075~1020(s)		
	环氧乙烷中的 C—H	3050~3000(m~w)					
	环氧乙烷中的 C—O				1250(s)	950~810(s) 840~750(s)	

化合物类型	官能团	吸收频率/cm^{-1}					备 注
		4000~2500	2500~2000	2000~1500	1500~900	900以下	
醛	饱和醛	2820(w) 2720(w)		1740~1720(vs),尖			
	α,β-不饱和醛			1705~1680(vs),尖			
	芳香醛			1715~1695(vs),尖			
酮	链状饱和酮中的—C═O			1725~1705(vs),尖			
	环酮中的—C═O			1850~1700(vs),尖			
	α,β-不饱和酮			1685~1665 (vs),尖 1650~1600 (vs),尖			1685～1665 为—C═O 的吸收峰 1650～1600 为—C═C 的吸收峰
	芳香酮中的—C═O			1700~1680(vs),尖			
	α-卤代酮中的—C═O			1745~1725(vs),尖			
羧酸	饱和羧酸中的—COOH	3000~2500,宽		1760(vs) 1725~1700(vs)	1440~1395(s~m) 1320~1210(s) 920(m),宽		1760 为单体的吸收 1725～1700 为二聚体的吸收
	α,β-不饱和羧酸			1720(vs) 1715~1690(vs)			1720 为单体的吸收 1715～1690 为二聚体的吸收
	芳香羧酸中的—C═O			1700~1680(vs)			
	α-卤代酸中的—C═O			1740~1720(vs)			
酸酐	饱和链状酸酐中的—C═O			1820(vs) 1760(vs)	1170~1045(vs)		
	α,β-不饱和酸酐			1775(vs) 1720(vs)			
	环酸酐			1865~1750(vs)	1300~1175(vs)		
羧酸酯	饱和链状羧酸酯			1750~1730(vs)	1300~1050(vs), 两个峰		
	α,β-不饱和羧酸酯			1730~1715(vs)	1300~1250(vs) 1200~1050(vs)		
	α-卤代酸酯			1770~1745(vs)			
	芳香酸酯			1730~1715(vs)	1300~1250(vs) 1180~1100(vs)		
	环内酯			1780~1720(vs)			
羧酸盐				1610~1550(s)	1420~1300(s)		
酰氯	饱和酰氯中 C═O			1815~1770 (vs),尖			
	α,β-不饱和酰氯中 C═O			1780~1750 (vs),尖			

化合物类型	官能团	吸收频率/cm^{-1}					备注
		4000~2500	2500~2000	2000~1500	1500~900	900以下	
酰胺	伯酰胺	3350(s) 3200(s)		1690~1650(vs), 1600~1640(s)			1690 为羰基吸收，Ⅰ带 1600 为 N—H 弯曲振动，Ⅱ带
	仲酰胺	3250(s)		1650~1540(s) 1530~1550，变	1300~1260(s~m)		1530 为 N—H 弯曲振动 1650 为羰基吸收 1260 为酰胺Ⅲ带
	叔酰胺			1650(s)			
胺	伯胺	3500~3400(s~m) 3400~3300(s~m)		1640~1560(s~m)			
	仲胺	3490~3310(m~w)					
	杂环中 N—H	3490(s)					
	叔胺				1350~1260(m)		
胺盐		3000~2000 (s)，宽		1620~1500 (s~m)			
腈	—C≡N	2260~2215， 变，尖					
硫氰酸酯	—S—C≡N	2175~2140 (vs)，尖					
异硫氰酸酯	—N=C=S	2140~1990 (vs)，尖					
亚胺				1690~1630(m)			共轭时移向低波数
肟		3650~3500(s),宽		1680~1630，变	960~930		3650~3500 的吸收在缔合时移向低波数
重氮				1630~1575，变			
硝基				1550~1535 (vs)，尖	1370~1345 (vs,s)，尖		
硝酸酯				1650~1600(s)	1300~1250(s)		
亚硝基				1600~1500(s)			
亚硝酸酯				1850~1650(s)，变 1625~1610(s)，变			
含硫化合物	—SH	2600~2550(w)		1640~1560(s~m)			
	C=S				1200~1050(s)		
	S=O				1060~1040 (vs)，尖		

化合物类型	官能团	吸收频率/cm⁻¹					备 注
		4000~2500	2500~2000	2000~1500	1500~900	900以下	
含硫化合物	(S with =O, =O)				1350~1310 (vs),尖 1160~1120 (vs),尖		
	$RSO_3^- M^+$				1200(vs),宽 1050(s)		M^+ 表示金属离子
	RSO_2N				1370~1330(vs) 1180~1160(vs)		
卤化物	C—F				1400~1000(vs)		
	C—Cl					800~600(s)	
	C—Br					600~500(s)	
	C—I					500(s)	
含磷化合物	P—H		2440~2280 (m~w)				
	P—C					750~650	
	P=O				1300~1250(s)		
	P—O—R				1050~1030(s)		
	P—O—Ar				1190(s)		

注：1. 本表仅列出常见官能团的特征红外吸收；表中所列吸收峰位置均为常见数值。

2. 吸收峰强度标注在吸收峰位置后的括号中，vs、s、m、w 分别表示吸收峰的强度为极强、强、中、弱。

极强——表观摩尔吸光系数大于 200；

强——表观摩尔吸光系数 75~200；

中——表观摩尔吸光系数 25~75；

弱——表观摩尔吸光系数小于 25。

3. 吸收峰形状标注在吸收峰位置之后，"尖"表示尖锐的吸收峰，"宽"表示宽而钝的吸收峰，若处于上述二者的中间状况则不加标注。

4. 参考文献：Nakanishi K. ，et al. Infrared Absorption Spectroscopy. 2nd Ed. Holden-Day. 1977.

附录 10 常见溶剂的¹H 在不同氘代溶剂中的化学位移值

项目	mult.	氘 代 溶 剂							
		$CDCl_3$	$(CD_3)_2CO$	$(CD_3)_2SO$	C_6D_6	CD_3CN	CD_3OD	D_2O	C_5D_5N
残余溶剂峰		7.26	2.05	2.50	7.16	1.94	3.31	4.79	7.20 7.57 8.72
水峰	brs	1.56	2.84	3.33	0.40	2.13	4.87	4.79	4.96
$CHCl_3$	s	7.26	8.02	8.32	6.15	7.58	7.90		
$(CH_3)_2CO$	s	2.17	2.09	2.09	1.55	2.08	2.15	2.22	
$(CH_3)_2SO$	s	2.62	2.52	2.54	1.68	2.50	2.65	2.71	
C_6H_6	s	7.36	7.36	7.37	7.15	7.37	7.33		
CH_3CN	s	2.10	2.05	2.07	1.55	1.96	2.03	2.06	
CH_3OH	CH_3,s	3.49	3.31	3.16	3.07	3.28	3.34	3.34	
	OH,s	1.09	3.12	4.01		2.16			

残余溶剂峰	mult.	$CDCl_3$	$(CD_3)_2CO$	$(CD_3)_2SO$	C_6D_6	CD_3CN	CD_3OD	D_2O	C_5D_5N
				氘 代 溶 剂					
C_5H_5N	CH(2), m	8.62	8.58	8.58	8.53	8.57	8.53	8.52	8.72
	CH(3), m	7.29	7.35	7.39	6.66	7.33	7.44	7.45	7.20
	CH(4), m	7.68	7.76	7.79	6.98	7.73	7.85	7.87	7.57
$CH_3COOC_2H_5$	CH_3, s	2.05	1.97	1.99	1.65	1.97	2.01	2.07	
	CH_2, q	4.12	4.05	4.03	3.89	4.06	4.09	4.14	
	CH_3, t	1.26	1.20	1.17	0.92	1.20	1.24	1.24	
CH_2Cl_2	s	5.30	5.63	5.76	4.27	5.44	5.49		
正己烷	CH_3, t	0.88	0.88	0.86	0.89	0.89	0.90		
	CH_2, m	1.26	1.28	1.25	1.24	1.28	1.29		
C_2H_5OH	CH_3, t	1.25	1.12	1.06	0.96	1.12	1.19	1.17	
	CH_2, q	3.72	3.57	3.44	3.34	3.54	3.60	3.65	

附录 11 常用洗液的配制与适用范围

1. 常用洗液配制

名称	化学成分及配制方法	适用范围	说明
铬酸洗液	用 5～10g $K_2Cr_2O_7$ 溶于少量热水中,冷后徐徐加入 100mL 浓硫酸,搅动,得暗红色洗液,冷后注入干燥试剂瓶中盖严备用	有很强的氧化性,能浸洗去绝大多数污物	可反复使用,呈墨绿色时,说明洗液已失效。成本较高有腐蚀性和毒性,使用时不要接触皮肤及衣物。用洗刷法或其他简单方法能洗去的不用此法
碱性高锰酸钾洗液	取4g 高锰酸钾溶于少量水后,加入 100mL 10%的 NaOH 溶液混匀后装瓶备用。洗液呈紫红色	有强碱性和氧化性,能浸洗去各种油污	洗后若仪器壁上面有褐色二氧化锰,可用盐酸或稀硫酸或亚硫酸钠溶液洗去。可反复使用,直至碱性及紫色消失为止
磷酸钠洗液	取 57g Na_3PO_4 和 28.5g $C_{17}H_{33}COONa$,溶于470mL 水	洗涤碳的残留物	将待洗物在洗液中泡若干分钟后涮洗
硝酸-过氧化氢洗液	15%～20%硝酸和 5%过氧化氢混合	浸洗特别顽固的化学污物	贮于棕色瓶中,现用现配,久存易分解
强碱洗液	5%～10%的 NaOH 溶液(或 Na_2CO_3、Na_3PO_4 溶液)	常用于浸洗普通油污	通常需要用热的溶液
	浓 NaOH 溶液	黑色焦油、硫可用加热的浓碱液洗去	
强酸溶液	稀硝酸	用于浸洗铜镜、银镜等	洗银镜后的废液可回收 $AgNO_3$
	稀盐酸	浸洗除去铁锈、二氧化锰、碳酸钙等	
	稀硫酸	浸除铁锈、二氧化锰等	
有机溶剂	苯、二甲苯、丙酮等	用于浸除小件异形仪器,如活栓孔、吸管及滴定管的尖端等	成本高,一般不要使用

2. 其他洗涤液的配制

(1) 工业浓盐酸:可洗去水垢或某些无机盐沉淀。

(2) 5%草酸溶液:用数滴硫酸酸化,可洗去高锰酸钾的痕迹。

（3）5％～10％磷酸三钠（$Na_3PO_4 \cdot 12H_2O$）溶液：可洗涤油污物。

（4）30％硝酸溶液：洗涤二氧化碳测定仪及微量滴管。

（5）5％～10％乙二胺四乙酸二钠（EDTA-Na_2）溶液：加热煮沸，可洗脱玻璃仪器内壁的白色沉淀物。

（6）尿素洗涤液：为蛋白质的良好溶剂，适用于洗涤盛过蛋白质制剂及血样的容器。

（7）有机溶剂：如丙酮、乙醚、乙醇等可用于洗脱油脂、脂溶性染料污痕等，二甲苯可洗脱油漆的污垢。

（8）氢氧化钾的乙醇溶液和含有高锰酸钾的氢氧化钠溶液：这是两种强碱性的洗涤液，对玻璃仪器的侵蚀性很强，可清除容器内壁污垢，洗涤时间不宜过长，使用时应小心慎重。

参 考 文 献

［1］ 《有机化学实验技术》编写组编. 有机化学实验技术. 科学出版社，1978.

［2］ 兰州大学，复旦大学有机化学教研室编. 有机化学实验. 北京：人民教育出版社，1978.

［3］ 周科衍，吕俊民主编. 有机化学实验. 第2版. 北京：高等教育出版社，1985.

［4］ 曾昭琼主编. 有机化学实验. 第2版. 北京：高等教育出版社，1987.

［5］ 黄涛主编. 有机化学实验. 第2版. 北京：高等教育出版社，1998.

［6］ 李兆陇，阴金香，林天舒编. 有机化学实验. 北京：清华大学出版社，2001.

［7］ 周宁怀，王德琳主编. 微量有机化学实验. 北京：科学出版社，1999.

［8］ 周建锋主编. 有机化学实验. 上海：华东理工大学出版社，2002.

［9］ 今钦汉主编. 微波化学. 北京：科学出版社，1999.

［10］ 北京大学化学系有有机化学教研室编. 有机化学实验. 北京：北京大学出版社，1990.

［11］ 焦家俊编. 有机化学实验. 上海：上海交通大学出版社，2000.

［12］ 张额凡，曹玉蓉，冯宝中，王佰全，杨家惠编. 有机化学实验. 天津：南开大学出版社，1999.

［13］ Vogel A I，et al. Vogel's Textbook of Practical Organic Chemistry. 5th Edition. Prentice Hall，1996.

［14］ Michael B. Smith. Organic Synthesis. 3rd Edition. Elsevier Inc，2010.

［15］ Adams Roger. Organic Reactions. John Wiley & Sons，1984.

［16］ 王俏，张玉琦，魏清勃. 氨基磺酸催化合成苯甲醛乙二醇缩醛. 化学与黏合，2013，（04）：83-85.